U0185562

海洋天然气水合物开采基础理论与技术丛书

海洋天然气水合物开采
储层渗流基础

刘乐乐　吴能友　张永超 等　著

科学出版社

北京

内 容 简 介

本书较系统地介绍了海洋天然气水合物开采储层渗流力学基础理论与技术，主要内容包括：海洋天然气水合物储层微观结构及其探测表征、海洋天然气水合物储层流体单相渗流研究、海洋天然气水合物开采储层多相渗流研究、海洋天然气水合物开采储层渗流分形研究、海洋天然气水合物储层渗流原位测量与分析。

本书可作为高等院校海洋油气工程、能源地质工程和工程力学等专业研究生的教学参考书，也可供从事天然气水合物开采基础理论与关键技术研究的科研人员查阅。

图书在版编目（CIP）数据

海洋天然气水合物开采储层渗流基础／刘乐乐等著 . —北京：科学出版社，2022. 11
（海洋天然气水合物开采基础理论与技术丛书）
ISBN 978-7-03-073711-3

Ⅰ. ①海… Ⅱ. ①刘… Ⅲ. ①海洋–天然气水合物–气田开发–渗流–研究 Ⅳ. ①TE537. 5

中国版本图书馆 CIP 数据核字（2022）第 208276 号

责任编辑：焦 健 韩 鹏 张梦雪／责任校对：王 瑞
责任印制：吴兆东／封面设计：北京图阅盛世

科学出版社 出版
北京东黄城根北街 16 号
邮政编码：100717
http://www.sciencep.com

北京中科印刷有限公司 印刷
科学出版社发行 各地新华书店经销

*

2022 年 11 月第 一 版 开本：787×1092 1/16
2022 年 11 月第一次印刷 印张：16 3/4
字数：400 000

定价：228.00 元
（如有印装质量问题，我社负责调换）

丛 书 序 一

为了适应经济社会高质量发展，我国对加快能源绿色低碳转型升级提出了重大战略需求，并积极开发利用天然气等低碳清洁能源。同时，我国石油和天然气的对外依存度逐年攀升，目前已成为全球最大的石油和天然气进口国。因此，加大非常规天然气勘探开发力度，不断提高天然气自主供给能力，对于实现我国能源绿色低碳转型与经济社会高质量发展、有效保障国家能源安全等具有重大意义。

天然气水合物是一种非常规天然气资源，广泛分布在陆地永久冻土带和大陆边缘海洋沉积物中。天然气水合物具有分布广、资源量大、低碳清洁等基本特点，其开发利用价值较大。海洋天然气水合物多赋存于浅层非成岩沉积物中，其资源丰度低、连续性差、综合资源禀赋不佳，安全高效开发的技术难度远大于常规油气资源。我国天然气水合物开发利用正处于从资源调查向勘查试采一体化转型的重要阶段，天然气水合物领域的相关研究与实践备受关注。

针对天然气水合物安全高效开发难题，国内外尽管已经提出了降压、热采、注化学剂、二氧化碳置换等多种开采方法，并且在世界多个陆地冻土带和海洋实施了现场试验，但迄今为止尚未实现商业化开发目标，仍面临着技术挑战。比如，我国在南海神狐海域实施了两轮试采，虽已证明水平井能够大幅提高天然气水合物单井产能，但其产能增量仍未达到商业化开发的目标要求。再比如，目前以原位降压分解为主的天然气水合物开发模式，仅能证明短期试采的技术可行性，现有技术装备能否满足长期高强度开采需求和工程地质安全要求，仍不得而知。为此，需要深入开展相关创新研究，着力突破制约海洋天然气水合物长期安全高效开采的关键理论与技术瓶颈，为实现海洋天然气水合物大规模商业化开发利用提供理论与技术储备。

因此，由青岛海洋地质研究所吴能友研究员牵头，并联合多家相关单位的专家学者，编著出版"海洋天然气水合物开采基础理论与技术丛书"，恰逢其时，大有必要。该丛书由6部学术专著组成，涵盖了海洋天然气水合物开采模拟方法与储层流体输运理论、开采过程中地球物理响应特征、工程地质风险调控机理等方面的内容，是我国海洋天然气水合物开发基础研究与工程实践相结合的最新成果，也是以吴能友研究员为首的海洋天然气水合物开采科研团队"十三五"期间相关工作的系统总结。该丛书的出版标志着我国在海洋天然气水合物开发基础研究方面取得了突破性进展。我相信，这部丛书必将有力推动我国海洋天然气水合物资源开发利用向产业化发展，促进相应的学科建设与发展及专业人才培养与成长。

中国科学院院士
2021 年 10 月

丛 书 序 二

欣闻青岛海洋地质研究所联合国内多家单位科学家编著完成的"海洋天然气水合物开采基础理论与技术丛书"即将由科学出版社出版，丛书主编吴能友研究员约我为丛书作序。欣然应允，原因有三。

其一，天然气水合物是一种重要的非常规天然气，资源潜力巨大，实现天然气水合物安全高效开发是全球能源科技竞争的制高点，也是一个世界性难题。世界上很多国家都相继投入巨资进行天然气水合物勘探开发研究工作，目前国际天然气水合物研发态势已逐渐从资源勘查向试采阶段过渡。美国、日本、德国、印度、加拿大、韩国等都制定了各自的天然气水合物研究开发计划，正在加紧调查、开发和利用研究。目前，加拿大、美国和日本已在加拿大麦肯齐三角洲、美国阿拉斯加北坡两个陆地多年冻土区和日本南海海槽一个海域实施天然气水合物试采。我国也已经实现了两轮水合物试采，尤其是在我国第二轮水合物试采中，首次采用水平井钻采技术，攻克了深海浅软地层水平井钻采核心关键技术，创造了"产气总量""日均产气量"两项世界纪录，实现了从"探索性试采"向"试验性试采"的重大跨越。我多年来一直在能源领域从事勘探开发研究工作，深知天然气水合物领域取得突破的艰辛。"海洋天然气水合物开采基础理论与技术丛书"从海洋天然气水合物开采的基础理论和多尺度研究方法开始，再详细阐述开采储层的宏微观传热传质机理、典型地球物理特性的多尺度表征，最后涵盖海洋天然气水合物开采的工程与地质风险调控等，是我国在天然气水合物能源全球科技竞争中抢占先机的重要体现。

其二，推动海洋天然气水合物资源开发是瞄准国际前沿，建设海洋强国的战略需要。2018 年 6 月 12 日，习近平总书记在青岛海洋科学与技术试点国家实验室视察时强调："海洋经济发展前途无量。建设海洋强国，必须进一步关心海洋、认识海洋、经略海洋，加快海洋科技创新步伐。"天然气水合物作为未来全球能源发展的战略制高点，其产业化开发利用核心技术的突破是构建"深海探测、深海进入、深海开发"战略科技体系的关键，将极大地带动和促进我国深海战略科技力量的全面提升和系统突破。天然气水合物资源开发是一个庞大而复杂的系统工程，不仅资源、环境意义重大，还涉及技术、装备等诸多领域。海洋天然气水合物资源开发涉及深水钻探、测井、井态控制、钻井液/泥浆、出砂控制、完井、海底突发事件响应和流动安全、洋流影响预防、生产控制和水/气处理、流量测试等技术，是一个高技术密集型领域，充分反映了一个国家海洋油气工程的科学技术水平，是衡量一个国家科技和制造业等综合水平的重要标志，也是一个国家海洋强国的直接体现。"海洋天然气水合物开采基础理论与技术丛书"第一期计划出版 6 部专著，不仅有基础理论研究成果，而且涵盖天然气水合物开采岩石物理模拟、热电参数评价、出砂管控、力学响应与稳定性分析技术，对推动天然气水合物开采技术装备进步具有重要作用。

其三，青岛海洋地质研究所是国内从事天然气水合物研究的专业机构之一，近年来在天然气水合物开采实验测试、模拟实验和基础理论、前沿技术方法研究方面取得了突出成绩。早在 21 世纪初，青岛海洋地质研究所天然气水合物实验室就成功在室内合成天然气水合物样品，并且基于实验模拟获得了一批原创性成果，强有力地支撑了我国天然气水合物资源勘查。2015 年以来，青岛海洋地质研究所作为核心单位之一，担负起中国地质调查局实施的海域天然气水合物试采重任，建立了国内一流、世界领先的实验模拟与实验测试平台，组建了多学科交叉互补、多尺度融合的专业团队，围绕水合物开采的储层传热传质机理、气液流体和泥砂产出预测、物性演化规律及其伴随的工程地质风险等关键科学问题开展研究，创建了水合物试采地质–工程一体化调控技术，取得了显著成果，支撑我国海域天然气水合物试采取得突破。"海洋天然气水合物开采基础理论与技术丛书"对研究团队取得的大量基础理论认识和技术创新进行了梳理和总结，并与广大从事天然气水合物研究的同行分享，无疑对推进我国天然气水合物开发产业化具有重要意义。

　　总之，"海洋天然气水合物开采基础理论与技术丛书"是我国近年来天然气水合物开采基础理论和技术研究的系统总结，基础资料扎实，研究成果新颖，研究起点高，是一份系统的、具有创新性的、实用的科研成果，值得郑重地向广大读者推荐。

中国工程院院士

2021 年 10 月

丛 书 前 言

天然气水合物（俗称可燃冰）是一种由天然气和水在高压低温环境下形成的似冰状固体，广泛分布在全球深海沉积物和陆地多年冻土带。天然气水合物资源量巨大，是一种潜力巨大的清洁能源。20世纪60年代以来，美、加、日、中、德、韩、印等国纷纷制定并开展了天然气水合物勘查与试采计划。海洋天然气水合物开发，对保障我国能源安全、推动低碳减排、占领全球海洋科技竞争制高点等均具有重要意义。

我国高度重视天然气水合物开发工作。2015年，中国地质调查局宣布启动首轮海洋天然气水合物试采工程。2017年，首轮试采获得成功，创造了连续产气时长和总产气量两项世界纪录，受到党中央国务院贺电表彰。2020年，第二轮试采采用水平井钻采技术开采海洋天然气水合物，创造了总产气量和日产气量两项新的世界纪录。由此，我国的海洋天然气水合物开发已经由探索性试采、试验性试采向生产性试采、产业化开采阶段迈进。

扎实推进并实现天然气水合物产业化开采是落实党中央国务院贺电精神的必然需求。我国南海天然气水合物储层具有埋藏浅、固结弱、渗流难等特点，其安全高效开采是世界性难题，面临的核心科学问题是储层传热传质机理及储层物性演化规律，关键技术难题则是如何准确预测和评价储层气液流体、泥砂的产出规律及其伴随的工程地质风险，进而实现有效调控。因此，深入剖析海洋天然气水合物开采面临的关键基础科学与技术难题，形成体系化的天然气水合物开采理论与技术，是推动产业化进程的重大需求。

2015年以来，在中国地质调查局、青岛海洋科学与技术试点国家实验室、国家专项项目"水合物试采体系更新"（编号：DD20190231）、山东省泰山学者特聘专家计划（编号：ts201712079）、青岛创业创新领军人才计划（编号：19-3-2-18-zhc）等机构和项目的联合资助下，中国地质调查局青岛海洋地质研究所、广州海洋地质调查局，中国科学院广州能源研究所、武汉岩土力学研究所、力学研究所，中国地质大学（武汉）、中国石油大学（华东）、中国石油大学（北京）等单位的科学家开展联合攻关，在海洋天然气水合物开采流固体产出调控机理、开采地球物理响应特征、开采工程地质风险评价与调控等领域取得了三个方面的重大进展。

（1）揭示了泥质粉砂储层天然气水合物开采传热传质机理；发明了天然气水合物储层有效孔隙分形预测技术，准确描述了天然气水合物赋存形态与含量对储层有效孔隙微观结构分形参数的影响规律；提出了海洋天然气水合物储层微观出砂模式判别方法，揭示了泥质粉砂储层微观出砂机理；创建了海洋天然气水合物开采过程多相多场（气-液-固、热-渗-力-化）全耦合预测技术，刻画了储层传热传质规律。

（2）构建了天然气水合物开采仿真模拟与实验测试技术体系；研发了天然气水合物钻采工艺室内仿真模拟技术；建立了覆盖微纳米、厘米到米，涵盖水合物宏-微观分布与动态聚散过程的探测与模拟方法；搭建了海洋天然气水合物开采全流程、全尺度、多参量仿真模拟与实验测试平台；准确测定了试采目标区储层天然气水合物晶体结构与组成；精细刻画了储层声、电、力、热、渗等物性参数及其动态演化规律；实现了物质运移与三相转化过程仿真。

（3）创建了海洋天然气水合物试采地质–工程一体化调控技术：建立了井震联合的海洋天然气水合物储层精细刻画方法，发明了基于模糊综合评判的试采目标优选技术；提出了气液流体和泥砂产出预测方法及工程地质风险评价方法，形成了泥质粉砂储层天然气水合物降压开采调控技术；创立了天然气水合物开采控砂精度设计、分段分层控砂和井底堵塞工况模拟方法，发展了天然气水合物开采泥砂产出调控技术。

为系统总结海洋天然气水合物开采领域的基础研究成果，丰富海洋天然气水合物开发理论，推动海洋天然气水合物产业化开发进程，在高德利院士、孙金声院士等专家的大力支持和指导下，组织编写了本丛书。本丛书从海洋天然气水合物开采的基础理论和多尺度研究方法开始，进而详细阐述开采储层的宏微观传热传质机理、典型地球物理特性的多尺度表征，最后介绍海洋天然气水合物开采的工程与地质风险调控等，具体包括：《海洋天然气水合物开采基础理论与模拟》《海洋天然气水合物开采储层渗流基础》《海洋天然气水合物开采岩石物理模拟及应用》《海洋天然气水合物开采热电参数评价及应用》《海洋天然气水合物开采出砂管控理论与技术》《海洋天然气水合物开采力学响应与稳定性分析》等六部图书。

希望读者能够通过本丛书系统了解海洋天然气水合物开采地质–工程一体化调控的基本原理、发展现状与未来科技攻关方向，为科研院所、高校、石油公司等从事相关研究或有意进入本领域的科技工作者、研究生提供一些实际的帮助。

由于作者水平与能力有限，书中难免存在疏漏、不当之处，恳请广大读者不吝赐教，批评指正。

自然资源部天然气水合物重点实验室主任

2021 年 10 月

前　　言

天然气水合物在自然界中分布广泛、储量巨大，是一种国际公认的非常规战略能源，也是我国第 173 个矿种。目前，降压法及基于降压法的改良方案是天然气水合物开采的首选方法，很可能也是实现海洋天然气水合物产业化开采的最佳途径。降压法开采海洋天然气水合物的过程实际上是耦合传热、分解相变和储层变形等多个物理效应的非等温多相渗流过程。海洋天然气水合物开采储层渗流力学特性研究对于丰富我国天然气水合物开采基础理论体系内涵具有重要的科学意义，对于我国海洋天然气水合物开采技术方法进步及海洋非常规地质能源利用具有重要的工程意义。

本书聚焦海洋天然气水合物开采储层渗流力学问题，通过理论分析、实验模拟和数值模拟，系统建立了含天然气水合物沉积物微观结构探测和表征及宏观渗流物性测试与建模的基础理论和技术体系，深入开展了含天然气水合物沉积物微观结构演化规律及其对相变渗流响应过程的影响机理研究，创新提出了含天然气水合物沉积物有效孔隙分形理论，深入剖析了天然气水合物饱和度及其赋存形态与聚散模式等因素对天然气水合物开采储层渗流过程的影响，为我国天然气水合物勘探开发提供科学理论和技术参考。

本书共分为六章：第一章绪论，首先介绍渗流研究内容及其重要意义，其次给出本书涉及的渗流基本概念与基本定律，最后对海洋天然气水合物开采储层渗流研究进展进行概述；第二章海洋天然气水合物储层微观结构及其探测表征，首先对天然气水合物赋存类型和赋存形态进行概述，其次分别介绍微观孔隙结构探测技术与量化表征技术，最后阐述微观孔隙结构特征的演化规律；第三章海洋天然气水合物开采储层单相渗流研究，首先对含天然气水合物沉积物流体单相渗透率测量技术进行概述，其次介绍含天然气水合物沉积物流体单相渗透率预测方法，最后阐述含天然气水合物沉积物的单相渗流规律；第四章海洋天然气水合物开采储层多相渗流研究，首先概述多相渗流的基本知识，其次分别介绍含天然气水合物沉积物水、气两相渗流模拟实验与数值模拟研究的现状，最后总结水、气两相渗流相对渗透率计算模型；第五章海洋天然气水合物开采储层渗流分形研究，首先概述分形基本概念，其次介绍多孔介质渗流分形基础知识，再次重点阐述含天然气水合物沉积物有效孔隙分形理论及其渗流研究应用，最后给出分形理论相结合的关键路径分析方法作为另外一种分形研究思路的参考；第六章海洋天然气水合物储层渗流原位测量与分析，首先概述海洋天然气水合物储层试井技术，其次介绍海洋天然气水合物储层核磁共振测井技术，再次梳理海洋天然气水合物储层保压岩心测量技术，最后对典型海域天然气水合物储层渗流原位测量实例与结果分析进行总结。

本书的组织和编写工作是在全体研究人员的共同努力下完成的，其中刘乐乐研究员负责全书的组织和统筹工作，撰写过程中得到了中国地质调查局青岛海洋地质研究所、中国地质大学（武汉）和中国石油大学（北京）等单位科学家的大力支持。各章写作分工如下：第一章由刘乐乐、吴能友、刘昌岭、纪云开和张永超完成；第二章由张永超、刘昌岭、李承峰和孟庆国完成；第三章由张永超、蔡建超、万义钊和纪云开完成；第四章由刘乐乐、万义钊和纪云开完成；第五章由刘乐乐、吴能友、宁伏龙和蔡建超完成；第六章由刘乐乐、李承峰、万义钊和宁伏龙完成。

　　本书出版得到了中国地质调查局和崂山实验室等机构，以及国家自然科学基金面上项目"水合物降压开采粉砂质储层孔隙结构演化及渗透性响应机理研究"（编号：41872136）、国家自然科学基金青年科学基金项目"南海含有孔虫沉积物双重孔隙特征对水合物分解过程中渗透率演化的影响机理"（编号：42006181）、国家重点研发计划"政府间国际科技创新合作"重点专项"天然气水合物开采过程中井周储层动态响应行为与控制"（编号：2018YFE0126400）、国家专项项目"水合物测试技术更新"（编号：DD20221704）和"水合物储层模拟与测试"（编号：DD20190221）、山东省泰山学者特聘专家计划（编号：ts201712079）、山东省博士后创新人才支持计划（编号：SDBX20210015）等项目的联合资助，在此特致谢意。另外也感谢参加本书校阅和整理的学生，他们是山东大学的卫如春以及中国海洋大学的吴琛和宋德坤。

　　本书是作者团队近年来在海洋天然气水合物开采储层渗流力学领域取得的最新研究成果的系统总结，既提供了丰富的实验模拟与数值模拟数据，又给出了翔实的理论分析成果，形成了一批原创性的海洋天然气水合物开采储层微宏渗流基础理论和技术成果，可为从事天然气水合物勘探开发研究的科研人员、研究生提供参考。

　　希望读者能够通过本书系统了解海洋天然气水合物开采储层渗流力学研究发展现状，也希望本书能为科研院所、高校、石油公司等从事相关研究或有意进入本领域的科技工作者和研究生提供一些实际的帮助。

刘乐乐

2022 年 10 月 25 日

目　　录

丛书序一

丛书序二

丛书前言

前言

第一章　绪论 …………………………………………………………………………… 1

　　第一节　渗流研究内容及其重要意义 …………………………………………… 1

　　第二节　渗流基本概念与基本定律 ……………………………………………… 3

　　第三节　海洋天然气水合物开采储层渗流研究进展 …………………………… 12

　　参考文献 ………………………………………………………………………… 18

第二章　海洋天然气水合物储层微观结构及其探测表征 …………………………… 24

　　第一节　天然气水合物赋存类型和赋存形态 …………………………………… 24

　　第二节　微观孔隙结构探测技术 ………………………………………………… 33

　　第三节　微观孔隙结构量化表征技术 …………………………………………… 50

　　第四节　微观孔隙结构特征演化规律 …………………………………………… 57

　　参考文献 ………………………………………………………………………… 64

第三章　海洋天然气水合物开采储层单相渗流研究 ………………………………… 69

　　第一节　单相流体渗流渗透率测量方法 ………………………………………… 69

　　第二节　单相流体渗流渗透率预测 ……………………………………………… 75

　　第三节　单相流体渗流规律 …………………………………………………… 101

　　参考文献 ……………………………………………………………………… 109

第四章　海洋天然气水合物开采储层多相渗流研究 ……………………………… 115

　　第一节　多相渗流的基本知识 ………………………………………………… 115

　　第二节　水、气两相渗流模拟实验研究 ……………………………………… 118

　　第三节　水、气两相渗流数值模拟研究 ……………………………………… 128

　　第四节　水、气两相渗流相对渗透率模型 …………………………………… 145

　　参考文献 ……………………………………………………………………… 148

第五章　海洋天然气水合物开采储层渗流分形研究 ……………………………… 152

　　第一节　分形基本概念 ………………………………………………………… 152

　　第二节　多孔介质渗流分形基础 ……………………………………………… 157

　　第三节　含天然气水合物沉积物有效孔隙分形理论 ………………………… 165

　　第四节　分形理论相结合的关键路径分析方法 ……………………………… 199

　　参考文献 ……………………………………………………………………… 203

第六章　海洋天然气水合物储层渗流原位测量与分析 ……………………………… 207

　　第一节　海洋天然气水合物储层试井技术 ……………………………………… 207

　　第二节　核磁共振测井技术 …………………………………………………… 216

　　第三节　保压岩心测量技术 …………………………………………………… 221

　　第四节　渗流原位测量实例与结果分析 ……………………………………… 227

　　参考文献 ………………………………………………………………………… 237

附录　多孔介质中天然气水合物成核生长模拟软件 PMHyGrowth 源代码 ………… 242

第一章 绪 论

海洋天然气水合物开采过程涉及多种相互作用的物理效应，既存在单相流体渗流的情况，又存在多相流体渗流的情况，均在很大程度上受储层微观结构的控制。渗透率是刻画渗流过程的关键参数，是目前评价天然气水合物开采潜力的重要指标之一。因此，开展宏微观相结合的海洋天然气水合物开采储层渗流基础研究，发展相关的室内与原位测量技术，揭示渗透率演化规律及其主控因素，对于海洋天然气水合物开采基础理论创新与技术方法进步具有重要的意义。

本章首先概述了渗流研究内容及其重要意义，然后介绍了海洋天然气水合物开采储层渗流的基本概念与基本定律，最后重点梳理了领域内模拟实验、理论分析和数值模拟的研究进展及原位测量的分析现状。

第一节 渗流研究内容及其重要意义

一、渗流与渗流力学

渗流是指气体和液体等流体通过多孔介质的流动。多孔介质是指含有孔隙和微裂隙等各种类型毛细管体系的固相介质，其中固相部分被称为固体骨架，而未被固相占据的部分被称为孔隙，孔隙内既可以是气体，也可以是液体，还可以是两者混合的流体。多孔介质的孔隙空间应有一部分或大部分是相互连通的，可供流体流动，这部分孔隙空间对于渗流而言是有效的，通常被称为有效孔隙空间；而不连通的或虽然连通但无法流动的孔隙空间对于渗流而言是无效的，通常被称为无效孔隙空间，在某些情况下可视为多孔介质固体骨架的一部分。

渗流现象普遍存在于自然的和人造的多孔介质材料中，如自然界中地下岩土材料内淡水、盐水、热水、石油、天然气和煤层气等流体的渗流，动物脏器管道系统内血液和气体等流体的渗流，以及植物根、茎、叶等系统内水分和气体等流体的渗流。人造陶瓷、砖块、砂模、混凝土、填充床和纤维等材料内部的孔隙也时常发生渗流。渗流通常存在以下四个特点：①多孔介质单位体积孔隙的表面积比较大，表面作用明显，任何时候都必须考虑黏性作用；②在地下水渗流和油气藏开发渗流中往往压力较大，因而通常要考虑流体的压缩性；③孔道形状复杂、阻力大、毛细管压力作用较普遍，有时还要考虑分子力；④往往伴随有复杂的物理化学过程。

渗流力学是研究流体在多孔介质中如何运动的科学，它是流体力学的一个重要分支。流体力学主要用于研究流体本身在各种力作用下的静止与运动性质，以及流体在其与固体界壁之间存在相对运动时的流动规律，它与多孔介质理论、表面物理学、物理化学以及生物学等学科交叉融合之后形成了渗流力学。渗流力学通常以法国工程师达西在 1856 年总结出的水通过均匀砂层的线性渗流方程，即达西定律为诞生标志。俄国的力学家尼古拉·叶戈罗维奇·茹科夫斯基在 1889 年推导出了渗流微分方程，发现渗流在数学上与热传导有相似的性质。20 世纪石油工业的崛起在很大程度上推动了渗流力学的发展。随着高性能计算机的出现以及计算机断层扫描和低场核磁共振等先进技术方法应用于渗流，为多孔介质内部孔隙结构及流场状态的无损观测提供了前所未有的可能，又将渗流力学的发展大大推进了一步。近年来，随着分叉、混沌以及分形等非线性理论应用于渗流以及格子玻尔兹曼方法（Lattice Boltzmann method，LBM）的建立等，渗流力学的发展进入了一个全新的阶段。

渗流力学发展到今天，就其应用范围而言，大致可划分为地下渗流、工程渗流和生物渗流三个方面（孔祥言，2020）。地下渗流是指岩土材料和地表堆积物中流体的渗流，主要包含地下流体资源开发、地球物理渗流以及地下工程中的渗流等；工程渗流即工业渗流，是指各种人造多孔材料和工业装置中的流体渗流，主要涉及化学工业、冶金工业、机械工业、建筑业、环保业、轻工业和食品加工业等领域，包括多相渗流、非牛顿流体渗流、物理化学渗流和非等温渗流等；生物渗流是指动物与植物体内的流体渗流，大致可分为动物体内渗流和植物体内渗流两部分，它是流体力学与生物学、生理学交叉渗透而发展起来的。

二、海洋天然气水合物开采储层渗流研究意义

天然气水合物是天然气分子（主要是甲烷分子）和水分子在较高的压力和较低的温度条件下形成的一种似冰雪笼状的结晶化合物，它在自然界中广泛分布于高原极地等永久冻土环境和海洋湖泊等深水储层环境中，储量巨大，其含碳总量与全球已知化石燃料含碳总量相当，是一种国际公认的非常规战略能源，也是我国第 173 个矿种。天然气水合物的开采方法主要包括降压法、加热法、注入化学试剂法、二氧化碳置换法、机械-热采法以及几种方法的联合方法（张旭辉等，2014）。其中，降压法是指降低储层孔隙压力至天然气水合物相平衡压力之下，从而使储层内的固态天然气水合物分解相变产生天然气并采集的方法。大量的实验研究、数值模拟及现场试采结果均证明降压法及基于降压法的改良方案是目前天然气水合物开采的首选方法，这很可能也是实现海洋天然气水合物产业化试采的最佳途径，其他方法可作为降压法的辅助增产措施或产气稳定措施使用（吴能友等，2020）。

降压法开采海洋天然气水合物的过程实际上是传热效应、分解相变效应和储层变形效应等多个物理效应的非等温多相渗流过程（刘乐乐，2013）。多相渗流过程是指储层内的天然气和孔隙水在开采压差作用下发生渗流，天然气水合物微粒和细砂及黏土等矿物成分在渗流拖曳力作用下发生运移，伴随着传热效应、分解相变效应和储层变形效应等物理效应引起储层状态参数不断演化的过程。其中，传热效应是指物质间热量转移的物理效应，降压法开采天然气水合物引起传热效应的主要原因是天然气水合物分解产生天然气和水需要吸收足够的热量，它是天然气水合物能够持续分解的关键；分解相变效应是指固态天然

气水合物分解、相变产生天然气和水的效应，分解相变速率与储层温度和孔隙压力等因素有关，该效应有增大孔隙中水、气相可流动空间的作用；储层变形效应是指储层力学性质弱化以及有效应力增加引起的变形效应，天然气水合物分解通常会弱化储层的力学性质，而降压开采持续抽排孔隙流体通常会显著增加储层的有效应力，该效应有减小孔隙水、气相可流动空间的作用。在分解相变与储层变形两个物理效应共同作用下，储层孔隙水、气相可流动空间在降压开采过程中是增大还是减小，或者说储层渗透性在降压开采过程中是提高还是降低还受到储层沉积物本身粒径级配及矿物成分等因素的控制。多相渗流过程在传热效应、分解相变效应及储层变形效应等物理效应影响的同时，反过来又会对这些物理效应造成反向影响。多相渗流过程伴随着对流传热，传热效率较单纯的热传导有所提高；多相渗流过程很大程度上决定了孔隙水气的抽排效率，从而影响储层孔隙压力的消散速率，进而影响储层有效应力的增加效果；多相渗流过程通过影响传热效率和孔隙压力消散速率，改变储层温度和孔隙压力条件，从而影响天然气水合物分解相变产生天然气和孔隙水的效率。可见，降压法开采海洋天然气水合物储层的渗流过程是交叉热学、力学、化学等多个学科的复杂非等温多相渗流过程。

海洋天然气水合物储层的多相渗流特性很大程度上反映允许天然气和孔隙水通过的能力，通常采用渗透率进行量化表征。海洋天然气水合物储层的绝对渗透率与相对渗透率等是开采产能模拟与增产方案评价等研究的关键参数，很大程度上决定了储层内天然气和孔隙水的渗流过程，在热量充足的条件下显著影响降压法开采天然气水合物的产气效率，通常被选为海洋天然气水合物储层可采性评价的关键指标（Huang et al.，2016）。降压开采过程中海洋天然气水合物储层的绝对渗透率与相对渗透率等关键参数变化过程的物理机制及预测模型研究是天然气水合物研究领域的热点方向之一，也是海洋非常规地质能源开发相关渗流研究领域的重点内容之一，涉及单相流体渗流行为研究、多相流体渗流行为研究、固体微粒运移与产出规律研究等几方面，常用的研究手段包括理论分析、实验模拟以及数值计算等，它们相互依存、互相补充。海洋天然气水合物开采储层渗流特性研究对于丰富我国天然气水合物开采基础理论体系内涵具有重要的科学意义，对于我国海洋天然气水合物开采技术方法进步及海洋非常规地质能源利用具有重要的工程意义，同时还能够对天然气水合物及地下渗流等学科的健全与发展起到积极的促进作用。

第二节 渗流基本概念与基本定律

一、天然气水合物

（一）天然气水合物的结构特征

天然气水合物是一种固体，它具有典型的笼状结构，其多面体笼状骨架呈现出空间点阵分布特征，由"主体"水分子在氢键作用下形成，笼状骨架点阵之间有孔穴，气体分子作为"客体"在范德瓦耳斯力作用下充填于这些孔穴中，水分子和气体分子之间没有化学计量关系。自然界中能够形成天然气水合物的气体通常由甲烷、乙烷、丙烷、丁烷等同系物和二氧化碳、氮气、硫化氢等其中的一种或多种成分组成，其中甲烷含量占 80.0% ~ 99.9%，以甲烷为主要气体组分的天然气水合物称为甲烷水合物。

根据天然气水合物笼状结构特点的不同，目前已发现的天然气水合物可划分为Ⅰ型、Ⅱ型和 H 型三种结构类型。其中，Ⅰ型天然气水合物为立方晶体结构，其客体分子基本由甲烷、乙烷两种烃类以及二氧化碳、硫化氢等非烃类小分子构成，它在自然界中分布最为广泛；Ⅱ型天然气水合物为菱形晶体结构，其客体分子既可以是甲烷、乙烷烃类小分子，又可以是丙烷、丁烷烃类大分子；H 型天然气水合物为六方晶体结构，其客体分子可以是尺寸更大的烃类气体分子，它在自然界中较为少见。关于天然气水合物结构特征更系统的总结和更完整的描述请查阅相关专著（Sloan and Koh，2007）。不同类型的天然气水合物结构特征实质上反映的是不同大小的水分子笼状结构，同时也反映了气体分子的组分构成。此外，天然气水合物的结构类型与其气体来源通常具有较好的对应关系。由于海底浅层沉积物中仅能产生生物成因的甲烷气，而深层沉积物中的气体因深部有机质裂解效应还会出现更多其他的烃类组分，因此Ⅰ型天然气水合物往往反映了生物成因气的起源，而Ⅱ型天然气水合物通常反映了深部热成因气的来源（吴能友，2020）。

（二）天然气水合物的生成分解

天然气水合物的生成分解过程可用式（1.1）所述的化学式进行描述：

$$M+N_HH_2O \Longleftrightarrow [M \cdot N_HH_2O]+\Delta E \qquad (1.1)$$

式中，M 为气体分子；N_H 为水合指数；H_2O 为水分子；$[M \cdot N_HH_2O]$ 为天然气水合物分子；ΔE 为相变潜热。式（1.1）中由左向右的箭头表示天然气水合物的生成过程，即天然气和水在较低的温度和较高的压力条件下生成天然气水合物并释放能量；而当温度升高或压力降低至一定水平以后，天然气水合物吸收足够热量后分解产生天然气和水，即式（1.1）中由右向左的箭头表示的过程。因此，天然气水合物开采需要吸收足够多的热量，当天然气水合物储层环境供热不足时其温度将会降低，有可能导致天然气水合物重新达到相平衡而停止分解，这对天然气水合物的持续开采不利。

二、海洋天然气水合物储层

由于天然气水合物仅在一些特定的温度和压力条件下才能保持稳定，海洋天然气水合物储层的基底深度和厚度主要受海底的温度和压力、地温梯度、气体成分以及海水盐度等条件的控制。自然界中大陆边缘海洋天然气水合物储层深度范围如图 1.1 所示。通常在天然气水合物相平衡曲线与地温梯度线的交点上确定天然气水合物稳定带的底界，而在天然气水合物相平衡曲线与水温梯度线的交点上确定天然气水合物稳定带的顶界，两界之间区域的温度和压力条件满足天然气水合物相平衡条件。因为天然气水合物的密度小于海水的密度，所以天然气水合物能稳定存在于海床以下的沉积物中，形成天然气水合物储层。

由图 1.1 可以看出，天然气水合物储层的深度分布范围明显受地温梯度的控制，地温梯度高则天然气水合物稳定带底界上移，天然气水合物储层相对较薄；地温梯度低则天然

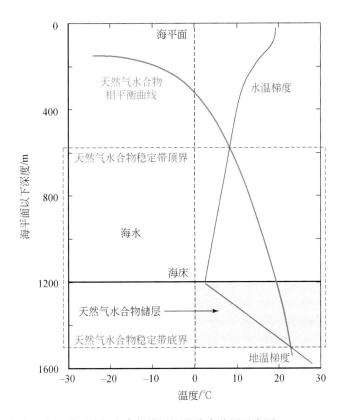

图 1.1 自然界中海洋天然气水合物储层深度分布范围示意图（Kvenvolden，1988）

气水合物储层相对较厚。如果地温梯度保持不变，那么天然气水合物储层的厚度直接与上覆海水的深度有关，即水深较浅，压力较低，天然气水合物相平衡曲线下移，则天然气水合物稳定带底界上移，天然气水合物储层相对较薄；水深较深，则天然气水合物储层相对较厚。在漫长的地质历史时期中，海底新的沉积物不断沉积覆盖于天然气水合物储层顶部，天然气水合物储层底部的温度升高而导致天然气水合物分解，释放出来的天然气可能向上运移，也可能被圈闭在原地。

　　海洋环境下天然气水合物储层的成因模式主要有两种：一是原地细菌生成模式，即具备天然气水合物相平衡条件的"富碳"沉积层中生物成因的天然气与孔隙水形成天然气水合物；二是孔隙流体运移模式，即较深沉积层孔隙流体在向上运移过程中，游离态和溶解态的天然气在析出后被渗透性较差的上覆盖层所阻止，与盖层的孔隙水形成天然气水合物（吴能友等，2009）。天然气水合物在海洋沉积层内不断形成并聚集，形成海洋天然气水合物储层。在天然气水合物成藏及开采等领域中通常使用天然气水合物储层的概念，而在天然气水合物模拟实验与测试分析等研究中更倾向于使用含天然气水合物沉积物的概念。

（一）含天然气水合物沉积物的孔隙度与三相饱和度

　　对于自然界中的砂质沉积物，天然气水合物的分布相对较为均匀，而对于泥质沉积物，天然气水合物的分布较为集中，呈现出脉状、块状、结核状等典型的非均匀特征，即不同类型沉积物中的天然气水合物分布形式非常丰富，含天然气水合物沉积物的内部结构异常复杂。无论内部结构如何复杂，海洋含天然气水合物沉积物通常包含沉积物骨架、天然气水合物、孔隙水和孔隙气四种组分，涉及固、液、气三相，如图 1.2 所示。在某些特定的海洋地质环境下，含天然气水合物沉积物只由沉积物骨架、天然气水合物和海水组成，即水饱和状态的含天然气水合物沉积物，或者只由沉积物骨架、天然气水合物和天然气组成，即气饱和状态的含天然气水合物沉积物。

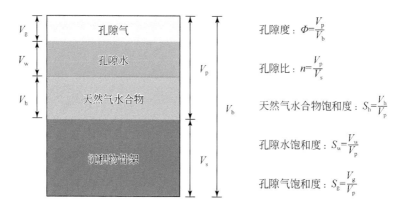

图 1.2　含天然气水合物沉积物三相四组分示意图

如图 1.2 所示，含天然气水合物沉积物的孔隙度（Φ）定义为孔隙总体积（V_p）与沉积物总体积（V_b）之比，通常以百分数表示；孔隙比（n）定义为孔隙总体积与沉积物骨架体积（V_s）之比，通常以小数表示；天然气水合物饱和度（S_h）、孔隙水饱和度（S_w）、孔隙气饱和度（S_g）分别定义为天然气水合物体积（V_h）、孔隙水体积（V_w）、孔隙气体积（V_g）与孔隙总体积之比，通常以小数表示。经过简单推导，可以得到孔隙度与孔隙比之间存在以下关系：

$$\Phi = \frac{n}{1+n} \tag{1.2}$$

天然气水合物饱和度、孔隙水饱和度和孔隙气饱和度之间存在以下关系：

$$S_h + S_w + S_g = 1 \tag{1.3}$$

含天然气水合物沉积物的孔隙度通常被定义为一个连续函数。考虑含天然气水合物沉积物中的任意一点 $\Gamma(x,y,z)$ 为研究对象，以该点为形心选取一个包含有足够多孔隙的微元体积 ΔV_i，该体积内孔隙占据的体积用 $\Delta(V_p)_i$ 表示，那么这个微元体积的孔隙度为

$$\Phi_i = \frac{\Delta(V_p)_i}{\Delta V_i} \quad (i = 1, 2, 3, \cdots) \tag{1.4}$$

如果将围绕 Γ 点选取一系列体积逐渐缩小到微元体积，那么微元体积内对应的孔隙体积也将逐渐减小，按照式（1.4）计算将得到一系列孔隙度，并且这个孔隙度的大小是与被选取的微元体积大小相关的，如图 1.3 所示。可以看出，对于均质的含天然气水合物沉积物，当微元体积大于某个临界值 ΔV_* 之后，孔隙度的大小与选取的微元体积的大小无关，如图 1.3 中水平直线段所示；而对于非均质的含天然气水合物沉积物，当微元体积大于临界值 ΔV_* 时，孔隙度随微元体积变化的直线会向上或者向下偏移，但是偏移幅度相对

较小。如果被选取的微元体积小于临界值 ΔV_* 时，由于微元体积包含的孔隙数量明显减少，孔隙度的大小将随着微元体积的减小而出现波动，并且该波动的幅度会越来越大。当微元体积趋近于无穷小时，此时的微元体积退化为一个点，既可能位于孔隙内，此时的孔隙度为1，也可能位于沉积物颗粒上，此时的孔隙度为0。显然，对于非常小的微元体积，确定其孔隙度是没有实际意义的，这是微观效应所致。

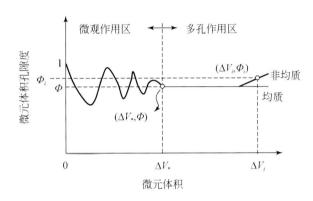

图 1.3 含天然气水合物沉积物孔隙度与微元体积关系图

图 1.3 所示的微元体积临界值 ΔV_* 通常被定义为含天然气水合物沉积物的特征体元，亦可称为特征微元体积，它对应的是孔隙度不随微元体积变化区间的最小微元体积。特征体元既要比单个孔隙的体积大得多，需要包含足够数量的孔隙，又要比整个含天然气水合物沉积物内流场的尺寸小得多，以便它能够代表特征体元中心点处的物理量，如孔隙度等。因此，我们可以给出含天然气水合物沉积物孔隙度更准确的数学定义，如式（1.5）所示。如果按照式（1.5）定义的孔隙度与空间位置无关，则含天然气水合物沉积物对孔隙度而言是均质的，否则是非均质的。

$$\Phi = \lim_{\Delta V_i \to \Delta V_*} \frac{\Delta (V_{\mathrm{p}})_i}{\Delta V_i} \tag{1.5}$$

需要说明的是，式（1.5）定义的孔隙度是由微元体积出发定义的，实际上是体孔隙度。用完全类似的方法还可以定义含天然气水合物沉积物内任意一点的面孔隙度和线孔隙度，其中面孔隙度亦称为透明度，用符号 ϕ 表示。类似地，对于面孔隙度同样存在特征面元即特征微元面积的概念。体孔隙度和面孔隙度两者并不是完全独立的，而是存在一定的关系，即含天然气水合物沉积物内任意一点的体孔隙度等于该点某个方向上所有面孔隙度的平均值（孔祥言，2020）。

对于微观离散的含天然气水合物沉积物，可以通过定义一个特征体元，然后用假想的连续介质模型代替实际的含天然气水合物沉积物。对于裂隙发育或者孔虫壳体丰富的含天然气水合物沉积物双重介质，也可以将孔隙介质和裂隙介质重叠在一个欧几里得空间中，从而构成双重的连续介质模型。天然气水合物开采过程中含天然气水合物沉积物内出现的两相渗流，可以把水相和气相分别看作是连续分布的，并且充满整个含天然气水合物沉积物的被研究区域。

式（1.5）中的分子表示孔隙体积，它包含了含天然气水合物沉积物内所有的孔隙，不管这些孔隙是否连通、孔隙流体是否能够在其中流动，这样的孔隙度通常被称为绝对孔隙度。但是对于含天然气水合物沉积物渗流而言，只有那些互相连通的且流体能在其中流动的孔隙才有意义，这样的孔隙被称为有效孔隙。而那些孤立不连通的孔隙被称为"死"孔隙，在某些情况下可以看作是沉积物骨架的一个组成部分。可以想象，固体天然气水合物含量的增加将导致含天然气水合物沉积物有效孔隙体积的减小，天然气水合物一方面具有占据孔隙流体空间的效应，另一方面还具有圈闭一些孔隙使其成为"死"孔隙的效应，这都会导致含天然气水合物沉积物有效孔隙体积的减小及其渗透性的弱化。

（二）含天然气水合物沉积物的比表面积与迂曲度

比表面积的定义为单位体积含天然气水合物沉积物内孔隙的表面积，通常使用符号 Σ 表示，其量纲为长度的倒数。组成含天然气水合物沉积物的固体颗粒越细小，其比表面积通常越大。如果将固体天然气水合物视为沉积物骨架的一个组成部分，那么天然气水合物含量的变化将导致含天然气水合物沉积物比表面积的变化。一般而言，含天然气水合物沉积物的比表面积会随着天然气水合物饱和度的增大而变大，天然气水合物饱和度的降低又会引起比表面积的减小。

由于含天然气水合物沉积物内部结构复杂，流体在含天然气水合物沉积物内的渗流不是沿直线前进的，而是以迂回曲折的形式向前流动。迂曲度就是用来反映这种渗流路径迂回曲折程度的物理量，用符号 τ 表示，通常将其定义为

$$\tau = \frac{\langle L_e \rangle}{L} \tag{1.6}$$

式中，$\langle L_e \rangle$ 为所有流线长度的平均值；L 为含天然气水合物沉积物沿宏观渗流方向上的长度。含天然气水合物沉积物的迂曲度随天然气水合物饱和度的变化情况较为复杂，相关研究认为天然气水合物饱和度的增大在整体趋势上会引起含天然气水合物沉积物迂曲度的增大（Dai and Seol，2014；Zhang Z et al.，2020）。

关于迂曲度，不同的研究者曾给过不同的定义，由式（1.6）定义的迂曲度形式最为简单且应用最为广泛。式（1.6）定义的迂曲度实际上是渗流迂曲度或者水力迂曲度，在其他领域还有电学迂曲度、扩散迂曲度和几何迂曲度等定义，它们的大小通常是不相等的（Ghanbarian et al.，2013）。

（三）含天然气水合物沉积物的渗透率

渗透率是含天然气水合物沉积物的一个非常重要的物性参数，它被达西定律定义，是含天然气水合物沉积物对流体渗透能力的一种表征，其量纲为长度的平方。

含天然气水合物沉积物的渗透率通常是指其孔隙内除固态天然气水合物之外仅有天然气或者孔隙水存在时的渗透率，本书将其定义为含天然气水合物沉积物的有效绝对渗透率，而固态天然气水合物不存在时的有效绝对渗透率定义为含天然气水合物沉积物的绝对渗透率或本征渗透率，此处的"有效"体现了固态天然气水合物对渗流过程的影响，此时的渗流属于单相流体渗流。

当含天然气水合物沉积物的孔隙内为固态天然气水合物与天然气及孔隙水共存时，比如降压开采过程中的情况，天然气通过含天然气水合物沉积物的能力用天然气的有效渗透率来表征，而孔隙水通过含天然气水合物沉积物的能力用孔隙水的有效渗透率来表征，此时的渗流属于多相流体渗流。天然气的有效渗透率与含天然气水合物沉积物的有效绝对渗透率的比值定义为天然气相对于孔隙水的相对渗透率，通常简称为天然气的相对渗透率；而孔隙水的有效渗透率与含天然气水合物沉积物的有效绝对渗透率的比值定义为孔隙水相对于天然气的相对渗透率，通常简称为孔隙水的相对渗透率。

需要说明的是，部分学者倾向于将含天然气水合物沉积物孔隙内的固态天然气水合物视为孔隙流体相，进而将含天然气水合物沉积物的有效绝对渗透率与其本征渗透率的比值称为天然气或者孔隙水相对于天然气水合物的相对渗透率，同样也简称为天然气或者孔隙水的相对渗透率，这容易与多相渗流相对渗透率的定义混淆。考虑到天然气水合物是一种固体，简单套用流体的渗透率概念不是很合适，故本书将含天然气水合物沉积物的有效绝对渗透率与其本征渗透率的比值定义为归一化有效绝对渗透率以示区别，它在天然气水合物饱和度等于零时取值为1。

三、达西定律

运动方程和连续性方程是渗流力学的两个基本方程，但对于海洋天然气水合物开采储层渗流，天然气水合物分解会吸收热量，导致渗流涉及非等温过程，还需要加上能量守恒方程。运动方程、连续性方程和能量守恒方程用来描述物质存在和运动形式的普遍物理规律，通常被称为基本方程。达西定律正是多孔介质内略去惯性力的特殊情况下稳态渗流的运动方程，它是通过大量实验总结出来的，自诞生160多年来获得了极为广泛的应用。

（一）达西定律的数学表述

达西定律指出流体通过圆柱砂样横截面的体积流量 Q 与横截面积 A 和水头差 (h_1-h_2) 成正比，而与圆柱砂样长度 L_0 成反比：

$$Q=K^* A \frac{h_1-h_2}{L_0} \tag{1.7}$$

式中，K^* 为水力传导系数或渗滤系数，它具有速度的量纲；$(h_1-h_2)/L_0$ 为水力梯度。

实验表明，水力传导系数或渗滤系数 K^* 与渗流的流体重度 $\gamma(\gamma=\rho g)$ 成正比，而与流体黏度 μ 成反比：

$$K^*=K\frac{\rho g}{\mu} \tag{1.8}$$

式中，K 为渗透率，是具有面积的量纲；ρ 为流体密度；g 为重力加速度。

将水力梯度写成微分形式并考虑渗流方向的倾斜及式（1.8）所示关系，可得到达西定律的微分形式：

$$V=\frac{Q}{A}=-\frac{K}{\mu}\left(\frac{dP}{dL}+\rho g\sin\varphi\right) \tag{1.9}$$

式中，负号为渗流沿孔隙度降低的方向；V 为平均渗流速度；P 为孔隙压力；L 为沿渗流方向的长度；φ 为渗流方向与水平方向的夹角。采用竖直井降压开采天然气水合物时，储层内的渗流以水平方向为主，此时 $\sin\varphi = 0$；而采用水平井降压开采天然气水合物时，储层内的渗流以竖直方向为主，此时 $\sin\varphi = 1$。

借助式（1.9）可以给出更为严格的渗透率定义，即渗透率 K 是式（1.9）所示达西定律中的比例系数，它的大小只与多孔介质本身的结构特性有关，而与通过它的单相流体的特性无关。也就是说，实验中用不同的单相流体测量同一多孔介质的渗透率时，其渗透率的大小保持不变。需要注意的是，这种认识只适用于牛顿流体，而对于非牛顿流体是不适用的。所谓的牛顿流体是指其任一点上的剪应力都同剪切变形速率呈线性函数关系的一类流体，自然界中的水、酒精等大多数纯液体、轻质油、低分子化合物溶液以及低速流动的气体等均为牛顿流体，而高分子聚合物的浓溶液和悬浮液等一般为非牛顿流体。

（二）达西定律的适用范围

达西定律属于经验性方程，它适用于牛顿流体，并且牛顿流体的密度和渗流的速度还需要满足一些限定性要求。

达西定律对于低密度即低压状态下的气体渗流不适用。气体的密度可以用平均自由程来表征，密度越低则平均自由程越大。当气体分子的平均自由程接近毛细管管径的尺寸时，会出现滑流现象，即管壁上各个分子都处于运动状态而速度不再为零。在渗流力学中，这种效应被称为克林肯贝格（Klinkenberg）效应，亦称为滑脱效应，此时的气体测量渗透率 K_g 与其液体测量渗流率或者高密度气体测量渗透率 K 存在以下关系：

$$K_g = K\left(1 + \frac{4c\lambda_g}{r}\right) \tag{1.10}$$

式中，λ_g 为渗透率测量时气体的平均自由程；c 为接近于 1 的比例系数；r 为毛细管的管径。可见，同一多孔介质的低密度气体测量渗透率总是大于其液体或者高密度气体测量渗透率。

达西定律对于较高渗流速度和过低渗流速度的情况不适用，即达西定律的适用范围存在速度上下限。雷诺数（Reynolds number）是一种可以用来表征流体流动情况的无量纲数，可用来区分流体的流动是层流还是湍流，也可用来确定物体在流体中流动所受到的阻力。雷诺数表示惯性力与黏性力的比值，对于多孔介质渗流来说它具有如下形式：

$$Re = \frac{\rho d_c V}{\Phi \mu} \tag{1.11}$$

式中，d_c 为特征长度，对于海洋非固结未成岩沉积物表示颗粒直径或者毛细管直径的平均值。可见，渗流速度越大则雷诺数越大。实验研究表明，达西定律对雷诺数的适用范围存在一个上限，一般认为该上限的大小为 1～10，通常约等于 5。当雷诺数较大时亦即渗流速度较大时，由于惯性力作用和湍流效应，达西定律不再适用，此时存在如下关系：

$$-\frac{dP}{dL} = \frac{\mu}{K}V + \beta\rho V^{n^*} \tag{1.12}$$

式中，β 为非达西流因子；n^* 为与多孔介质特性有关的经验指数。

达西定律对于较高的渗流速度不适用,对于很低的渗流速度也不适用。以常用的水为例,在低速的情况下会体现出流变特性。关于牛顿流体在低速或者低压力梯度条件下体现出的类似于非牛顿流体特性的机理,有多种不同的说法。一种说法认为是由流体与毛细管壁之间存在的静摩擦力所导致;另一种说法认为是颗粒表面存在的吸附水膜阻碍了流体启动,只有当压力梯度大到一定程度以后渗流才会发生。因此,在同样的压力梯度作用下,多孔介质渗流速度相对减小,表现为渗透性变差。

(三)达西定律的理论推导

虽然达西定律是由直立均质柱状砂样中稳态渗流的实验数据总结而来,但是基于统计概念和动量守恒方程等,已提出过许许多多的模型用于揭示达西定律的理论内涵。下面介绍一种较早提出的推导方法。

将多孔介质内的孔隙视为由均匀毛细管构成,引用哈根-泊肃叶(Hagen-Poiseuille)定律可推导出达西定律。对于不可压缩的牛顿流体,通过半径为 r_0 的毛细管的流量 Q_1 与其两端的压力梯度 $\mathrm{d}P/\mathrm{d}L$ 存在如下关系:

$$Q_1 = -\frac{\pi r_0^4}{8\mu}\frac{\mathrm{d}P}{\mathrm{d}L} \tag{1.13}$$

考虑毛细管内流体速度与多孔介质截面渗流平均速度关系可得渗流速度:

$$V = -\frac{\Phi r_0^2/8}{\mu}\frac{\mathrm{d}P}{\mathrm{d}L} \tag{1.14}$$

继续令

$$K = \frac{\Phi r_0^2}{8} \tag{1.15}$$

可将式(1.14)化为达西定律的形式。由式(1.15)可以看出,多孔介质的渗透率 K 与孔隙度 Φ 和毛细管半径 r_0 平方的乘积成正比。

(四)达西定律的推广应用

式(1.9)所示的达西定律为单相不可压缩牛顿流体的一维流动形式,达西定律同样适用于单相流体的三维流动和多相流体的流动,并且这种推广形式的达西定律得到了理论和实验的支持。单相流体三维流动的达西定律在笛卡儿坐标系中的表达式如下所示:

$$\begin{cases} V_x = -\frac{K_x}{\mu}\frac{\partial P}{\partial x} \\ V_y = -\frac{K_y}{\mu}\frac{\partial P}{\partial y} \\ V_z = -\frac{K_z}{\mu}\left(\frac{\partial P}{\partial z}+\rho g\right) \end{cases} \tag{1.16}$$

海洋天然气水合物储层不同时期沉积物和沉积方式的不同,导致其渗透率在不同方向上是不一样的(即渗透率各向异性),即 $K_x \neq K_y \neq K_z$;考虑到海洋天然气水合物储层的非均质性,其渗透率往往还是位置的函数。

设有两种不相溶的流体同时流过一个多孔介质,比如海洋天然气水合物开采时水、气

两种流体同时通过海洋沉积物的过程，达西定律推广后认为两种流体的渗流过程各自分别
满足达西定律，即在 x 轴方向上存在如下关系：

$$\begin{cases} V_g = -\dfrac{K_g}{\mu_g}\dfrac{\partial P_g}{\partial x} \\ V_w = -\dfrac{K_w}{\mu_w}\dfrac{\partial P_w}{\partial x} \end{cases} \tag{1.17}$$

式中，下标 g 和 w 分别为气和水；K_g 和 K_w 分别为气和水的有效渗透率。如果考虑毛细管
压力 P_c，那么存在以下关系：

$$P_g = P_w + P_c \tag{1.18}$$

如果不考虑毛细管压力，即 $P_c = 0$，则 $P_g = P_w$。这个方程在海洋天然气水合物开采储层渗
流问题研究中是很有用的。对于海洋天然气水合物开采储层渗流的多相流体三维流动情
况，需按照式（1.16）的形式对式（1.17）进行推广。

第三节　海洋天然气水合物开采储层渗流研究进展

　　海洋天然气水合物开采储层渗流研究作为海洋天然气水合物开采基础理论与技术研究
的重要方向，历经几十年的发展，特别是近年来随着天然气水合物实验测试技术与数值模
拟方法的不断进步，在国内外专家学者的共同努力下取得了诸多进展，基本达成了以下共
识：天然气水合物饱和度是影响天然气水合物储层渗透率的重要因素；即使在相同的天然
气水合物饱和度条件下，不同赋存形式的天然气水合物对其储层渗透率的影响程度差异明
显；天然气水合物储层的渗透率与储层矿物成分、粒径级配和孔隙度等骨架状态参数
有关。

　　目前，海洋天然气水合物开采储层渗流研究的关注对象逐渐从天然气水合物砂质储层
转向了天然气水合物泥质储层，与之相关的有效应力升降及黏土矿物水化学行为等影响研
究越发重要。此外，从室内小尺度模拟实验到现场大尺度工程测试，天然气水合物开采储
层渗流跨尺度关联研究已经成为国内外研究热点。下面从模拟实验、理论模型、数值模拟
和原位测量四个方面总结目前的海洋天然气水合物开采储层渗流研究进展。

一、模拟实验研究进展

　　在单相流体渗流方面，稳态法（恒压法或恒流法）在测量含天然气水合物粗颗粒沉积
物有效绝对渗透率时取得了较为理想的效果，如加拿大卡尔加里大学（Delli and Grozic，
2014）、日本产业技术综合研究所（Konno et al.，2015）、大连理工大学（Liu et al.，2016；
Chen et al.，2018a）和中国科学院广州能源研究所（Li et al.，2013；Li et al.，2017）开展
的相关模拟实验研究。含天然气水合物细颗粒沉积物的微观孔隙结构敏感，在采用稳态法
测量其有效绝对渗透率时，需要严格控制样品两端渗流压差为较小值，以避免细颗粒起动
运移等引起的孔隙结构变化。然而，较小的渗流压差作用于渗透性较差的细颗粒沉积物
时，必然会形成微小的渗流速度，那么形成稳态渗流则需要更长的时间，明显增加了天然

气水合物生成或分解的可能性，使微观孔隙结构更易改变，稳态渗流更加难以维持。此外，受到蒸发等不利因素的影响，准确测量微小渗流速度也显得十分困难。例如，希腊克里特理工大学（Marinakis et al., 2015）为了在测量时获得稳定的渗流状态，单次实验就需要 3 天时间；美国阿拉斯加大学（Johnson et al., 2011）在对有效绝对渗透率接近 1mD[①]的样品进行测量时，其稳态渗流难以维持，并且额外生成了甲烷水合物。我国南海天然气水合物两轮试采目标区的粉砂质储层有效绝对渗透率为 1.5～7.4mD（Li et al., 2018；Ye et al., 2020），采用稳态法测量时面临诸多困难，导致实验数据误差增大且重复性变差。

瞬态压力脉冲法基于样品两端压差的时间衰减曲线确定绝对渗透率，避免了微小渗流流速测量误差，不需要形成稳态渗流，缩短了测量时间，能够降低天然气水合物生成或分解的可能性。该方法由美国麻省理工学院（Brace et al., 1968）于 1968 年首次提出，经美国地质调查局（Hsieh et al., 1981；Neuzil et al., 1981）等机构的完善，其测量原理与应用方法趋于成熟。加拿大麦吉尔大学（Selvadurai and Carnaffan, 1997）与中国科学院武汉岩土力学研究所（李小春等，2001）及美国俄克拉何马大学（Civan et al., 2012）等机构在此基础上，将瞬态压力脉冲法应用于花岗岩和砂岩等固结岩心绝对渗透率的测量，取得了较好的应用效果。近年来，中国地质调查局青岛海洋地质研究所通过实验论证了瞬态压力脉冲法测量未固结沉积物绝对渗透率的可行性（刘乐乐等，2017），首次将其应用于含天然气水合物沉积物有效绝对渗透率的测量，取得了较为理想的效果（张宏源等，2018；Liu et al., 2017）。

在两相流体渗流方面，相关的模拟实验研究较为少见，为数不多的实验结果均是采用非稳态法获得的（Ahn et al., 2005；Johnson et al., 2011；Xue et al., 2019；Choi et al., 2020）。这主要是因为在含天然气水合物沉积物中形成稳态的单相流体渗流本身就非常困难，更别提在其中形成稳态的两相流体渗流。曾有学者尝试采用稳态法进行测量，但是以失败告终，最后不得不采用非稳态法进行测量（Johnson et al., 2011）。在非稳态法获得实验数据的基础上，需要采用特定的方法才能计算获得两相流体渗流的相对渗透率曲线，经典的方法有约翰逊-博斯勒-诺曼（Johnson-Bossler-Neumann, JBN）方法（Jaiswal et al., 2009；Johnson et al., 1959）与托斯（Toth）方法（Toth et al., 2002）。基于土-水特征曲线计算确定水、气相对渗透率曲线是另外一种可行的方法（Dai et al., 2019），计算过程需要用到范德朗奇（van Genuchten）模型（Genuchten, 1980）和布鲁克斯-科里（Brooks-Corey）模型（Brooks and Corey, 1964）。该方法根据实验测出的孔隙水饱和度及其对应的毛细管压力数据，采用上述两种模型进行数据拟合，从而得到孔隙分布指数，将其代入模型即可获得相对渗透率曲线。

在微观孔隙结构探测方面，X 射线计算机断层成像（X-ray computed tomography, X-CT）技术和低场核磁共振（low-field nuclear magnetic resonance, LF-NMR）技术是目前最为常用的手段。近年来，国内外研究机构获得了大量的粗颗粒体系内孔隙天然气水合物生长模式演化 X-CT 图像（Kerkar et al., 2014；Chaouachi et al., 2015；Ta et al., 2015），归

[①] $1D = 0.986923 \times 10^{-12} m^2$。

纳出天然气水合物赋存形式分为孔隙中心型和颗粒表面型两种，发现赋存形式在天然气水合物生成与分解过程中不断变化，加深了宏观物性演化机理的认识（Wang et al.，2015）。中国地质调查局青岛海洋地质研究所发展了高斯函数分析法、造影剂添加法和边界提取法等技术方法，提升了孔隙尺度天然气水合物辨识能力，开展了砂质沉积物以及有孔虫泥质沉积物体系中天然气水合物生长模式观测与分析，有效支撑了渗流等宏观物性演化机理的解释与认知（Li et al.，2016；Wang et al.，2018；Liu et al.，2019；Zhang Z et al.，2020；Zhang Y et al.，2021b）。受限于测量精度，X-CT 技术通常适用于 10mm 以上孔隙结构观测，而在较小孔隙结构探测方面效果不够理想。LF-NMR 技术的可探测孔隙尺寸通常在 0.2mm 以上（Kleinberg et al.，2003），近年来逐渐应用于天然气水合物相关研究领域。例如，美国斯伦贝谢–道尔研究中心（Kleinberg et al.，2003）测量了天然气水合物合成前后砂岩横向弛豫时间谱，定性分析了孔隙微观结构的演化规律；日本产业技术综合研究所（Minagawa et al.，2008）测量了松散砂样与固结砂岩横向弛豫时间谱，探讨了孔径等孔隙微观结构参数与渗透率之间的联系；中国石油大学（华东）测量了砂岩内甲烷水合物生长过程中横向弛豫时间谱的变化情况，分析了甲烷水合物分布的非均质特征对渗透率演化过程的影响（Ji et al.，2020）。中国地质调查局青岛海洋地质研究所发展了 LF-NMR 和 X-CT 联用技术，揭示了低场核磁共振关键参数受天然气水合物含量及其赋存形式的影响规律，率先实现了含天然气水合物沉积物孔隙微观结构定量化关联分析（Liu et al.，2021b；Zhang Y et al.，2021a；Zhang Z et al.，2021），为含天然气水合物泥质沉积物孔隙微观结构探测提供了有利条件。

二、理论模型研究进展

含天然气水合物沉积物的有效绝对渗透率不仅受天然气水合物饱和度的影响，还受天然气水合物赋存形式的影响，在构建相应的理论模型和半理论模型时，通常将有效绝对渗透率表达为天然气水合物饱和度的函数，同时考虑沉积物孔径分布和天然气水合物赋存形式的影响。天然气水合物赋存形式通常基于唯象分析获得，基于此发展而来的渗透率预测模型含有若干个经验参数，虽然能够预测特定条件下的含天然气水合物沉积物有效绝对渗透率变化，但是其经验参数反映的内在物理机制及其取值依据缺乏合理解释。例如，日本东京大学（Kleinberg et al.，2003）基于颗粒表面型天然气水合物假设发展了渗透率下降模型，虽然应用较为广泛，但是其下降指数需根据经验确定；联合颗粒表面型和孔隙中心型天然气水合物相应的有效绝对渗透率模型，加拿大卡尔加里大学（Delli and Grozic，2014）提出了加权平均混合模型，虽然改进了预测效果，但是其加权平均系数需根据经验确定。由平行毛细管模型和科泽尼–卡尔曼（Kozeny-Carman，K-C）方程发展而来的含天然气水合物沉积物有效绝对渗透率预测模型，同样存在经验参数（Kleinberg et al.，2003）。

含天然气水合物沉积物是一种多相多组分的复杂颗粒体系，在降压开采过程中，天然气水合物孔隙行为以及骨架变形导致孔隙微观结构的演化非常复杂，造成了丰富的渗透率演化现象。分形理论从研究对象本身结构出发，发现不同尺度结构存在着一致的标度关系，自诞生五十余年来获得了长足的发展。近几十年来，分形理论在各个学科领域应用广泛，相关研究在 *Nature* 和 *Science* 等期刊上的发文量呈指数增长。英国伦敦帝国学院（Coleman and Vassilicos，2008）、华中科技大学（Yu and Liu，2004）和中国地质大学（武汉）（Cai et al.，2014）采用物理意义明确的孔径分形维数、迂曲度分形维数和孔径上限等分形参数描述岩土材料的孔隙微观结构，促进了宏观输运性质理论模型研究的发展（Xu and Yu，2008），提出的迂曲毛细管束模型在岩土材料渗透率研究方面得到了广泛应用。大连理工大学基于高场核磁共振图像测定了含天然气水合物沉积物孔径分形维数（Wang et al.，2012）。美国得克萨斯大学奥斯汀分校假设天然气水合物仅存在于最大孔隙中，结合分形理论和关键路径分析法提出了含天然气水合物沉积物渗透率模型（Daigle，2016）。

中国地质调查局青岛海洋地质研究所在分形毛细管束模型的基础上系统考虑天然气水合物的基本特点，将天然气水合物和砂土颗粒共同视为固体骨架，将其余流体充填的孔隙空间视为有效孔隙，形成了含天然气水合物沉积物有效孔隙分形理论（刘乐乐等，2020），认为含天然气水合物沉积物渗透率演化过程实质上是有效孔隙微观结构演化过程的宏观反映。在孔隙微观层面，深入揭示了天然气水合物"量"与"质"对有效孔隙分形维数的影响规律并提出相应的计算方法（Zhang Z et al.，2020；Liu et al.，2020a，2020b）；在岩心宏观层面，基于微观计算方程系统构建了适用性良好的含天然气水合物沉积物渗透率跨尺度分形模型（刘乐乐等，2019），分析了含天然气水合物沉积物归一化有效绝对渗透率演化规律，并揭示了相应的下降模型经验指数含义（Zhang Z et al.，2020），修正了 K-C 方程（Liu et al.，2021a），探讨了水、气相对渗透率曲线在天然气水合物分解过程中的演化特征（Liu et al.，2019），为海洋天然气水合物开采提供了基础理论支撑。

与单相流体渗流的有效绝对渗透率理论模型研究相比，对含天然气水合物沉积物两相流体渗流的相对渗透率理论模型的研究明显较少。本书第四章对主要的相对渗透率理论模型进行了梳理总结，发现目前较为常见的处理方法是在其他领域不含天然气水合物多孔介质相对渗透率理论模型的基础上，考虑天然气水合物含量及其赋存形式对模型中某些参数的影响，进而获得不同天然气水合物含量条件下对应的相对渗透率模型。由于含天然气水合物沉积物两相流体渗流相对渗透率实验数据较少且对比性较差，现有的含天然气水合物沉积物相对渗透率理论模型适用性验证仍然不够充分，仍需要大量的工作对相对渗透率曲线在天然气水合物开采过程中的演化规律进行研究，在此基础上不断完善相对渗透率理论模型以提升开采过程中水、气产出的预测效果。

三、数值模拟研究进展

渗流是一种典型的多尺度问题，根据多孔介质尺度分类，通常涉及三个尺度的数值模拟研究，即孔隙尺度、表征体元（representative elementary volume，REV）尺度和宏观尺度。REV 尺度与宏观尺度渗流数值模拟的准确性依赖经验或半经验的渗流模型和参数，而多孔介质的这些参数完全可以由孔隙尺度数值模拟获得。因此，在针对渗流模型与参数相关研究中，主要采用孔隙尺度数值模拟。在孔隙尺度上的渗流数值模拟包括孔隙网络数值模拟方法、格子玻尔兹曼方法（Lattice Boltzmann method，LBM）及传统计算流体动力学

（computational fluid dynamics，CFD）方法等，三种孔隙尺度的渗流数值模拟方法特点对比如表1.1所示。传统CFD方法直接从纳维–斯托克斯（Navier-Stokes，N-S）方程出发，采用基于有网格或无网格的算法处理N-S方程，近几年在含天然气水合物沉积物渗流特征研究中也得到了较好的应用（Mohammadmoradi and Kantzas，2018；Li et al.，2019；Guo et al.，2021；Song et al.，2021；Xu et al.，2022）。

表 1.1　孔隙尺度渗流数值模拟方法比较（韦贝，2019）

模拟方法		数学方程	优点	缺点
孔隙网络数值模拟方法		哈根–泊肃叶定律	运算快，尺度大	部分多孔介质信息丢失，不能反映真实流体分布
格子玻尔兹曼方法		玻尔兹曼方程	界面易追踪，复杂边界易处理	低马赫数，模拟介质尺寸小，大黏度比模拟面临挑战
传统 CFD 方法	有网格	N-S 方程	大密度或黏度比，模型多，发展成熟	动界面需特殊处理技术，边界处理复杂
	无网格		适合大变形模拟	运算量大，边界处理不成熟

孔隙网络数值模拟方法与格子玻尔兹曼方法是研究含天然气水合物沉积物渗流特征最为常用的方法。孔隙网络数值模拟方法将复杂的孔隙空间模拟为由大量孔隙和喉道组成的孔隙网络系统（Fatt，1956）。该方法能够较好地反映含天然气水合物沉积物的孔隙微观结构，特别是在与X-CT技术结合以后，从孔隙微观层次促进了含天然气水合物沉积物渗透率演化机理的认识与理解（Dai and Seol，2014；Mahabadi et al.，2016；Wang et al.，2018；Li et al.，2019；Liang et al.，2010；Zhang L et al.，2020）。然而需要注意的是，由X-CT技术提取出来的孔隙网络数值模型受REV尺度和测试空间分辨率的限制，通常存在一些难以接受的误差，将几何形状复杂的真实孔隙模拟为形状规则的孔喉系统也会产生不受控制的误差，这需要在研究时加以注意。此外，含天然气水合物沉积物的渗透率和土–水特征曲线等渗流特征参数受研究对象尺寸的影响明显。

格子玻尔兹曼方法最初起源于格子气自动机，后来被证明可以由玻尔兹曼方程离散而来，它通过模拟粒子在离散网格上连续的迁移和碰撞来描述流体的运动，即格子玻尔兹曼方法（LBM）模型由迁移项和碰撞项组成，其中迁移项表征粒子的迁移过程，而碰撞项表示粒子分布函数向平衡态分布的一个弛豫过程。根据碰撞项的处理方式可分为单松弛时间LBM模型和多松弛时间LBM模型，对于单松弛时间LBM模型，碰撞过程在速度空间执行，编程简单，计算效率高，应用更广泛；而对于多松弛时间LBM模型，碰撞过程在矩空间中执行，不同矩可以使用不同的松弛时间，数值稳定性更高（赵建林，2018）。LBM描述的是分子的统计学行为，在微观尺度上离散玻尔兹曼方程，同时在宏观尺度上可恢复N-S方程，鉴于其微观性质以及作为宏观连续模型求解器，LBM非常适合于微观渗流研究。LBM基于笛卡儿网格，无须在边界处进行特殊处理，能够模拟复杂边界内的流动现象（周康，2017）。因此，LBM在考虑多孔介质和天然气水合物微观形态分布方面具有更大优势。目前LBM在含天然气水合物多孔介质相关研究中应用较为普遍，涉及天然气水合物相变（Kang et al., 2004）、单相流体渗流（Kang et al., 2016；Hou et al., 2018；Zhang et al., 2019；Sun et al., 2021）以及多相流体渗流（Xin et al., 2021）等过程，同时，LBM 可以与 X-CT 技术和微流控技术等微观形态探测技术相结合，基于精确的固相界面形态获得更好的模拟效果（Ji et al., 2021；Chen et al., 2018b）。LBM 中流体粒子演化完全局域化，天然的并行特点使其计算效率非常高，在含天然气水合物沉积物渗流微观模拟方面具有广阔的发展前景。

四、原位测量分析现状

天然气水合物储层渗透率的现场测试方法主要包括试井技术、核磁共振测井技术和保压岩心测试技术等。其中，试井技术是一种动态条件下的测试方法，分为产能试井技术和不稳定试井技术两种，而不稳定试井技术是确定储层渗透率的主要方法，又分为压力降落试井技术和压力恢复试井技术（刘能强，2008；韩永新等，2016），后者在天然气水合物储层现场测试中较为常见（Anderson et al., 2011；Kumar et al., 2019），获得的渗透率通常是沿钻井径向上的渗透率，如竖直试井则是储层水平方向上的渗透率。核磁共振测井技术可以获得沿测井轴向方向上连续分布的渗透率（Kleinberg et al., 2003；Daigle et al., 2014），这些渗透率是在核磁共振弛豫时间谱图的基础上采用斯伦贝谢 - 道尔研究（Schlumberger Doll research，SDR）模型（Kenyon，1992）和铁木尔–科茨（Timur-Coates）模型等（Coates et al., 1998）计算获得，计算结果与天然气水合物储层的核磁共振关键参数存在联系（Liu et al., 2021b），但是很难明确测得渗透率是哪个渗流方向上的渗透率，这与试井技术不同。

保压岩心测试技术是在保压取心和恢复岩心原位应力条件之后，测量其轴向的渗透率的技术，岩心轴向对应于钻井轴向，由于保压取心钻井通常为竖直方向，保压岩心测试方法获得的渗透率实质上是天然气水合物储层的竖向渗透率。目前，国内外较为成熟的含天然气水合物储层保压岩心测试系统有三种（刘乐乐等，2021）：英国的 PCATS（Pressure Core Analysis and Transfer System）、美国的 PCCTs（Pressure Core Characterization Tools）以及日本的 PNATs（Pressure-core Nondestructive Analysis Tools）。其中，PCATS 从 2005 年美国墨西哥湾天然气水合物钻探项目（GOMJIP Leg1）开始，几乎参加了全球所有的天然气水合物钻探项目。PCCTs 基于 2005 年美国墨西哥湾天然气水合物钻探项目使用的 IPTC（Instrumented Pressure Testing Chamber）装置发展而来（Yun et al., 2006），随后在韩国郁陵盆地天然气水合物钻探项目（UBGH1）中使用。PNATs 吸收了 PCATS 和 PCCTs 的特点，在日本和印度天然气水合物钻探项目中得到了应用（Yoneda et al., 2015，2019b）。

试井技术、核磁共振测井技术和保压岩心测试技术获得的渗透率在本质上是不同的，即使在含天然气水合物沉积物内部结构相同的前提下，测得的渗透率也会因为测试方向的不同而存在差异，这是室内实验测定的渗透率结果与现场测井渗透率数据难以较好符合的重要原因之一（Dai et al., 2017）。自然界中的海洋天然气水合物储层通常存在明显的层状结构（Meazell et al., 2020），导致其水平向和竖直向的渗透率不同，即渗透率存在明显的各向异性，这在印度大陆边缘克里希纳–戈述瓦里（Krishna-Godavari，K-G）盆地天然气水合物储层保压岩心测试结果中得到证实，水平向渗透率与竖直向渗透率的比值为4（Yoneda et al.，2019a）。除此之外，试井技术是在储层动态条件下获得渗透率，而核磁共振测井技术和保压岩心测试技术均是在储层静态条件下获得渗透率，这也可能是三种测试技术获得的渗透率存在差异的原因之一。上述三种测试技术在中国南海北部海域（Li et al.，2018；Ye et al.，2020）、日本南海海槽（Konno et al.，2015）、印度大陆边缘海域（Yoneda et al.，2019a；Kumar et al.，2019）、美国墨西哥湾海域（Flemings et al.，2020；Collett et al.，2012）和美国阿拉斯加冻土带（Anderson et al.，2011；Boswell et al.，2017）的天然气水合物储层渗透率测试中获得了一些数据，为海洋天然气水合物储层渗流特性研究提供了宝贵的现场测试数据。

参 考 文 献

韩永新，孙贺东，邓兴梁，等.2016.实用试井解释方法.北京：石油工业出版社.

孔祥言.2020.高等渗流力学.合肥：中国科学技术大学出版社.

李小春，高桥学，吴智深，等.2001.瞬态压力脉冲法及其在岩石三轴试验中的应用.岩石力学与工程学报，20（增）：1725-1733.

刘乐乐.2013.水合物沉积物中水合物分解相变阵面演化研究.北京：中国科学院大学.

刘乐乐，张宏源，刘昌岭，等.2017.瞬态压力脉冲法及其在松散含水合物沉积物中的应用.海洋地质与第四纪地质，37（5）：159-165.

刘乐乐，张准，宁伏龙，等.2019.含水合物沉积物渗透率分形模型.中国科学：物理学 力学 天文学，49（3）：034614.

刘乐乐，刘昌岭，孟庆国，等.2020.分形理论在天然气水合物研究领域的应用进展.海洋地质前沿，36（9）：11-22.

刘乐乐，刘昌岭，吴能友，等.2021.天然气水合物储层岩心保压转移与测试进展.地质通报，40（2-3）：408-422.

刘能强.2008.实用现代试井解释方法.北京：石油工业出版社.

韦贝.2019.基于格子玻尔兹曼方法的二元复合驱微观渗流模拟研究.青岛：中国石油大学（华东）.

吴能友.2020.天然气水合物运聚体系理论、方法与实践.合肥：安徽科学技术出版社.

吴能友，杨胜雄，王宏斌，等.2009.南海北部陆坡神狐海域天然气水合物成藏的流体运移体系.地球物理学报，52（6）：1641-1650.

吴能友，李彦龙，万义钊，等.2020.海域天然气水合物开采增产理论与技术体系展望.天然气工业，40（8）：100-115.

张宏源，刘乐乐，刘昌岭，等.2018.基于瞬态压力脉冲法的含水合物沉积物渗透性实验研究.实验力学，33（2）：263-271.

张旭辉，鲁晓兵，刘乐乐.2014.天然气水合物开采方法研究进展.地球物理学进展，29：858-869.

赵建林.2018.页岩/致密油气藏微纳尺度流动模拟及渗流规律研究.青岛：中国石油大学（华东）.

周康.2017.预交联凝胶驱渗流机制及注采优化方法研究.青岛：中国石油大学（华东）.

Ahn T，Lee J，Huh D G，et al.2005.Experimental study on two-phase flow in artificial hydrate-bearing sediments.Geosystem Engineering，8（4）：101-104.

Anderson B，Hancock S，Wilson S，et al.2011.Formation pressure testing at the Mount Elbert Gas Hydrate Stratigraphic Test Well，Alaska North Slope：operational summary，history matching，and interpretations.Marine and Petroleum Geology, 28: 478-492.

Boswell R, Schoderbek D, Collett T S, et al. 2017. The Iġnik Sikumi field experiment, Alaska North Slope: design, operations, and implications for CO_2-CH_4 exchange in gas hydrate reservoirs. Energy & Fuels, 31: 140-153.

Brace W F, Walsh J B, Frangos W T. 1968. Permeability of granite under high pressure. Journal of Geophysical Research, 73 (6): 2225-2236.

Brooks R H, Corey A T. 1964. Hydraulic properties of porous media. Fort Collins, Colorado: Colorado State University.

Cai J, Perfect E, Cheng C L, et al. 2014. Generalized modeling of spontaneous imbibition based on Hagen-Poiseuille flow in tortuous capillaries with variably shaped apertures. Langmuir, 30: 5142-5151.

Chaouachi M, Falenty A, Sell K, et al. 2015. Microstructural evolution of gas hydrates in sedimentary matrices observed with synchrotron X-ray computed tomographic microscopy. Geochemistry, Geophysics, Geosystems, 16: 1711-1722.

Chen B, Yang M, Zheng J N, et al. 2018a. Measurement of water phase permeability in the methane hydrate dissociation process using a new method. International Journal of Heat and Mass Transfer, 118: 1316-1324.

Chen X Y, Verma R, Espinoza D N, et al. 2018b. Pore-scale determination of gas relative permeability in hydrate-bearing sediments using X-ray computed micro-tomography and lattice Boltzmann method. Water Resources Research, 54: 600-608.

Choi J H, Myshakin E M, Lei L, et al. 2020. An experimental system and procedure of unsteady-state relative permeability test for gas hydrate-bearing sediments. Journal of Natural Gas Science and Engineering, 83: 103545.

Civan F, Rai C S, Sondergeld C H. 2012. Determining shale permeability to gas by simultaneous analysis of various pressure tests. SPE Journal, 17 (3): 717-726.

Coates G R, Galford J, Mardon D, et al. 1998. A new characterization of bulk-volume irreducible using magnetic resonance. The Log Analyst, 39 (1): 51-63.

Coleman S W, Vassilicos J C. 2008. Transport properties of saturated and unsaturated porous fractal materials. Physical Review Letters, 100 (3): 035504.

Collett T S, Lee M W, Zyrianova M V, et al. 2012. Gulf of Mexico Gas Hydrate Joint Industry Project Leg II logging-while-drilling data acquisition and analysis. Marine and Petroleum Geology, 34: 41-61.

Dai S, Seol Y. 2014. Water permeability in hydrate-bearing sediments: a pore-scale study. Geophysical Research Letters, 41: 4176-4184.

Dai S, Boswell R, Waite W F, et al. 2017. What has been learned from pressure cores. Proceedings of the 9th International Conference on Gas Hydrate, Denver, US.

Dai S, Kim J, Xu Y, et al. 2019. Permeability anisotropy and relative permeability in sediments from the National Gas Hydrate Program Expedition 02, offshore India. Marine and Petroleum Geology, 108: 705-713.

Daigle H. 2016. Relative permeability to water or gas in the presence of hydrates in porous media from critical path analysis. Journal of Petroleum Science and Engineering, 146: 526-535.

Daigle H, Thomas B, Rowe H, et al. 2014. Nuclear magnetic resonance characterization of shallow marine sediments from the Nankai Trough, Integrated Ocean Drilling Program Expedition 333. Jounarl of Geophysical Research Solid Earth, 119: 2631-2650.

Delli M L, Grozic J L H. 2014. Experimental determination of permeability of porous media in the presence of gas hydrates. Journal of Petroleum Science and Engineering, 120: 1-9.

Fatt I. 1956. The network model of porous media. Transactions of the AIME, 207 (1): 144-181.

Flemings P B, Phillips S C, Boswell R, et al. 2020. Pressure coring a Gulf of Mexico deep-water turbidite gas hydrate reservoir: initial results from the university of Texas-Gulf of Mexico 2-1 (UT-GOM2-1) Hydrate Pressure Coring Expedition. AAPG bulletin, 104 (9): 1847-1876.

Ghanbarian B, Hunt A G, Ewing R P, et al. 2013. Tortuosity in porous media: a critical review. Soil Science Society of America Journal, 77: 1461-1477.

Guo Z, Fang Q, Ren X. 2021. Numerical study on seepage characteristics of hydrate-bearing sediments: a pore-scale perspective. IOP Conference Series: Earth and Environmental Science, 861 (7): 072014.

Hou J, Ji Y, Zhou K, et al. 2018. Effect of hydrate on permeability in porous media: Pore-scale micro-simulation. International Journal of Heat and Mass Transfer, 126: 416-424.

Hsieh P A, Tracy J V, Neuzil C E, et al. 1981. A transient laboratory method for determining the hydraulic properties of 'tight' rocks—I. Theory. International Journal of Rock Mechanics and Mining Sciences & Geomechanics Abstracts, 18: 245-252.

Huang L, Su Z, Wu N, et al. 2016. Analysis on geologic conditions affecting the performance of gas production from hydrate deposits. Marine and Petroleum Geology, 77: 19-29.

Jaiswal N J, Dandekar A Y, Patil S L, et al. 2009. Relative permeability measurements of gas-water-hydrate systems//Collett T, Johnson A, Knapp C, et al. (eds). Natural Gas Hydrates—Energy Resource Potential and Associated Geologic Hazards. Tulsa: American Association of Petroleum Geologists.

Ji Y, Hou J, Zhao E, et al. 2020. Study on the effects of heterogeneous distribution of methane hydrate on permeability of porous media using low-field NMR technique. Journal of Geophysical Research: Solid Earth, 125: e2019JB018572.

Ji Y, Hou J, Zhao E, et al. 2021. Pore-scale study on methane hydrate formation and dissociation in a heterogeneous micromodel. Journal of Natural Gas Science and Engineering, 95: 104230.

Johnson A, Patil S, Dandekar A. 2011. Experimental investigation of gas-water relative permeability for gas-hydrate-bearing sediments from the Mount Elbert Gas Hydrate Stratigraphic Test Well, Alaska North Slope. Marine and Petroleum Geology, 28: 419-426.

Johnson E F, Bossler D P, Bossler V O N. 1959. Calculation of relative permeability from displacement experiments. Transactions of the AIME, 216: 370-372.

Kang D H, Yun T S, Kim K Y, et al. 2016. Effect of hydrate nucleation mechanisms and capillarity on permeability reduction in granular media. Geophysical Research Letters, 43: 2016GL070511.

Kang Q, Zhang D, Lichtner P C, et al. 2004. Lattice Boltzmann model for crystal growth from supersaturated solution. Geophysical Research Letters, 31 (21): L21604.

Kenyon W E. 1992. Nuclear magnetic resonance as a petrophysical measurement. Nuclear Geophysics, 6 (2): 153-171.

Kerkar P B, Horvat K, Jones K W, et al. 2014. Imaging methane hydrates growth dynamics in porous media using synchrotron X-ray computed microtomography. Geochemistry, Geophysics, Geosystems, 15: 4759-4768.

Kleinberg R L, Flaum C, Griffin D D, et al. 2003. Deep sea NMR: methane hydrate growth habit in porous media and its relationship to hydraulic permeability, deposit accumulation, and submarine slope stability. Journal of Geophysical Research: Solid Earth, 108: 2508.

Konno Y, Yoneda J, Egawa K, et al. 2015. Permeability of sediment cores from methane hydrate deposit in the Eastern Nankai Trough. Marine and Petroleum Geology, 66: 487-495.

Kumar P, Collett T S, Yadav U S, et al. 2019. Formation pressure and fluid flow measurements in marine gas hydrate reservoirs, NGHP-02 expedition, offshore India. Marine and Petroleum Geology, 108: 609-618.

Kvenvolden K A. 1988. Methane hydrate—a major reservoir of carbon in the shallow geosphere? Chemical Geology, 71: 41-51.

Li B, Li X-S, Li G, et al. 2013. Measurements of water permeability in unconsolidated porous media with methane hydrate formation. Energies, 6: 3622.

Li C, Hu G, Zhang W, et al. 2016. Influence of foraminifera on formation and occurrence characteristics of natural gas hydrates in fine-grained sediments from Shenhu area, South China Sea. Science China Earth Sciences, 59 (1): 2223-2230.

Li C, Liu C, Hu G, et al. 2019. Investigation on the multiparameter of hydrate-bearing sands using nano-focus X-ray computed tomography. Journal of Geophysical Research: Solid Earth, 124: 2286-2296.

Li G, Wu D-M, Li X-S, et al. 2017. Experimental measurement and mathematical model of permeability with methane hydrate in quartz sands. Applied Energy, 202: 282-292.

Li J, Ye J, Qin X, et al. 2018. The first offshore natural gas hydrate production test in South China Sea. China Geology, 1: 5-16.

Liang H, Song Y, Liu Y, et al. 2010. Study of the permeability characteristics of porous media with methane hydrate by pore network model. Journal of Natural Gas Chemistry, 19: 255-260.

Liu L, Liu C, Li C, et al. 2017. Determining the permeability of hydrate-bearing sands with water transient flow. Proceedings of CGS/SEG International Geophysical Conference. Qingdao: Society of Exploration Geophysicists.

Liu L, Dai S, Ning F, et al. 2019. Fractal characteristics of unsaturated sands-implications to relative permeability in hydrate-bearing sediments. Journal of Natural Gas Science and Engineering, 66: 11-17.

Liu L, Wu N, Liu C, et al. 2020a. Maximum sizes of fluids occupied pores within hydrate-bearing porous media composed of different host particles. Geofluids, 2020: 8880286.

Liu L, Zhang Z, Li C, et al. 2020b. Hydrate growth in quartzitic sands and implication of pore fractal characteristics to hydraulic, mechanical, and electrical properties of hydrate-bearing sediments. Journal of Natural Gas Science and Engineering, 75: 103109.

Liu L, Sun Q, Wu N, et al. 2021a. Fractal analyses of the shape factor in Kozeny-Carman equation for hydraulic permeability in hydrate-bearing sediments. Fractals, 29 (7): 2150217.

Liu L, Zhang Z, Liu C, et al. 2021b. Nuclear magnetic resonance transverse surface relaxivity in quartzitic sands containing gas hydrate. Energy & Fuels, 35: 6144-6152.

Liu W, Wu Z, Li Y, et al. 2016. Experimental study on the gas phase permeability of methane hydrate-bearing clayey sediments. Journal of Natural Gas Science and Engineering, 36: 378-384.

Mahabadi N, Dai S, Seol Y, et al. 2016. The water retention curve and relative permeability for gas production from hydrate-bearing sediments: pore-network model simulation. Geochemistry, Geophysics, Geosystems, 17: 3099-3110.

Marinakis D, Varotsis N, Perissorati S C. 2015. Gas hydrate dissociation affecting the permeability and consolidation behaviour of deep sea host sediment. Journal of Natural Gas Science and Engineering, 23: 55-62.

Meazell P K, Flemings P B, Santra M, et al. 2020. Sedimentology and stratigraphy of a deep-water gas hydrate reservoir in the northern Gulf of Mexico. AAPG bulletin, 104 (9): 1945-1969.

Minagawa H, Nishikawa Y, Ikeda I, et al. 2008. Characterization of sand sediment by pore size distribution and permeability using proton nuclear magnetic resonance measurement. Journal of Geophysical Research, 113: B07210.

Mohammadmoradi P, Kantzas A. 2018. Direct geometrical simulation of pore space evolution through hydrate dissociation in methane hydrate reservoirs. Marine and Petroleum Geology, 89: 786-798.

Neuzil C E, Cooley C, Silliman S E, et al. 1981. A transient laboratory method for determining the hydraulic properties of 'tight' rocks—II. Application. International Journal of Rock Mechanics and Mining Sciences & Geomechanics Abstracts, 18: 253-258.

Selvadurai A P S, Carnaffan P. 1997. A transient pressure pulse method for the mesurement of permeability of a cement grout. Canadian Journal of Civil Engineering, 24: 489-502.

Sloan D, Koh C. 2007. Clathrate hydrates of natural gases. Boca Raton: CRC press.

Song R, Sun S, Liu J, et al. 2021. Pore scale modeling on dissociation and transportation of methane hydrate in porous sediments. Energy, 237: 121630.

Sun J, Zhang Z, Wang D, et al. 2021. Permeability change induced by dissociation of gas hydrate in sediments with different particle size distribution and initial brine saturation. Marine and Petroleum Geology, 123: 104749.

Ta X H, Yun T S, Muhunthan B, et al. 2015. Observations of pore-scale growth patterns of carbon dioxide hydrate using X-ray computed microtomography. Geochemistry, Geophysics, Geosystems, 16: 912-924.

Toth J, Bodi T, Szucs P, et al. 2002. Convenient formulae for determination of relative permeability from unsteady-state fluid displacements in core plugs. Journal of Petroleum Science and Engineering, 36: 33-44.

Van Genuchten M T. 1980. A closed-form equation for predicting the hydraulic conductivity of unsaturated soils. Soil Science Society of America Journal, 44 (5): 892-898.

Wang D, Wang C, Li C, et al. 2018. Effect of gas hydrate formation and decomposition on flow properties of fine-grained quartz sand sediments using X-ray CT based pore network model simulation. Fuel, 226: 516-526.

Wang H, Liu Y, Song Y, et al. 2012. Fractal analysis and its impact factors on pore structure of artificial cores based on the images obtained using magnetic resonance imaging. Journal of Applied Geophysics, 86: 70-81.

Wang J, Zhao J, Yang M, et al. 2015. Permeability of laboratory-formed porous media containing methane hydrate: Observations using X-ray computed tomography and simulations with pore network models. Fuel, 145: 170-179.

Xin X, Yang B, Xu T, et al. 2021. Effect of hydrate on gas/water relative permeability of hydratebearing sediments: pore-scale microsimulation by the lattice Boltzmann method. Geofluids, 2021: 1-14.

Xu J, Bu Z, Li H, et al. 2022. Pore-scale flow simulation on the permeability in hydrate-bearing sediments. Fuel, 312: 122681.

Xu P, Yu B. 2008. Developing a new form of permeability and Kozeny-Carman constant for homogeneous porous media by means of fractal geometry. Advances in Water Resources, 31: 74-81.

Xue K, Yang L, Zhao J, et al. 2019. The study of flow characteristics during the decomposition process in hydrate-bearing porous media using magnetic resonance imaging. Energies, 12 (9): 1736.

Ye J, Qin X, Xie W, et al. 2020. The second natural gas hydrate production test in the South China Sea. China Geology, 3: 197-209.

Yoneda J, Masui A, Konno Y, et al. 2015. Mechanical properties of hydrate-bearing turbidite reservoir in the first gas production test site of the Eastern Nankai Trough. Marine and Petroleum Geology, 66: 471-486.

Yoneda J, Oshima M, Kida M, et al. 2019a. Permeability variation and anisotropy of gas hydrate-bearing pressure-core sediments recovered from the Krishna-Godavari Basin, offshore India. Marine and Petroleum Geology, 108: 524-536.

Yoneda J, Oshima M, Kida M, et al. 2019b. Pressure core based onshore laboratory analysis on mechanical properties of hydrate- bearing sediments recovered during India's National Gas Hydrate Program Expedition (NGHP) 02. Marine and Petroleum Geology, 108: 482-501.

Yu B, Liu W. 2004. Fractal analysis of permeabilities for porous media. AIChE Journal, 50: 46-57.

Yun T, Narsilio G, Santamarina J, et al. 2006. Instrumented pressure testing chamber for characterizing sediment cores recovered at in situ hydrostatic pressure. Marine Geology, 229: 285-293.

Zhang L, Zhang C, Zhang K, et al. 2019. Pore- scale investigation of methane hydrate dissociation using the lattice Boltzmann method. Water Resources Research, 55: 8422-8444.

Zhang L, Ge K, Wang J, et al. 2020. Pore-scale investigation of permeability evolution during hydrate formation using a pore network model based on X- ray CT. Marine and Petroleum Geology, 113: 104157.

Zhang Y, Liu L, Wang D, et al. 2021a. Application of low- field nuclear magnetic resonance (lfnmr) in characterizing the dissociation of gas hydrate in a porous media. Energy & Fuels, 35 (3): 2174-2182.

Zhang Y, Liu L, Wang D, et al. 2021b. The interface evolution during methane hydrate dissociation within quartz sands and its implications to the permeability prediction based on NMR data. Marine and Petroleum Geology, 129: 105065.

Zhang Z, Li C, Ning F, et al. 2020. Pore fractal characteristics of hydrate-bearing sands and implications to the saturated water permeability. Journal of Geophysical Research: Solid Earth, 125: e2019JB018721.

Zhang Z, Liu L, Li C, et al. 2021. A testing assembly for combination measurements on gas hydrate- bearing sediments using X-ray computed tomography and low-field nuclear magnetic resonance. Review of Scientific Instruments, 92: 085108.

第二章　海洋天然气水合物储层微观结构及其探测表征

通过合适手段探测天然气水合物储层的微观结构特征并进行参数化表征，是进行天然气水合物储层渗流研究的基础。本章首先介绍自然储层条件下天然气水合物的赋存类型和赋存形态，包括两种典型赋存类型水合物的形成机制；随后介绍微观孔隙结构探测技术的主要进展，并针对常用的微米 X 射线计算机断层成像技术和低场核磁共振技术的测量原理和技术特征进行重点论述；第三节介绍微观孔隙结构特征的量化表征方法；第四节以典型砂质沉积物为例，阐述微观孔隙结构特征在天然气水合物分解过程中的一般演化规律。

第一节　天然气水合物赋存类型和赋存形态

一、自然界中的天然气水合物赋存

早在 19 世纪 80 年代，研究人员通常认为天然气水合物是在特定的温度和压力下均匀分布在地层沉积物中的（Milkov，2004）。随后，人们才逐渐发现天然气水合物在沉积物中的分布状况具有非均质性。这种非均质性首先体现在储层尺度上不同位置的水合物的聚集量不同，同时也体现在天然气水合物在沉积物中的赋存类型和赋存形态有所差异（Waite et al.，2009；Daigle and Dugan，2011；Dai et al.，2012）。这里需要区分天然气水合物赋存类型和天然气水合物赋存形态的概念。在本书阐述的概念中，赋存类型更偏重描述天然气水合物在沉积物储层中或者沉积物孔隙之间的宏观形态；赋存形态通常更偏重描述天然气水合物在沉积物孔隙内的形态。当然，在不同的学科研究中这两个概念也存在混用的情况。

随着天然气水合物大洋钻探项目的开展，越来越多的天然气水合物样品被研究人员从海底取至地面，我们对天然气水合物在海底沉积物中的真实赋存状态也有了更多认识。国外研究通常将沉积物中的水合物赋存类型分为三种，即孔隙充填型天然气水合物（pore-fill hydrate）、透镜体状/脉状天然气水合物（hydrate lens/veins）和结核状/块状天然气水合物（hydrate nodules/chunks）（Tréhu，2006；Holland et al.，2008；Collett et al.，2010）。孔隙充填型天然气水合物指的是那些以分散状态赋存于沉积物孔隙空间中的天然气水合物。这种天然气水合物通常个体体积很小，通过肉眼很难分辨。后两种形态的天然气水合物则指那些在沉积物中形成天然气水合物聚集，并呈现出相应的透镜体状、脉状、结核状和块状（Yang et al.，2019；吴能友，2020）。天然气水合物的透镜体状和脉状可以认为是天然气水合物在不同形成阶段的两种形态，当形成天然气水合物个体较小且不连续时，呈透镜体状；足够体量的透镜体天然气水合物聚集成片时，形成脉状天然气水合物。结核状和块状天然气水合物也具有类似的区别。也有学者根据天然气水合物的形态特征将其赋存类型划分为孔隙充填型天然气水合物（或分散型水合物）和裂隙充填型天然气水合物（或裂隙型水合物）（钱进等，2019）；或者，根据不同天然气水合物赋存类型的成因将其赋存类型划分为扩散型天然气水合物和渗漏型天然气水合物（何家雄等，2009；梁金强等，2014；吴能友，2020）。本书在随后的阐述中统一采用孔隙充填型水合物和裂隙充填型水合物的说法。

从全球分布的不同赋存类型水合物的全球分布来看，孔隙充填型水合物在全球范围内分布广泛。中国南海神狐海域天然气水合物以孔隙充填型为主（Wang et al.，2011）；在美国墨西哥湾（Collett et al.，2012）、韩国郁陵（Ulleung）盆地和印度 K-G 盆地的细粒沉积物中均发现大量裂隙充填型水合物存在（Cook and Goldberg，2008；Horozal et al.，2009）。2006 年进行的印度国家天然气水合物钻探计划（NGHP01）在 K-G 盆地发现了大量裂隙充填型水合物，测井和红外成像显示水合物多呈结核状、脉状、块状，充填于高角度裂隙和近水平层理中，其中充填型水合物的裂隙层位厚度最大可达 135m，长度达数千米以上（Cook and Goldberg，2008；Ghosh et al.，2010）。图 2.1 展示了从全球不同海域获取的不同赋存类型的含天然气水合物沉积物样品，可见天然气水合物在沉积物中的赋存特征呈现明显的区别。同时，图 2.1 中按照沉积物的粒径进行了简单分类，可以发现粗颗粒沉积物中主要赋存孔隙充填型水合物，细颗粒沉积物中主要赋存裂隙充填型水合物。

图 2.1　从全球不同海域获取的不同赋存类型的含天然气水合物沉积物样品（Ren et al.，2020）

二、不同赋存类型天然气水合物的形成原因

在现有研究中，关于不同赋存类型天然气水合物的成因研究相对较少，尚没有形成完整认识。综合已有认识，影响储层中不同赋存类型天然气水合物形成的因素有两点，一方面是储层的气源供给条件差异；另一方面是储层的沉积物物性差异（Buffett and Archer，2004；Waite et al.，2009）。下面本书将分别阐述这两方面的认识。

从宏观地质角度来看，气源供给是影响海底沉积物中天然气水合物形成至关重要的因素。水合物形成所需要的气体来源主要来自扩散作用、渗漏作用，或扩散和渗漏的共同作用（Xu and Ruppel，1999；Davie and Buffett，2001；Daigle and Dugan，2011）。扩散体系中的天然气水合物是由甲烷为主的烃类气体在微生物或热作用下散布于海底的多孔沉积物中，并在适宜的温度和压力条件下生成的，该过程相对缓慢；渗漏体系中的天然气水合物是海洋底部由于地壳构造活动产生的挤压、拉伸等变形作用或海洋沉积物的侧向挤压变形作用而出现的断层，使得圈闭中的烃类气体沿着该通道向上渗流，形成天然气水合物所需的稳定气源，从而在短时间内快速生成天然气水合物（Xu and Ruppel，1999；Liu and Flemings，2007；周红霞等，2012）。有学者认为，在扩散体系中更容易形成孔隙充填型水合物，而在渗漏体系中则会形成裂隙充填型水合物，但这种观点尚缺少足够数据支撑。

You 等（2019）在这方面的研究很有代表性，他们将海底沉积物体系中天然气水合物的赋存模式划分为五种典型类型（图2.2）。这五种类型分别是模型-1 泥质沉积物中局地散布的低丰度天然气水合物（regionally disseminated low-concentration gas hydrate in muddy sediments）、模型-2 非构造部位的裂隙充填型水合物（fracture-filling gas hydrate at non-vent sites）、模型-3 天然气水合物稳定带附近泥质沉积物中的高丰度天然气水合物（enriched gas hydrate at the base of hydrate stability zone in muddy sediments）、模型-4 构造部位的高丰度天然气水合物（concentrated gas hydrate at vent sites）、模型-5 砂质间层中的高丰度天然气水合物（concentrated gas hydrate in sand-rich intervals）。通过与大量的钻探数据对比，You 等（2019）总结得到以下几点认识。在模型-1 和模型-2 中均能形成裂隙充填型水合物，但在模型-1 中形成的裂隙充填型水合物仅能延展数十米，而模型-2 中形成的裂隙充填型水合物可以顺着地层方向延展数千米（Collett and Ladd，2000；Boswell et al.，2012；Cook et al.，2014）；模型-1 中裂隙充填型水合物的饱和度不高，通常小于10%，而模型-2 中的天然气水合物饱和度可达到40%～50%（Cook et al.，2010）；在储层的构造部位可以形成高丰度的天然气水合物聚集（模型-4），其饱和度为40%～90%（Torres et al.，2004；Tréhu et al.，2004；Lee and Collett，2009；Matsumoto et al.，2017）；此外，粗颗粒的砂质沉积物中通常形成高丰度的孔隙充填型水合物，天然气水合物饱和度要高于模型-1 和模型-3 环境中形成的孔隙充填型水合物。简言之，宏观地质角度上的研究大体阐述了不同赋存类型天然气水合物与气源、地质环境之间的相关性，而对于不同赋存类型天然气水合物形成的微观机理尚缺少清晰认识。

以 Dai 等（2012）为代表提出的沉积物物性差异控制天然气水合物形成的观点，主要从微观受力角度解释了不同赋存类型天然气水合物的形成原因。在天然气水合物生成的过程中，天然气水合物优先在具备自由气条件的气水界面附近（Tohidi et al.，2001；Kleinberg

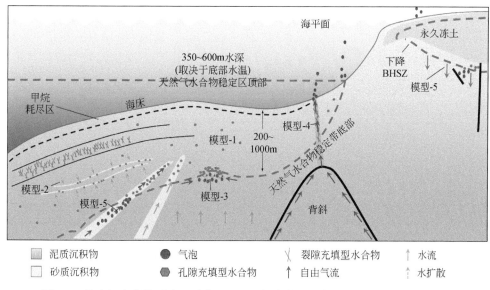

图 2.2　海底沉积物体系中五种典型的天然气水合物赋存模式（You et al.，2019）

et al.，2003），以及温度较低、水分子分布较少的岩土矿物表面（Dominguez et al.，2000；Page and Sear，2006）成核，形成天然气水合物核。随后在稳定的温度和压力条件下，天然气水合物核会在天然气水合物–水体系或天然气水合物–气体系中不断跃迁；当天然气水合物核的尺寸生长达到几纳米后能够保证天然气水合物核的稳定，并能够进一步生长（Lee，2007）。沉积物孔隙体系中分子运动使得天然气水合物不断生长，并且天然气水合物的晶体形态向着数目更少、体积更大的方向发展，这种现象称为奥斯瓦尔德熟化（Ostwald-ripening）现象（Myerson，2002）。引发奥斯瓦尔德熟化现象的主要原因是吉布斯–汤普森（Gibbs-Thompson）作用导致的较大水合物晶体附近的天然气浓度更高、天然气水合物生长更快；扩散传导作用（diffusive transport effect）导致多个较小天然气水合物晶体"融合"形成更大的晶体（Henry et al.，1999；Kwon et al.，2008）。当天然气水合物晶体的尺寸大到一定程度后天然气水合物的生长会受到沉积物岩土颗粒的制约，进一步的生长需要通过岩土颗粒之间的喉道"侵入"相邻的孔隙空间，称为孔隙充填模式（pore-filling manner），或者通过挤压岩土颗粒来扩大已占据孔隙的体积，称为颗粒挤出模式（grain-displacing manner）（图 2.3）。在孔隙充填模式下，天然气水合物更容易形成孔隙充填型水合物；在颗粒挤出模式下，天然气水合物更倾向于形成裂隙充填型水合物。

(a)孔隙充填模式
(毛细管压力小于局部有效应力)

(b)颗粒挤出模式
(毛细管压力大于局部有效应力)

图 2.3　孔隙充填模式和颗粒挤出模式示意图

Dai 等（2012）认为，天然气水合物在充填原有孔隙后以孔隙充填形式生长或颗粒挤出形式生长取决于地层的局部有效应力和天然气水合物所受毛细管压力之间的平衡关系。在平衡状态下，天然气水合物所承受的压力（u_h）等于水相压力（u_w）和岩石骨架应力（σ'）之和 [式（2.1）]。

$$u_h = u_w + \sigma' \tag{2.1}$$

水相压力和天然气水合物所承受的压力之间满足 Laplace-Young 方程 [式（2.2）]（Clennell et al., 1999；Coussy, 2011）。

$$(u_h - u_w) = \frac{4\gamma_{hw}\cos\theta}{d_{th}} \tag{2.2}$$

通常认为天然气水合物表面的接触角（θ）为 0°；天然气水合物–水的界面张力（γ_{hw}）为 0.032～0.039N/m（Anderson et al., 2003）。喉道直径可根据其与 10% 沉积物小颗粒直径 d_{10} 之间的关系进行估算 [式（2.3）]。

$$d_{th} \cong (\sqrt{2}-1)d_{10} \tag{2.3}$$

由此，Dai 等（2012）定义了无量纲参数 ψ，该参数反映了水合物–水毛细管压力与有效应力之间的平衡关系 [式（2.4）]。

$$\psi = \frac{\left(\frac{4\gamma_{hw}}{d_{th}}\right)}{\sigma'} = \frac{4\gamma_{hw}}{(\sqrt{2}-1)d_{10}\sigma'} \cong \frac{10\gamma_{hw}}{d_{10}\sigma'} \tag{2.4}$$

当 $\psi > 1$ 时，沉积物中的毛细管压力占主导，天然气水合物以颗粒挤出模式生长；当 $\psi < 1$ 时，沉积物中地层应力占主导，天然气水合物的生长形式为孔隙充填模式。

为了进一步验证无量纲参数 ψ 在天然气水合物赋存类型判别方面的适用性，Dai 等（2012）对全球多个地区天然气水合物储层中的天然气水合物赋存类型进行了统计分析（表 2.1），并绘制了每个地区储层地层应力和孔隙尺寸与天然气水合物赋存类型之间的判断图版（图 2.4）。可以看出，在地层应力较小和沉积物颗粒粒径较小时（$\psi > 1$），沉积物中的天然气水合物赋存类型主要为结核状和块状；当地层应力较大和沉积物颗粒粒径较大时（$\psi < 0.001$），沉积物中的天然气水合物主要为孔隙充填型；处于上述两种情况之间的条件下时（$0.001 < \psi < 1$），天然气水合物的赋存类型主要表现为透镜体状和脉状（Cook et al., 2008；Daigle and Dugan, 2011；Shin and Santamarina, 2011）。

前面分别从宏观地质角度和微观机理角度阐述了不同赋存类型天然气水合物的形成原因。两种理论并未形成完全一致认识，如气源理论认为扩散体系中多形成孔隙充填型水合物，但扩散体系并不一定等同于图 2.4 中的高地层应力、大沉积物颗粒粒径条件。不同赋存类型天然气水合物的成因及其影响因素、地质成因和微观机理成因的统一关系等问题还有待进一步研究。

三、理论模型对应的天然气水合物典型赋存形态

裂隙充填型水合物虽然是天然气水合物资源的重要组成部分，但该类天然气水合物储层的开采却存在两方面的天然劣势。一方面是裂隙充填型水合物在储层中的分布具有很强的非均质性，很难形成优质的天然气水合物开采矿区；另一方面是裂隙充填型水合物的开

表2.1　海底沉积物中天然气水合物赋存类型统计分析表（Dai et al., 2012）

位置	编号	深度/m	水深/m	水合物赋存形态	沉积物特征	性质	d_{10}/μm 平均值	标准偏差	特征值
马利克	1	913.7	913.7	孔隙填充	粗粒/砾石（最大1cm）	d_{10}=275.9~292.9μm（取样深度912.3m）	285	8.5	
	2	903	903	孔隙填充	中粒砂	d_{10}=108.4μm（取样深度908.3m）	108.4	76.02	
	3	892.8~1088.1	990.45	孔隙填充	中/细砂	d_{50}=149.9~502.5μm	150	50	细/中粒砂土：0.06~0.6mm
布雷克海台	4	259	3058.1	结核状	富含纳米化石的黏土	d_{50}=1.6μm	0.16	0.11	
	5	330	3100.1	块状	55%伊利石+45%蒙脱石		0.001	0.0007	蒙脱石：~1nm
日本南海海槽	6	3.09	2781.59	结核状/块状	软黏土（39.2%黏土）	LL=68；PL=24	0.2	0.14	高岭石：0.1~1μm
	7	207.8~260	1178.9	孔隙填充	砂土沉积物		100	70.13	细/中粒砂土：0.06~0.6mm
印度国家天然气水合物计划	8	90~140	4799.3	脉状	60%砂土+粗粒+40%粉土	Ss=87~94m²/g；LL=73~75；PL=34~36	10	7.01	粉土：2~60μm
	9	60	1300	脉状或结核状	细粒黏土矿物		0.2	0.14	高岭石：0.1~1μm
	10	58.44	1107.44	脉状		ϕ_{10}=9.28；ϕ_{50}=6.08	1.6	1.12	
卡斯卡底古陆边缘	11	3.7	678.2	结核状	软黏土沉积物	ϕ_{50}=5.7；S=1.2；Sk=-0.81（取样深度3.59m）	4	0.3	
	12	13.05	687.55	结核状		ϕ_{50}=4.05；S=0.95；Sk=-0.58	2.5	0.2	
秘鲁外海	13	141	3961	结核状	硅藻泥（44%伊利石）		0.01	0.01	伊利石：10~100nm
	14	165.6	5235.6	结核状	硅藻泥	ϕ_{10}=5~6	23	8	
奥尻岛脊	15	88.3~97.9	2715.7	孔隙填充	砂质沉积物		100	70.13	细/中粒砂土：0.06~0.6mm
	16	88.3~97.9	2715.7	结核状	含硅藻的黏土、粉质黏土	LL=113~143（取样深度83.75~189.9m, '799A）	0.01	0.01	伊利石：10~100nm

续表

位置	编号	深度/m	水深/m	水合物赋存形态	沉积物特征	性质	d_{10}/μm 平均值	d_{10}/μm 标准偏差	特征值
韩国郁陵盆地	17	91.07	2661.67	结核状	丰富硅藻	75%砂土+15%粉土+10%黏土	0.2	0.1	高岭石: 0.1~1μm
	18	136	2100	脉状/透镜状	微化石、黏土	$d_{50}=3.041$μm; $d_{10}=1.5$μm	1.5	1.05	
	19	140	2218	脉状和结核状		18%黏土+82%粉土 Ss=71（取样深度141m）	0.2	0.14	高岭石: 0.1~1μm
Orca 盆地，墨西哥湾	20	20~40	2425	结核状	以蒙脱石为主黏土	LL=83; PL=31	0.001	0.0007	蒙脱石~1nm
Alaminos 峡谷，墨西哥湾	21	~400	~3130	孔隙填充	细粒砂土		80	56.10	细粒砂土: 60~200μm
Okhotsk 海	22	2.3~2.7	~840	结核状	20.42%黏土	$\phi_{50}=6.13$; $S=1.73$; Sk=1.4; Kt=2.16	0.45	0.25	
	23	1.65~2.65	~670	结核状/脉状	23.4%黏土	$\phi_{50}=6.35$; $S=1.70$; Sk=1.31; Kt=2.09	0.4	0.2	
加拿大阿尔伯特山	24	619.9	619.9	孔隙填充	微细石英颗粒砂土	$d_{10}=~0.2$mm（取样深度618.1m）	200	140.26	
	25	661	661	孔隙填充	细粒石英	$d_{10}=~0.08$mm（取样深度662.4m）	80	56.10	
	26	620	620	脉状	粉质砂土	$d_{10}=0.017$mm	17	11.92	
Atwater 山谷	27	0~158	1370	结核状	黏土	Ss=94.2~143.1m²/g	0.01	0.01	伊利石: 10~100nm
水合物海脊	28	5~106	945.5	结核状	黏土	$d_{50}=6$μm; $d_{10}=~0.2$mm	0.2	0.14	

注：相关数据的参考文献请参考 Dai 等（2012）。LL-液性指数；PL-塑性指数；Sk-偏度；Ss-比表面积；Kt-峰度；S-分选性指标；ϕ_{50}-中值粒径。

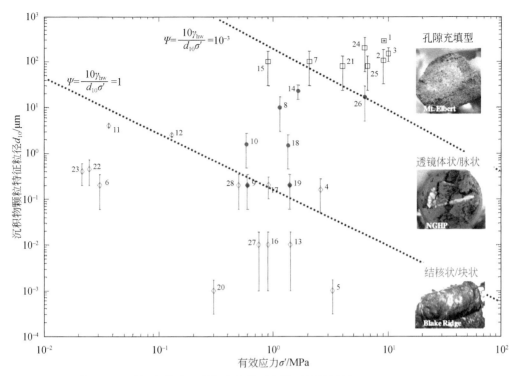

图2.4　天然沉积物中天然气水合物赋存类型判断图版（Dai et al.，2012）

采更容易导致海底滑坡、甲烷泄露等自然灾害，开采的安全成本和环境成本更高。因而，从资源开发的角度来看，孔隙充填型水合物才是现阶段水合物开采的有利目标。多数已有研究也是针对孔隙充填型水合物开展，裂隙充填型水合物涉及较少。

　　为方便数值分析，现有研究通常将孔隙充填型水合物在沉积物孔隙内的赋存形态简化为四种典型形态，即悬浮型、接触型、胶结型和表面型（Waite et al.，2009）。四种典型形态（图2.5）描述如下。

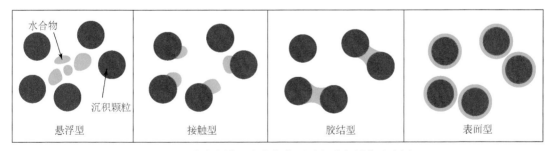

图2.5　孔隙充填型水合物典型赋存形态划分示意图

　　（1）悬浮型：天然气水合物填充于沉积物孔隙中，与沉积物岩土颗粒之间没有明显接触；

　　（2）接触型：天然气水合物附着于沉积物岩土颗粒表面；

　　（3）胶结型：天然气水合物填充于沉积物岩土颗粒之间，连接相邻的岩土颗粒；

（4）表面型：天然气水合物包裹在岩土颗粒表面。

沉积物孔隙中不同赋存形态的天然气水合物对流体流动的影响并不相同。表面型水合物对孔隙流体的阻碍作用较小，悬浮型水合物对流体的阻碍作用最大。当天然气水合物在沉积物中发生生成或分解时，天然气水合物的赋存形态也会发生改变，进而引起沉积物传输性质的变化。因而，准确评价天然气水合物的赋存形态特征对沉积物中流体的流动性质分析十分重要。还需要说明的是，几种典型的天然气水合物赋存形态仅是对天然气水合物真实赋存形态的理想化假设，在一定程度上能够反映沉积物中的水合物赋存状态，可以用于理论分析计算，但在真实海底沉积物或人造沉积物中很难找到与这几种典型赋存形态完美契合的天然气水合物存在。图 2.6 展示了 Lei 等（2019）通过 X-CT 技术获得的砂质沉积物样品中的甲烷水合物赋存形态的真实情况。由图 2.6 可见，水合物在沉积物孔隙中的分布极不规则，在多数情况下甲烷水合物在沉积物的孔隙中呈现几种典型赋存模式的"组合"形态。

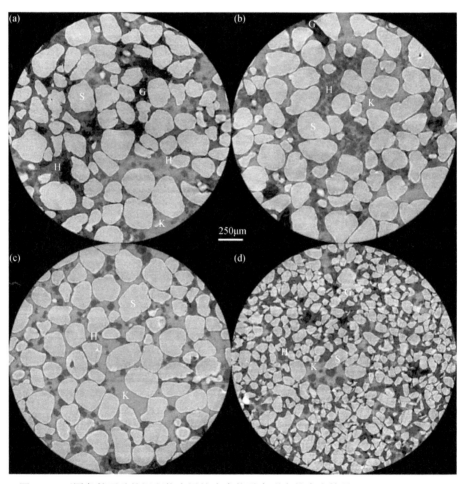

图 2.6　不同条件下砂粒沉积物中甲烷水合物赋存形态的真实情况（Lei et al., 2019）
该体系由不规则砂粒、KI 溶液、甲烷和甲烷水合物构成，（a）、（b）、（c）为不同流体充注条件下获得的 X-CT 图像，（d）与（c）取自同一样品同一测试状态的不同位置。S. 石英砂颗粒；
G. 甲烷气体；H. 甲烷水合物；K. 碘化钾（KI）溶液

水合物典型赋存形态概念是含天然气水合物沉积物渗透率研究中的常用概念，在后面内容中会有更多提及。

第二节　微观孔隙结构探测技术

一、微观孔隙结构与探测技术概述

（一）天然气水合物储层微观孔隙结构

天然气水合物储层是典型的多孔介质，其空间构成可划分为固体骨架部分和孔隙部分。如第一章所述，现有研究在固体水合物应该划归于固体骨架部分还是沉积物孔隙部分的问题上存在分歧，这会影响基于孔隙结构的渗流参数定义。本章在阐述时将天然气水合物视作固体骨架部分。

天然气水合物储层与传统石油地质中的油气储层有一定的相似性，但在固体骨架性质上有突出特征。天然气水合物储层的地质埋藏深度较浅，未经历完整的沉积成岩作用，岩土颗粒之间缺乏有效胶结，这会导致储层在天然气水合物的分解过程中容易发生固体骨架的变形，这也是天然气水合物储层开采容易引起出砂甚至海底滑坡的主要原因。此外，天然气水合物在储层沉积物中是以固体形式存在的，并且会在天然气水合物的生成或分解过程中发生相态变化，这会导致储层中流体的有效渗流空间发生改变。因此，天然气水合物储层的微观结构研究与传统油气储层相比更为复杂。

严格地说，微观结构是一个相对尺度的概念。对于油气藏的研究而言，从大到小一般可以分为盆地尺度、测井尺度、岩心尺度、孔隙尺度和分子尺度，在不同尺度上研究的问题不同。常规概念上理解的微观尺度既包括孔隙尺度，也包括分子尺度。本书的主要写作目的是介绍天然气水合物储层中的流体渗流特征和规律，而分子尺度上的研究与流体渗流的相关性不大，故在此不再介绍。后文中提及微观结构均指天然气水合物储层中展现在孔隙尺度上的结构特征。天然气水合物储层的孔隙结构特征主要包括储层孔隙空间的几何形状、尺寸分布、孔隙连通性等，同时也包括孔隙中天然气水合物的赋存形态、赋存量、空间分布及其与岩土颗粒（或流体）间的接触关系等。天然气水合物储层孔隙结构特征研究的难点主要在于天然气水合物生成或分解过程中天然气水合物赋存特征的动态变化。例如，在天然气水合物分解过程中，以不同赋存形态分布于储层孔隙不同位置的天然气水合物会随着温压条件的改变呈现从固态到液态的转化，进而引起储层中有效孔隙空间的改变；沉积物有效孔隙空间决定了其中流体的流动规律，会对天然气水合物的开采效率产生直接影响（Mahabadi et al., 2019）。因此，获取天然气水合物储层的孔隙结构特征并表征其在天然气水合物生成或分解过程中的动态演化规律，是进行含水合物储层渗流特征研究的前提条件。

由于现场取样成本和保存条件的限制，现有针对天然气水合物储层孔隙结构特征的研究多是通过人工合成沉积物样品完成的。在实验室条件下，利用石英砂、玻璃球、黏土矿物等材料重塑储层的岩土骨架部分；通过改变温度和压力条件模拟天然储层中天然气水合物的生成或分解过程；随后通过微观探测技术观测天然气水合物反应过程中的微观孔隙结构特征变化，再通过数值方法对天然气水合物沉积物的微观孔隙特征进行定量分析和表征。本书所述天然气水合物储层微观孔隙结构特征研究的目的是发现和阐明孔隙尺度上的现象和规律，建立孔隙尺度结构特征与宏观尺度渗流行为之间的动态关联，进而为天然气水合物储层的开采提供理论支撑，关于天然气水合物储层和含天然气水合物沉积物的区别，见本书第一章第二节。

（二）含天然气水合物沉积物微观探测技术

利用合适手段探测含天然气水合物沉积物的微观孔隙信息是进行孔隙结构特征表征和分析的前提。随着现代实验测试技术的进步，众多精密测试手段已在天然气水合物研究中得到广泛应用，使天然气水合物微观研究朝着更加精细、精确的方向发展。表 2.2 对几种含天然气水合物沉积物常用的微观探测技术作了简要的总结，对比分析了各技术的特点。需要说明的是，天然气水合物样品条件和测量条件的差异会导致所获取的图像分辨率不同，图 2.7 中给出的尺度范围仅供对比参考。从表 2.2 和图 2.7 中可知，多种探测技术已经在天然气水合物微观研究中成功应用，由于测量原理、测量精度等方面的差异，各种技术在研究中的用途有所差别。

表 2.2 含天然气水合物沉积物常用微观探测技术对比（Rojas and Lou，2010；刘昌岭和孟庆国，2016）

探测方法	测量精度	主要用途	制样要求	技术特点
X 射线衍射分析（XRD）	—	水合物晶体结构分析、晶体结构参数计算、生成/分解动力学监测等	粉末状样品；单晶样品	测量速度快
激光拉曼光谱（Raman）	—	水合物类型划分、客体分子种类分析、生成/分解动力学监测等	无特殊要求	快速、准确、精度高、可实时观测；在多组分水合物测定时会出现谱峰重合
核磁共振波谱（NMR）	约 8nm	水合物结构分析、化学组成分析、孔穴占有率计算等	厘米级样品；粉末状样品	精度高、探测尺度广；易受磁场屏蔽作用影响
光学显微镜	约 0.3μm	孔隙表面形态观测	厚度 0.03mm 的薄片	图像直观、易操作
扫描电子显微镜（SEM）	约 6nm	沉积物及水合物表面形态观测	厘米尺度样品，表面需喷金处理	分辨率高、探测尺度广；仅能提供二维图像
场发射扫描电镜（FE-SEM）	约 1nm		无须喷金处理	
原子力显微镜（AFM）	约 0.1nm	孔隙表面形态观测	无特殊要求	图像分辨率高，可对纳米级孔隙成像；成像范围小、直观性较差
微米 X 射线计算机层析扫描（微米 X-CT）	几微米至十几微米	水合物生成和分解过程中的沉积物组分空间结构分析	毫米级岩样或可封装样品	可三维成像、无损伤、交互性好；动态 CT 扫描精度略低、较难分辨水和水合物
同步辐射 X 射线计算机显微层析（SRXCTM）	约 0.35μm			X 射线光源单色性好、三维成像、图像分辨率更高；仪器造价高

续表

探测方法	测量精度	主要用途	制样要求	技术特点
核磁共振成像（MRI）	约 0.05mm	水合物生成/分解过程动态监测	厘米级样品	成像速度快、探测尺度广、易区分水和水合物；图像空间分辨率低
差示扫描量热仪（DSC）	—	水合物热力学分析和相平衡性质分析等	通常使用毫米级样品	样品用量少、控温精度高、温压控制范围大
小角 X 射线散射（SAXS）	约 0.5nm	微纳米孔隙分布探测、水合物生成过程中围绕在溶解甲烷分子的水分子结构分析等	厚度<0.5mm 的薄片；粉末状样品	无损伤、测试快速准确

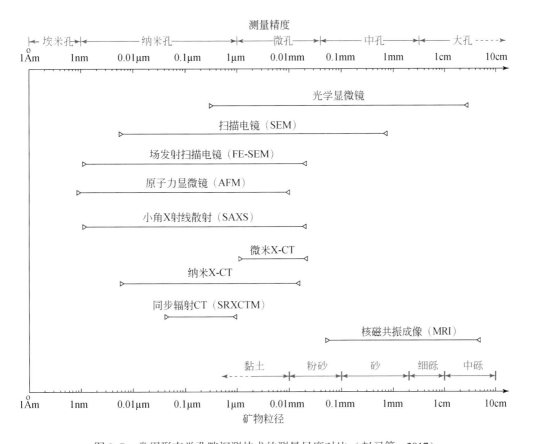

图 2.7　常用形态学孔隙探测技术的测量尺度对比（赵习等，2017）

对于含天然气水合物沉积物的微观孔隙结构研究而言，理想的探测技术首先应该满足合适的测量精度和成像范围。现今天然气水合物研究的重点类型依然是孔隙充填型水合物，该类水合物分散赋存于沉积物孔隙空间中，沉积物孔隙的直径通常为几微米到几百微米。最佳的孔隙尺度探测技术应既能够反映天然气水合物在不同孔隙之间的连通性、尺寸分布等特征，又能对个体孔隙中的天然气水合物赋存形态进行描述。此外，在天然气水合物生成或分解过程中，沉积物孔隙空间中的天然气水合物随温度或压力条件变化而呈现出连续的反应过程。假设温压条件变化造成了天然气水合物赋存状态的改变，即使再次将温压条件进行恢复，也无法重现其原有的赋存状态。因而，理想的探测技术在测量过程中要尽可能不破坏样品结构，避免对天然气水合物反应空间造成温度或压力的扰动，否则无法准确获取天然气水合物连续反应过程中的测量参数变化（张永超等，2020）。表 2.2 中所列的各种方法中，X 射线计算机断层成像（X-CT）技术和低场核磁共振（LF-NMR）技术能够在不破坏天然气水合物赋存状态的条件下直观呈现沉积物中微观孔隙结构特征的变化，在现有含天然气水合物沉积物微观探测研究中应用最为广泛。在后面的内容中，我们也将重点对这两种探测技术进行介绍。

二、X-CT 技术

（一）X-CT 技术原理

利用 X-CT 技术测试含天然气水合物沉积物样品，建立含天然气水合物沉积物的数字岩心，进而对含天然气水合物沉积物的孔隙结构及相关物性特征进行研究分析是现有天然气水合物微观研究中最常用的手段。X-CT 技术获取样品投影数据的基本原理如下。X 射线源在电流的激发下发射定向 X 射线。X 射线在穿过样品时会与构成样品的物质原子发生相互作用而产生光电效应、康普顿效应和电子对响应。在此过程中，散射作用和吸收作用使 X 射线强度衰减。由于不同物质成分对 X 射线的衰减系数不同，故可以通过测量物质对 X 射线的衰减系数推断物质的组成成分。当一束 X 射线穿过物体时，所穿过路径上所有物质对 X 射线的衰减系数总和反映在 X 射线强度的测量结果中，可用式（2.5）表示。

$$I = I_0 \mathrm{e}^{-\sum_i \mu_i x_i} \tag{2.5}$$

式中，I_0 为 X 射线的初始强度；I 为 X 射线穿过物体后的射线强度；i 为构成物质的成分；μ_i、x_i 分别为组分 i 对 X 射线的衰减系数和该组分在 X 射线路径上的有效长度。

X-CT 技术即在上述原理的基础上，通过对样品不同方向的多次扫描，折算出样品不同位置的衰减系数，从而恢复样品内部截面的空间信息（姚军和赵秀才，2010）。

（二）含天然气水合物沉积物 X-CT 技术

通过 X-CT 技术建立数字岩心，首先需要获取含天然气水合物沉积物特定状态下的投影数据，随后选取图像重构方法将投影数据转化为三维灰度图像数据，进而对重构后的图像数据进行数据化处理和计算。利用 X-CT 技术进行天然气水合物微观研究的最主要优势在于其呈现介质内部不同组分空间分布的真实性，同时所获得的图像数据便于分析计算。以 X-CT 技术为基础建立的微观孔隙结构分析方法、孔隙网络模拟（pore network modeling，PNM）方法和格子玻尔兹曼方法等，均已在天然气水合物研究中得到了广泛应用（Mahabadi and Jang，2014；Wang，2014；Ai et al.，2017；Zhang et al.，2020）。在常规 X-CT 技术基础上发展而来的 CT 动态扫描技术（或称为 CT 同层扫描技术）是研究天然气水合物生成和分解过程中孔隙结构和相关物性特征演变的有效手段。该技术是通过对同一样品位置不同变化阶段的多次扫描成像，展现样品空间信息的连续发展变化。通过这种技术，可以在保证沉积物岩土颗粒位置不发生改变或仅发生较小改变的情况下，获取沉积物孔隙结构或物性参数随天然气水合物饱和度的变化规律。但单次 X-CT 的时间较长，根据样品的差别，扫描时间在几十分钟到几小时不等。为了保证在 X-CT 过程中沉积物中的天然气水合物相态保持稳定，每次 X-CT 成像均需要含水合物沉积物样品的状态在设定的温压条件下达到平衡状态。如果在同一组实验中设定了多个 X-CT 测量点，完成一组天然气水合物生成或分解过程的动态 X-CT 测量时间可能需要几天，甚至几周。

　　现阶段利用 X-CT 技术进行含水合物沉积物微观性质研究的难点主要有两个：X-CT 图像分辨率和沉积物中的相态区分。在静态条件下，通过微米级 X-CT 设备获得的含天然气水合物介质 X-CT 图像分辨率较高，通常可以达到几微米；但对于动态扫描而言，由于测试过程中机械振动和热扰动等原因，常规 X-CT 设备的分辨率通常大于 $10\mu m$（根据样品尺寸和测量条件，图像的分辨率会有所差别）。在此分辨率下，一些粒径较小的沉积物组分（如泥质粉砂沉积物中的黏土颗粒）很难在 X-CT 图像中获得清晰的识别。X-CT 图像中的相态区分问题主要发生在甲烷水合物体系中。在该体系中，水相和甲烷水合物相在 X 射线作用下具有相似的衰减系数，导致在获得的 X-CT 灰度图像中两相的灰度值相差不大，在样品整体的灰度分布图上出现峰值交叉（图 2.8）。这会使得在使用常用的阈值法（threshold method）进行相态区分时，部分水相和甲烷水合物相被划分为"错误"的相态位置。此外，一般工业 X-CT 的 X 射线源发射的射线能量存在一定差别，不同能量的 X 射线穿过衰减系数相同的物质表现出来的灰度值也不相同，这也是造成灰度图像中水相和甲烷水合物相灰度值接近的原因之一。现有研究中解决相态区分问题的思路主要有两种，一种是在水相中添加重质组分以增加水相和甲烷水合物相之间的衰减系数差，如通过添加碘

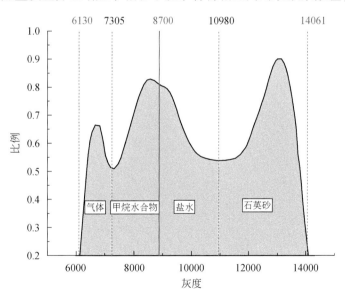

图 2.8　含水合物沉积物体系中水相和甲烷水合物相的灰度分布情况

化钾（KI）或溴化钠（NaBr）来增加是水相的衰减系数（Kerkar et al., 2014；Ta et al., 2015），或者使用氙气（Xe）、氪气（Kr）等来增加气体水合物相的衰减系数（Chaouachi et al., 2015；Chen and Espinoza, 2018）。但体系中其他物质的加入也会造成气体水合物生成和分解性质的改变。另一种思路是在水合物生成的反应釜内放置密封处理的标记物，用以作为沉积物体系中新的水合物信息提取的参考，一些学者通过这种方法也取得了较好的实验结果（胡高伟等，2014；Li et al., 2019）。具有更高精度的同步辐射 X 射线计算机显微层析技术在近几年的天然气水合物微观特征研究中也有报道（Jarrar et al., 2020；Murshed et al., 2008；Yang et al., 2016），该技术能够很好地解决上述两个难点问题，但 SRXCTM 技术的测量成本过高，很难得到广泛应用。此外，由于甲烷水合物的生成需要花费较多的时间，并且需要较为严格的温度和压力条件，也有部分学者使用氙气、二氧化碳、四氢呋喃（tetrahydrofuran，THF）进行水合物实验，借以推断含甲烷水合物介质的性质。利用这些气体或液体成分生成的水合物在 X-CT 图像中的灰度值与水有较大的区别，可以较容易实现相态区分。但由于客体分子类型的差别，利用这些物质生成的水合物能否代表天然水合物的性质尚存在争议。

（三）含天然气水合物沉积物 X-CT 实验装置和测试结果

中国地质调查局青岛海洋地质研究所自 2010 年左右开始对含天然气水合物沉积物孔隙结构性质进行研究，在含水合物沉积物 X-CT 测试方面积累了丰富经验。建立了含天然气水合物沉积物反应过程 X-CT 实验装置（图 2.9），能够在实现天然气水合物生成和分解过程中的同时，观测含天然气水合物沉积物微观孔隙结构特征的变化。该装置的主体采用美国通用电气公司生产的 Phoenix v｜tome｜xs 型工业扫描仪，配备了微米级焦点和纳米级

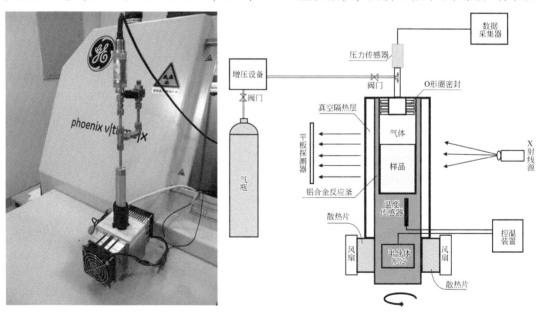

(a)半导体制冷型耐高压反应釜照片　　　(b)含天然气水合物沉积物X-CT测试系统装置示意图

图 2.9　含水合物沉积物反应过程 X-CT 实验装置示意图

焦点两套射线源，最高工作电压为240 kV，体元最高分辨率为2μm；探测器为16bit数字平板探测器，1024像素×1024像素，有效探测面积为204.8mm×204.8mm。为满足水合物测试条件，自主设计了一套半导体制冷型耐高压反应釜［图2.9（a）］。该反应釜的内径为10mm，深度为70mm，由高强度铝合金材料制成，最大工作压力为15MPa；顶部连接压力传感器，用于监测含天然气水合物沉积物样品测试过程中的压力变化；底部设有高灵敏度温度探针，并通过两片半导体元件进行控温，控温范围为-10～30℃；反应釜与装置外壁之间设计有一层厚度为4mm的真空夹层用于隔热，同时测试过程中反应釜的外壁会加设一层泡沫外套进行保温。更多关于该实验装置的测试流程和数据处理方法可以参考《天然气水合物实验测试技术》一书（刘昌岭和孟庆国，2016）。

图2.10展示了通过X-CT技术获得的几种典型的含天然气水合物沉积物样品灰度图像。其中，图2.10（a）、（b）和（d）为利用中国地质调查局青岛海洋地质研究所的装置测试得到的图像，图2.10（c）为Liu等（2019）的测试结果。图2.10中文字对每组结果对应的沉积物属性和客体分子类型进行了简单标注。从图2.10（a）～（c）中可以发现，不同类型水合物的赋存形态在不同沉积物中有较大差异，这些差异是影响后续沉积物中流体渗流的重要因素。

三、LF-NMR技术

（一）NMR技术原理

NMR技术作为一种分析物质的无损检测手段，具有快捷、准确、分辨率高等诸多优点，因而得以迅速发展和广泛应用。NMR技术的基本原理是通过在原子核外静磁场的垂直方向上施加射频电磁波，使原子核自旋系统发生核磁共振吸收电磁波能量，射频脉冲撤离后，样品外部的接收线圈接收原子核质子释放的电磁波能量并转换为不同形式的电信号。不同种类和相态物质中目标质子的含量、晶格状态不同，因而发生核磁共振作用的信

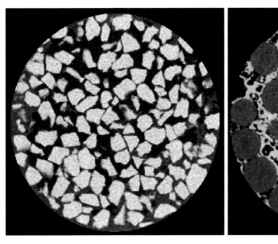 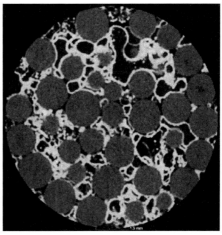

(a)石英砂+甲烷　　　　　　　　　　　　　　(b)氧化铝球+氙气

(c)高龄土+二氧化碳(Liu et al.,2019)　　　　　(d)石英砂+甲烷(标记物法)

图 2.10　利用微米 CT 设备获取的几种典型含水合物沉积物样品灰度图像

（a）体系由不规则石英砂、甲烷和甲烷水合物构成，图中灰色部分为甲烷水合物；（b）体系由氧化铝球、氙气和氙气水合物构成，图中亮白色为氙气水合物；（c）体系由高岭土、二氧化碳、二氧化碳水合物构成，图中亮白色为二氧化碳水合物；（d）体系由不规则石英砂、甲烷和甲烷水合物构成，图中灰色为甲烷水合物

号响应有所差异（刘昌岭和孟庆国，2016）。根据磁场强度，核磁共振技术可分为高场核磁共振（high field nuclear magnetic resonance，HF-NMR）技术与低场核磁共振技术。根据信号呈现方式，NMR 的应用领域主要包括核磁共振波谱、核磁共振成像以及核磁共振弛豫谱。

　　HF-NMR 技术主要借助核磁共振波谱检测样品化学性质，常用于水合物的结构鉴定、化学组成确定、孔穴占有率计算等方面。除此之外，HF-NMR 技术也可以借助核磁共振成像技术探测水合物沉积物微观孔隙结构。由于 HF-NMR 技术受铁磁性物质影响很大，并不适用于岩石物理分析，受铁磁性物质影响较小的 LF-NMR 技术在含氢流体（水和甲烷）介质的物性探测方面应用更为广泛（Ge et al.，2018；Ji et al.，2020；Zhang et al.，2021a）。LF-NMR 技术的磁场强度通常小于 1T，主要利用样品中的氢质子（^{1}H）在磁场中的共振特性以及其信号产生特点，实现样品中含氢物质的分布和含量的快速、准确探测，其在水合物研究中的应用主要包括核磁共振弛豫谱技术和核磁共振成像技术两个方面。

　　1. 核磁共振弛豫谱技术

　　核磁共振弛豫谱技术是一种基于核磁弛豫现象的分析技术。核磁弛豫指的是射频电磁波（后面统称为 90°射频脉冲）停止作用后，通过共振获得能量进入高能状态的氢质子，在静磁场的作用下纵向宏观磁化矢量从零逐渐回到平衡状态，横向宏观磁化矢量逐渐缩小到零的过程。

　　纵向宏观磁化矢量强度（M_z）随时间（t）变化的关系式为

$$M_z(t)=M_{z0}\left(1-\mathrm{e}^{\frac{-t}{T_1}}\right) \tag{2.6}$$

式中，M_{z0} 为初始纵向宏观磁化矢量强度；T_1 为纵向弛豫时间，其为纵向宏观磁化矢量强度恢复到原来最终平衡状态的 63% 的时间。

横向宏观磁化矢量强度（M_{xy}）随时间（t）变化的关系式为

$$M_{xy}(t) = M_{xy0} e^{\frac{-t}{T_2}} \tag{2.7}$$

式中，M_{xy0} 为初始横向宏观磁化矢量强度；T_2 为横向弛豫时间，其为横向宏观磁化矢量强度衰减到最大值的 37% 的时间。

相比横向弛豫时间 T_2，孔隙流体中氢质子的纵向弛豫时间 T_1 测试时间较长，并且 T_1 受静磁场的磁场强度影响，故核磁共振弛豫谱技术多采用 T_2 开展相关分析。由于磁场非均匀性的影响，90°射频脉冲停止作用后衰减信号的演化会加快（如图 2.11 中左侧第一条黑色曲线所示），并不会按照理想的曲线（如图 2.11 中红色曲线所示）演化。为了延缓磁场不均匀性对信号衰减的干扰，T_2 测试通常采用 Car- Purcell- Meiboom- Gill（CPMG）序列获取衰减信号（Kleinberg et al., 2003）。CPMG 序列由一系列射频脉冲组成，先施加90°射频脉冲，间隔 0.5 个回波间隔（TE）后施加 180°复相脉冲，此后每间隔 1 个 TE 施加一个180°复相脉冲，并在每对 180°复相脉冲中间记录回波信号，如图 2.11 所示。CPMG 序列施加 90°射频脉冲 1 个 TE 后才能检测到第一个回波信号，固体（如甲烷水合物）中的氢原子具有很短的 T_2，其完全弛豫发生在第一个回波检测时间之前，因此，固体中氢质子的信号一般在低场核磁共振实验设备中无法被检测到。

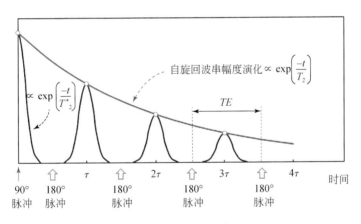

图 2.11　CPMG 序列示意图（葛新民，2013）

τ 为回波间隔

由于矿物颗粒表面的影响，孔隙流体中氢质子的 T_2 会比体相流体中氢质子的 T_2 短。由多孔介质中孔隙流体的核磁共振弛豫机制可知，孔隙流体中氢质子的 T_2 涉及三个独立的弛豫机制：体相弛豫、表面弛豫以及扩散弛豫（Coates et al., 1999）。孔隙流体中氢质子的 T_2 体现了这三个弛豫机制的共同贡献，其计算公式可以表示为式（2.8）的形式（Kenyon，1997）。

$$\frac{1}{T_2} = \frac{1}{T_{2B}} + \frac{1}{T_{2S}} + \frac{1}{T_{2D}} \tag{2.8}$$

式中，T_{2B} 为体相横向弛豫时间；T_{2S} 为表面横向弛豫时间；T_{2D} 为扩散横向弛豫时间。水中氢质子的 T_{2B} 大于 3000ms，相较于其他两项，$1/T_{2B}$ 在实际分析中可以忽略不计。

孔隙流体中氢质子的表面横向弛豫时间的表达式为

$$\frac{1}{T_{2S}} = \rho_2 \left(\frac{S}{V} \right)_{pore} \tag{2.9}$$

式中，ρ_2 为孔隙表面的横向弛豫率，表征孔隙与流体界面弛豫强度的一个参数；S 为孔隙的表面积；V 为孔隙体积。

孔隙流体中氢质子的扩散横向弛豫时间的表达式为

$$\frac{1}{T_{2D}} = \frac{D(\gamma G TE)^2}{12} \tag{2.10}$$

式中，D 为分子扩散系数；γ 为质子磁旋比；G 为磁场强度梯度；TE 为 CPMG 序列中应用的回波间隔。在均匀磁场以及短 TE 条件下，孔隙流体中氢质子的 T_{2D} 会大幅度降低并可有效地忽略。因此，孔隙流体中氢质子的 T_2 可以近似表示为

$$\frac{1}{T_2} \approx \rho_2 \left(\frac{S}{V} \right)_{pore} \tag{2.11}$$

由式（2.11）可以看出岩石孔隙流体中氢质子的 T_2 值主要由岩性和孔隙比表面积决定，而比表面积与孔隙的形状因子和孔隙半径有关，如式（2.12）所示：

$$\left(\frac{S}{V} \right)_{pore} = \frac{F_S}{r} \tag{2.12}$$

式中，F_S 为孔隙形状因子，对于球形孔隙，$F_S = 3$，对于柱状喉道，$F_S = 2$；r 为孔隙半径。

由式（2.11）与式（2.12）可得

$$\frac{1}{T_2} \approx \rho_2 \frac{F_S}{r} \tag{2.13}$$

由式（2.13）可以看出，孔隙半径与孔隙流体中氢质子的 T_2 呈正比例关系。通过 LF-NMR 技术测得的 T_2 分布可以有效地用于评价孔径分布。

根据核磁共振弛豫机理，单孔隙中流体氢质子的核磁共振弛豫遵循单指数弛豫。对于多孔介质，核磁共振弛豫呈多指数弛豫特征：

$$M(t) = \sum_i m_i e^{\frac{-t}{T_{2i}}} = \sum_i m_i e^{-\rho_2 \frac{F_S}{r_i} t} \tag{2.14}$$

式中，m_i 为第 i 个孔隙流体的初始横向宏观磁化强度，其与第 i 个孔隙中水体积成正比。m_i 的总和与样品中水的体积呈正比例关系。通过回波拟合，自旋回波的衰减信号被映射到 T_2 分布，即 T_2 分布是从自旋回波衰减获得的，沉积物样品中的水含量可以从 T_2 分布中不同 T_2 下的信号量累加获得，这是物质含量 NMR 测定的理论依据。

2. 核磁共振成像技术

核磁共振成像（magnetic resonance imaging，MRI）技术是利用三轴梯度场技术对氢核进行空间扫描获得氢核空间分布的可视化技术，其核心是把核磁共振原理与空间编码技术相结合，将检测样品内部各位置的特征信息加以显示。为了实现空间编码的作用，需要在静磁场上叠加梯度磁场，把样品内氢质子的共振频率与样品内部的空间分布联系起来。样品内氢质子在外加梯度磁场的静磁场中受到射频脉冲激发后产生 NMR 和弛豫现象，射频脉冲停止后，氢质子将射频脉冲所提供的能量以无线电信号形式释放出来，被样品外部的接收线圈所接收，进而转化成相应的灰度，从而实现样品不同断层的成像（孟庆国等，

2012）。常用的 MRI 测试序列为多层自旋回波（multi-slice spin echo，MSE）序列，MSE 序列实现了软脉冲自旋回波序列的基本功能，同时可以一次进行多个层面的成像。借助液态水和固态水合物在 MRI 测试中的信号强度差异，可以在 MRI 图像中较容易地实现相态区分，MRI 技术也成为研究含天然气水合物沉积物的有效探测手段（Hirai et al.，2010）。但相比微米 X-CT 技术，MRI 技术的空间分辨率较低，其图像的分辨率在 0.1mm 左右。

（二）含天然气水合物沉积物 LF-NMR 技术

含天然气水合物沉积物体系中 LF-NMR 技术的关键在于水相、气相、水合物相和沉积物相的相态区分。以氢质子谱 LF-NMR 技术为例，固态沉积物相往往为不含氢质子的物质，因此其几乎没有核磁共振信号。对于固态的天然气水合物相，一方面由于其分子之间存在较强的分子间作用力，散相作用强，致使其横向弛豫时间较短；另一方面由于天然气水合物相中氢质子受分子间作用约束不能快速自由移动，高能状态的氢质子能迅速将能量传递给周围晶格，致使其纵向弛豫时间也较短。因此，固态天然气水合物相的核磁共振信号强度也较弱。而对于液态的水合物相而言，水分子运动很快，处于高能级的质子不能将能量迅速传递给周围晶格，只能缓慢恢复到原来的低能级水平，因而液态水相具有较长的纵向弛豫时间；此外，液态水相中分子产生的内部磁场相对均匀，使得氢质子所处的磁场均匀性较好，而使相位失去一致性的速度变慢，横向弛豫时间较长。因此，液态水相的核磁共振弛豫信号强度较大。不同相态在 LF-NMR 测量中的核磁共振弛豫信号强度存在差异，在核磁共振弛豫谱中表现为弛豫时间的差异，在核磁共振图像中则表现为灰度的差异。基于这些差异，可以实现含天然气水合物沉积物反应过程中微观信息的有效监测。

下面以石英砂沉积物中天然气水合物在溶解气条件下的生成过程为例，简述该体系 LF-NMR 技术的测量步骤。①采用气饱和的水对装好的沉积物样品进行饱和，随后在常温常压条件下进行初次 LF-NMR 扫描；基于该次测量得到的 T_2 特征谱，可利用式（2.9）折算出沉积物孔隙半径的分布情况。②调整测试的温度和压力条件，促使天然气水合物生成，待天然气水合物生成状态稳定后再次进行 LF-NMR 扫描；该次扫描得到的 T_2 特征谱与初次扫描 T_2 特征谱之间的信号差异，反映了天然气水合物生成造成的液态水体积的损失量，由此可以对天然气水合物生成的体积和孔隙分布情况进行分析。③调整测量的温压条件，并重复步骤②的操作，获得不同天然气水合物饱和度条件下含天然气水合物沉积物体系在天然气水合物生成过程中的孔隙结构和相态分布等信息的变化规律。具体参数的分析方法，请参考本章第三节内容。

采用 LE-NMR 技术测量含天然气水合物沉积物孔隙比构，有两个问题需要额外注意：一个是甲烷气体信号量对甲烷水合物监测的干扰问题；另一个是含天然气水合物沉积物的表面弛豫率问题。

1. 甲烷气体信号量对甲烷水合物监测的干扰问题

甲烷气体在低压状态下分子之间的间距较大，通常表现出的弛豫信号响应较弱，但在高压状态下，气体分子之间间距减小、气体分子的运动加快，其弛豫信号响应也逐渐变强（Tinni et al.，2015）。图 2.12 为不同气体压力条件下石英砂沉积物中甲烷气体信号量的变化。由图 2.12 可知，随着气体压力的增加，甲烷气体的弛豫信号强度逐渐增加。0.5MPa 甲烷气体的信号峰值仅为 80 左右，而 10.33MPa 甲烷气体的信号峰值则会达到 400 左右。在含天然气水合物沉积物体系的 LF-NMR 测量中，促使天然气水合物生成的甲烷气体压力通常在 6MPa 以上，这部分高压气体必然会对天然气水合物的信号解释造成干扰。在现有的研究中，为避免高压甲烷气体对天然气水合物 LF-NMR 信号分析的干扰，不少学者会采用 CO_2、氙气等不含氢质子的气体进行天然气水合物实验（陈合龙等，2017；Zhang et al.，2021a），这样处理虽然解决了气体信号干扰的问题，但所得测量结果与甲烷水合物相比可能有所差异。

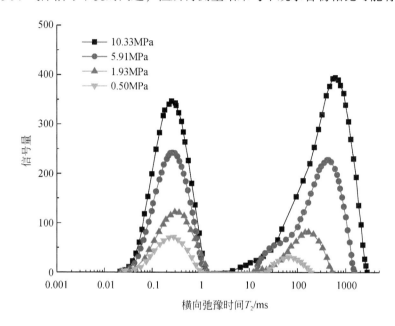

图 2.12 不同甲烷气体压力条件下石英砂沉积物中的甲烷气体信号量变化

2. 含天然气水合物沉积物的表面弛豫率问题

式（2.9）是利用核磁共振弛豫时间谱进行沉积物孔隙结构特征分析的关键转换式，但该公式成立的重要前提是沉积物孔隙表面的横向表面弛豫率 ρ_2 是均一定值。对于矿物种类单一的沉积物而言，利用该公式进行孔隙结构分析问题不大。但当测量体系中存在两种及以上类型的固体矿物时，则需要注意表面弛豫率是否为均一定值的问题。一些研究已经表明，沉积物的矿物种类和空间分布是影响表面弛豫率的重要因素。例如，Keating 和 Knight（2012）的研究发现，通过不同离子处理的石英砂的表面弛豫率有较大差异，这种情况下，式（2.9）并不能很好地描述表面弛豫率参数与横向弛豫时间之间的定量关系。对于含天然气水合物沉积物体系而言，水-沉积物颗粒界面的弛豫响应主要发生在矿物表面的顺磁中心（Kleinberg，1999），水-天然气水合物界面的弛豫响应受控于偶极作用（Gao et al.，2009），因而天然气水合物表面和固体沉积物表面的表面弛豫率并不相同。并且在天然气水合物生成或分解的过程中水-天然气水合物界面和水-沉积物颗粒界面的空间分布会发生较大变化（图 2.13）。上述两方面的共同作用，必然导致在天然气水合物反应的过程中，沉积物整体呈现出的表面弛豫率不会是均一定值。若想解决含天然气水合物沉积物表面弛豫率的问题，首先需要准确测量水-天然气水合物界面的表面弛豫率，并清楚认识天然气水合物反应过程中的空间界面演化特征。但由于技术条件限制，水-天然气水合物界面的表面弛豫率在现有研究中尚未测得准确值。

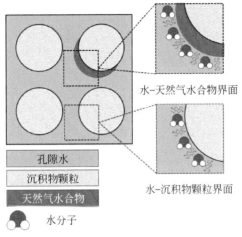

图2.13　含天然气水合物沉积物固体表面水分子弛豫过程示意图

（三）水合物沉积物 LF-NMR 实验装置和测试结果

中国地质调查局青岛海洋地质研究所天然气水合物研究团队经过多年技术积累，建立了适用于水合物沉积物的 LF-NMR 实验装置，并在各类型水合物的 LF-NMR 测试方面积累了丰富经验。团队建立的水合物专用 LF-NMR 实验装置如图 2.14 所示，该装置主要由低场核磁共振测试仪、反应釜、注入模块、循环制冷模块、围压跟踪模块、数据采集模块组成。低场核磁共振测试仪采用苏州纽迈分析仪器股份有限公司的 MesoMR23-060H-I 型核磁共振成像分析仪，其主要由永久磁体、线圈、射频单元、梯度单元以及温控单元组成，磁场强度大约为 0.5T，磁体均匀区范围为 60mm×60mm，线圈的直径为 70cm。反应釜的主体材料为非磁性材料聚醚三酮（PEEK），其对低场核磁共振测试仪产生的射频脉冲影响最小化，氟化液被用作围压控制液以及温度控制液。

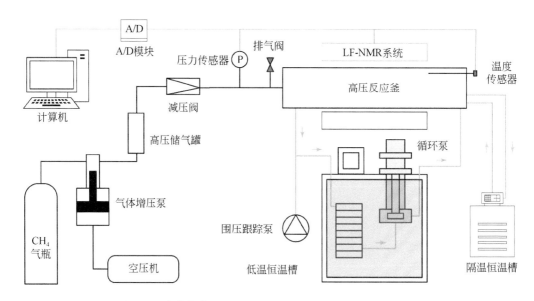

图 2.14　水合物专用 LF-NMR 实验装置照片和装置流程示意图

图 2.15 是通过 MRI 技术测得的甲烷水合物生成过程中砂岩岩心样品不同方位的 MRI 信号量分布图。图 2.15 中信号强度可以表征区域含水量的多少，MRI 信号强度越强，含水量越高，通过沉积物中含水量的分布变化可以间接地揭示岩心尺度上甲烷水合物的空间分布变化。图 2.16 是石英砂沉积物中氙气水合物分解过程中的 T_2 分布图。图 2.16 中横坐标为横向弛豫时间（T_2），纵坐标为 NMR 信号强度；曲线标号 D1 ~ D10 代表不同的氙气水合物分解时间，随标号增加表示氙气水合物的分解时间逐渐增加。根据前文的分析，每条 T_2 分布曲线中不同 T_2 下的 NMR 信号强度累加值与沉积物孔隙中水的含量呈正比例关系，通过与饱和水状态下的 T_2 分布曲线对比，可以确定氙气水合物分解过程中水量和氙气水合物饱和度的变化。基于 T_2 分布曲线在横坐标的分布位置也可以进一步分析氙气水合物分解过程中孔隙尺寸分布规律的变化。

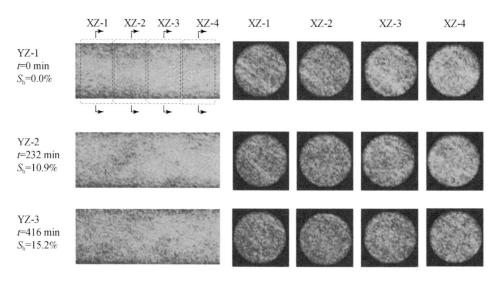

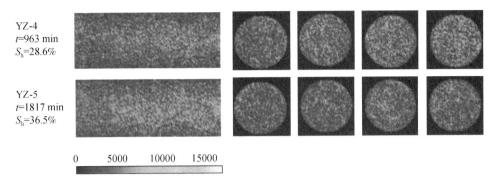

图 2.15　甲烷水合物生成过程中砂岩岩心样品 MRI 信号量分布图

左侧为柱状样品的纵切图，右侧为纵切面标记位置的横切图，亮度越高，表示图像位置的含水量越高

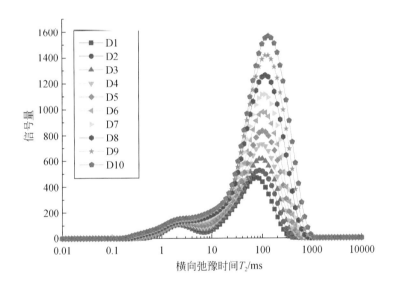

图 2.16　氙气水合物分解过程中的 T_2 分布图

四、X-CT 和 LF-NMR 联合测试技术

从目前的研究进展来看，已经有多种微观探测试技术用于含天然气水合物沉积物孔隙特征研究，其技术特征和精度范围各不相同。单一的技术很难全面认识含天然气水合物沉积物复杂的孔隙特征。在充分了解各技术原理的基础上，采用择优组合的方式实现不同测试手段的联合应用，是天然气水合物微观探测技术的一个重要发展方向。如前面所述，X-CT 技术和 LF-NMR 技术均已在含天然气水合物沉积物孔隙结构探测方面取得广泛应用，但仍都有各自的技术不足。在两种测试技术的基础上发展了 X-CT 与 LF-NMR 联合测试技术（Zhang et al.，2021d）。以下从联合测试装置、测试步骤及数据处理方法等方面对该技术进行介绍。

　　X-CT 与 LF-NMR 联合测试技术的关键是制作能够同时满足含天然气水合物沉积物 X-CT 测试和 LF-NMR 测试的样品夹持器。该夹持器需要能够达到天然气水合物的生成条件，满足含天然气水合物沉积物的 X-CT 和 LF-NMR 测试条件，并且能够在 X-CT 设备和 LF-NMR 设备之间完成快速转移。考虑上述需求，设计的联合探测样品夹持器结构如图 2.17 所示。夹持器采用 PEEK 材料制成，夹持器内安装圆柱形样品，样品直径（φ）为 15mm，样品高度（H）上限为 60mm；夹持器密封后最大受压为 15MPa。为了保证含天然气水合物沉积物在样品转移过程中的天然气水合物相态稳定，夹持器出口需安装反压阀门以控制样品内孔隙压力的大小。同时为减少样品转移所需要的时间，夹持器两端接口采用了易拆装设计，尽可能保证样品在两次探测的含天然气水合物沉积物内部结构不会发生显著变化。联合探测样品夹持器的工作流程图及其在 X-CT 扫描仪内的摆放位置如图 2.18 所示。

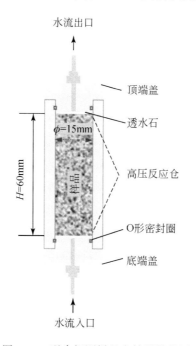

图 2.17　联合探测样品夹持器结构图

　　含天然气水合物沉积物 X-CT 和 LF-NMR 联合测试技术与两种技术的单独测试相比，涉及多次样品转移后的测试，即在同一天然气水合物饱和度条件下分别测量沉积物样品的 X-CT 图像和 LF-NMR 的 T_2 特征谱数据。借助图 2.18 所示的可拆卸 PEEK 反应釜，样品夹持器的转移可以在 5min 之内完成，但仍要注意样品夹持器在转移过程中需要包裹隔热材料，避免明显的热量交换；同时，待转入夹持器的测试装置需要提前进行控温处理。

　　在前期研究中对 X-CT 和 LF-NMR 联合测量技术进行了探索性研究。我们选取粒径为 420~850μm 的石英砂通过 X-CT 和 LF-NMR 联合测试方法进行沉积物中的氙气水合物生成实验。分别利用得到的 X-CT 图像和 LF-NMR 弛豫时间谱折算出沉积物样品在不同氙气水合物饱和度下的孔隙半径分布关系；基于同一氙气水合物状态下的沉积物孔隙分布数据，利用式（2.15）进行互相关分析（Kleinberg et al.，1993）。

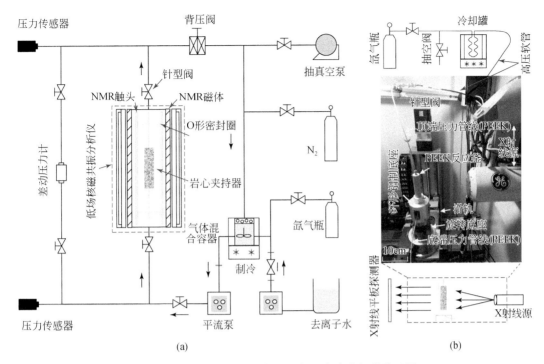

图 2.18　联合探测样品夹持器的工作流程图及其在 CT 扫描仪内的摆放位置图（Zhang et al., 2021a）

$$C_2(\rho_2) = \int_{-\infty}^{+\infty} m_2(t)\, n_2(t)\, \mathrm{d}t \qquad (2.15)$$

式中，$C_2(\rho_2)$ 为互相关函数；$m_2(t)$ 为 LF-NMR 横向弛豫时间谱图上 t 时刻对应的信号幅值；$n_2(t)$ 为由 X-CT 探测孔隙直径分布曲线换算过来的 t 时刻对应的信号幅值。

将互相关函数取最大值的横向弛豫率定为此时含氙气水合物沉积物的横向弛豫率，经过处理后沉积物在氙气水合物生成过程中的表面弛豫率变化如图 2.19 所示。由图 2.19 可知，在氙气水合物生成的过程中沉积物的表面弛豫率并非均一定值，而是呈现先增大后减小的趋势。这一测试结果与本章第二节中的理论分析相一致。在上述结果的基础上，进一步通过数字岩心方法测量了沉积物在甲烷水合物反应过程中水–甲烷水合物界面面积和水–沉积物颗粒界面面积随甲烷水合物饱和度的演化规律；考虑沉积物和甲烷水合物的表面弛豫性质差别和相关界面演化规律，提出了适用于含天然气水合物沉积物反应过程分析的表面弛豫率计算模型［式（2.16）］。

$$\rho_2^* = \alpha(S_{\mathrm{H}})\,\varPi + \beta(S_{\mathrm{H}}) \qquad (2.16)$$

式中，ρ_2^* 为归一化的沉积物表面弛豫率，表示当前天然气水合物饱和度条件的表面弛豫率与样品不含天然气水合物条件下表面弛豫率的比值；$\alpha(S_{\mathrm{H}})$ 为当前天然气水合物饱和度条件下水–天然气水合物界面面积与流体–固体界面面积的比值；$\beta(S_{\mathrm{H}})$ 为当前天然气水合物饱和度条件下水–沉积物颗粒界面面积与流体–固体界面面积的比值；$\varPi$ 为自定义参数，表示水–天然气水合物界面在流体–固体界面中所占的弛豫影响权重。基于式（2.16）和前面的数据测量结果，我们便可以得到沉积物在天然气水合物生成过程中的表面弛豫率变化规律，还可以借助其他公式对含天然气水合物沉积物的相关物性进行分析预测，具体研究内容和结果可以参考发表的相关论文（Liu et al.，2021；Zhang et al.，2021a）。

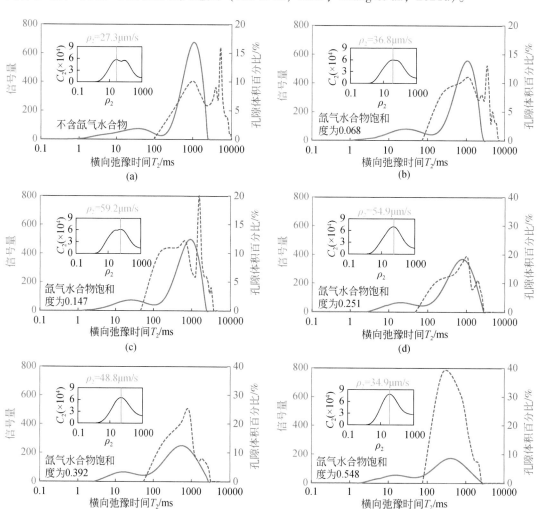

图 2.19　含氙气水合物沉积物联合探测数据互相关分析结果（Liu et al.，2021）

最后，需要说明，含天然气水合物沉积物的 X-CT 和 LF-NMR 联合测试技术在实际操作中相当复杂，测试失败率很高。笔者也仅仅是利用该方法进行了一些初步研究，期望上述介绍能给领域内立志于微观联合测试的学者一些启发和帮助。

第三节　微观孔隙结构量化表征技术

一、基于 X-CT 技术的孔隙结构量化表征技术

经过相态识别后的 X-CT 图像可以直观呈现含天然气水合物沉积物中的相态分布信息，

利用不同天然气水合物饱和度条件下获得的 X-CT 图像可以观测在天然气水合物生成或分解过程中的孔隙结构特征变化（胡高伟等，2014；Lei et al.，2019；Li et al.，2019）。这种基于直接观测的研究是十分必要的。在含天然气水合物沉积物中的多种特征、现象和机理等尚不明确的情况下，谁能更清晰地观测到沉积物的微观信息，谁就能更接近天然气水合物的"真相"。在已有图像信息的基础上，通过图像分析软件可以计算含天然气水合物沉积物体系中各相态组分的像素信息，进一步得到相饱和度、孔隙半径、孔隙尺寸分布规律、孔隙表面积等微观孔隙结构参数，实现含天然气水合物沉积物孔隙结构特征的量化表征；再利用 X-CT 技术得到的天然气水合物生成或分解过程的 X-CT 图像，还可以分析含天然气水合物沉积物孔隙结构参数在天然气水合物反应过程中的演化规律。除了利用图像像素进行孔隙结构量化分析外，基于图像的拓扑等效方法也可以用于含天然气水合物沉积物孔隙结构的量化表征研究。孔隙网络模型是常用的拓扑等效方法，该方法的基本原理是通过信息提取和等效处理手段将多孔介质孔隙空间简化为易于表征和计算的空间几何图形网络，随后在简化的孔隙网络中进行参数计算（Blunt，2017）。与直接基于 X-CT 图像进行像素计算获取沉积物的孔隙结构参数相比，孔隙网络模型在分析孔隙之间的连通性、迂曲度等方面更为方便。使用孔隙网络模型进行微观孔隙结构分析的另一大优势是在孔隙网络模型的基础上，可以进一步进行流体渗流孔隙网络模拟，更多关于孔隙网络模拟的内容将在本书第三章中做详细的介绍。当然，拓扑等效方法的缺点也很明显。在将孔隙空间等效表征为拓扑结构的过程中，会造成沉积物部分微观孔隙信息的丢失，过度简化的拓扑几何网络并不能完全代表真实的沉积物孔隙结构。在利用拓扑等效方法进行含天然气水合物沉积物孔隙结构分析时，应该根据研究目的选择合适的建模和分析方法，并注意这些方法的适用条件。

基于 X-CT 的技术含天然气水合物沉积物微观结构量化表征技术主要包括图像处理和参数计算两部分步骤。

（一）图像处理步骤

（1）图像预处理：通过降噪、过滤、提高对比度等操作对 X-CT 原始灰度图像进行处理，目的在于获得更清晰的图像显示；可依据样品的差异选择合适的算法和参数；常用的图像过滤算法有高斯滤波（Gaussian filter）方法和非局部均值滤波（non-local means filter）方法。

（2）相态提取：基于不同相态物质的灰度差别可以对沉积物体系中的不同相物质进行图像提取，得到可用于各相空间计算的数字化岩心数据；常用的相态提取方法为交互式阈值（interactive thresholding）方法。

（3）孔隙分割：依据像素之间的拓扑连接关系将各相物质整体空间划分为具备孔隙连通特征的若干单元，用于分析各相物质的孔隙空间分布属性。

（4）孔隙网络提取：对于需要分析沉积物孔隙和喉道关系的样品，需要进行孔隙网络提取，可依据样品孔隙分布特点选择最大球算法或中轴线算法完成。

图 2.20 展示了含天然气水合物沉积物在天然气水合物分解某一阶段的图像处理过程。对于不同天然气水合物分解阶段的 X-CT 图像分析，需要选取同一扫描位置相同测试区域的多次扫描结果进行处理，以保证不同数据之间的可对比性。

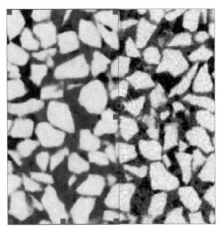

(a)图像预处理：经过非局部值滤波方法处理
后的灰度图像对比

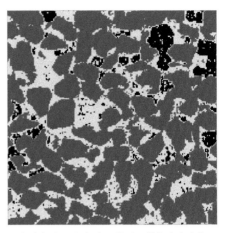

(b)相态提取：灰色为石英砂、黄色为水合物、
蓝色为水、黑色为气体

(c)相态提取后的孔隙三维图像

(d)孔隙分割：依据拓扑关系划分的沉积物
孔隙三维图像

(e)孔隙网络提取：利用最大球法提取的
沉积物孔隙网络模型

图 2.20　含天然气水合物沉积物 X-CT 图像数据处理过程示意图

（二）参数计算

参数计算是在含天然气水合物沉积物数字化岩心数据的基础上，通过统计目标区域的像素属性及不同区域像素之间的拓扑连接关系完成的。含天然气水合物沉积物微观结构特征需要考量的参数包括相饱和度、绝对/有效孔隙度、孔隙内各相半径及相关参数、孔隙配位数、孔隙迂曲度、孔隙形状因子和水合物分解界面比表面积等。各参数的意义及计算方法阐述如下。

（1）相饱和度：单相组分体积与孔隙体积的比值；通过计算相像素数目与孔隙像素数目的比值获得。

（2）绝对/有效孔隙度：绝对孔隙度反映沉积物中无天然气水合物条件下孔隙体积与样品总体积的比值；有效渗透率反映沉积物在一定天然气水合物饱和度条件下孔隙体积与样品总体积的比值；这两个参数通过计算非岩土相像素数目/流体相像素数目与样品总像素的比值获得。

（3）孔隙内各相半径及相关参数：通过计算不同相在孔隙分割后孔隙空间中像素数目和像素尺寸的乘积得到对应的体积参数，随后通过球体体积公式计算各相的半径参数。在得到半径参数后，可以进一步统计得到沉积物的最大孔隙半径、最小孔隙半径、平均孔隙半径等参数。孔隙内各相半径不限于计算非固体相孔隙的半径及分布，也可用于计算天然气水合物相在沉积物孔隙空间中的尺寸及分布状况。

（4）孔隙配位数：统计所有孔隙中连接单个喉道数目的孔隙数目平均值，反映了沉积物孔隙的连通性。计算时需要提取孔隙网络模型来划分孔隙和喉道，随后统计表征单元体内所有喉道数目和孔隙数目的比值，也可通过统计单个孔隙的喉道连接数目分析个体孔隙的连通状况。

（5）孔隙迂曲度：连接连通孔隙几何形心的路径长度与样品长度的比值，反映了沉积物孔隙间连通路径的曲折程度；计算时需要先筛选出沉积物孔隙体系中的所有连通孔隙路径，再计算所有连通路径长度与样品尺寸比值的平均值。该处表征参数的准确定义为几何孔隙迂曲度，对于水力迂曲度的计算，需要先优选出路径最短的连通孔隙路径长度，再进行迂曲度的计算。

（6）孔隙形状因子：描述沉积物孔隙的几何形状特征；孔隙形状因子（G）越大，表明孔隙的形态越复杂；可以通过计算孔隙截面积（A）和孔隙周长（P）之间的关系得到［式（2.17），图2.21］。

$$G = \frac{A}{P^2} \tag{2.17}$$

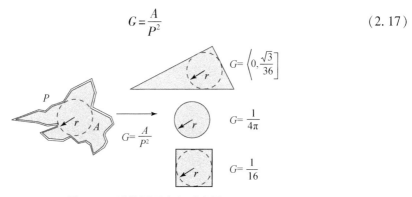

图 2.21 形状因子定义示意图

（7）水合物分解界面比表面积：在天然气水合物分解过程中，单位空间体积内能够发生分解反应的天然气水合物表面积，是影响天然气水合物分解速率的重要参数。计算时，需要先确定天然气水合物相空间、流体相空间和岩土相空间；天然气水合物分解界面表面积为天然气水合物表面与流体交集的部分，而要排除天然气水合物相与岩土相紧密接触的部分；通过统计像素数目计算交集部分的面积大小，而后计算单位体积内的天然气水合物分解界面比表面积参数值。

二、基于 NMR 的孔隙结构量化表征技术

基于核磁共振原理的 MRI 技术主要应用在沉积物中天然气水合物生成或分解过程的连续观测（Kvamme et al.，2004；Moudrakovski et al.，2004；Cheng et al.，2013；Zhang et al.，2016）。这些研究多是利用了 MRI 技术成像速度快和对天然气水合物相区分明显的优势。基于 MRI 技术的孔隙结构量化表征的技术与基于 X-CT 技术的表征技术类似，在此不做过多介绍。

利用 NMR 谱学特征的水合物研究则更偏重含天然气水合物沉积物在生成或分解过程中的孔隙尺寸特征变化（Kleinberg et al.，2003；陈合龙等，2017；Ge et al.，2018）。这些利用 NMR 谱学测量所进行的孔隙结构特征研究的重要基础是将 LF-NMR T_2 特征曲线转化沉积物的孔隙结构信息，其主要原理已经在第二节中进行了详细介绍。如下以沉积物中的氙气水合物生成过程为例，阐述基于 LF-NMR 天然气的沉积物孔隙分布特征定量表征技术。采用氙气进行水合物合成，能够有效避免高压甲烷气体中氢质子信号干扰问题，同时生成速度更快、更易操作。相关参数的处理和计算步骤如下。

1. 孔隙半径参数

研究中常用式（2.9）将沉积物 LF-NMR 技术测得的 T_2 数据转化为孔隙半径数据。在实际应用中，通常将沉积物孔隙视为球形，式（2.9）中孔隙体积与表面积的比值 V_p/S_p 取值为 $r/3$，其中 r 为孔隙半径。利用式（2.9）可以折算出沉积物在氙气水合物反应过程中被水所占据孔隙的半径参数，包括最大孔隙半径、最小孔隙半径、平均孔隙半径以及孔隙半径频率分布曲线。样品饱和水状态下的 T_2 特征曲线反映沉积物绝对孔隙的尺寸和分布，氙气水合物生成过程中的 T_2 特征曲线序列可反映出水相孔隙尺寸和分布随氙气水合物反应过程的变化。

2. 相饱和度参数

在沉积物颗粒空间形态保持不变的条件下，样品中的含水饱和度（S_w）可根据特定时刻的 T_2 与初始水饱和状态下的 T_2 之间的关系计算得到。

$$S_w = \frac{A_i}{A_{ini}} \times 100\% \quad i = 1, 2, \cdots \quad (2.18)$$

式中，A_i 和 A_{ini} 分别为氙气水合物不同生成时间和初始水饱和状态下的 T_2 特征曲线与 X 坐标轴包围的区域面积。在氙气水合物的生成过程中，部分氙气和水会转化为固态的氙气水合物。根据质量守恒原则，参与氙气水合物生成的水在氙气水合物生成前后的质量保持不变，可得

$$\frac{M_{\mathrm{Xe}}+D_{\mathrm{hi}} \cdot M_{\mathrm{w}}}{\rho_{\mathrm{h}}}=\frac{D_{\mathrm{hi}} \cdot M_{\mathrm{w}}}{\rho_{\mathrm{w}}} V_{\mathrm{r}} \tag{2.19}$$

式中，M_{Xe} 为氙气的分子质量，取 131.3g/mol；M_{w} 为水的分子质量，取 18.0g/mol；ρ_{w} 为水的密度，取 1.0g/m³；ρ_{h} 为氙气水合物在 278K 的温度下的密度，取 1.8g/m³；D_{hi} 为水合指数，取 5.94。将上述参数代入式 (2.19)，计算得到 1 体积单位的水生成氙气水合物后的体积 V_{r} 约为 1.24。据此，氙气水合物饱和度 (S_{h}) 和含气饱和度 (S_{g}) 的计算公式为

$$S_{\mathrm{h}}=V_{\mathrm{r}} \cdot \frac{A_{\mathrm{ini}}-A_{i}}{A_{\mathrm{ini}}} \times 100\% , \quad S_{\mathrm{g}}=1-S_{\mathrm{h}}-S_{\mathrm{w}} \tag{2.20}$$

由式 (2.20) 计算得到的氙气水合物生成过程中三相饱和度的变化结果。对于不同类型的水合物上述计算公式中部分参数的取值需要重新设定。

3. 分形维数

为定量阐释氙气水合物生成过程中水相孔隙尺寸分布特征的变化，引入分形维数 D_{f} 对其进行分析，提出的计算方法如式 (2.21) 所示 (Zhang et al., 2021a)：

$$\lg W'+C = -D_{\mathrm{f}} \cdot \lg T_{2}+D_{\mathrm{f}} \cdot \lg T_{2\max} \tag{2.21}$$

式中，C 为常数；W' 为 T_2 特征曲线中对应半径大于 r_0 的孔隙所占的体积分数；T_2 为半径为 r_0 的孔隙所应对的横向弛豫时间。拟合 W' 与 T_2 在双对数坐标系中曲线的斜率，可确定该状态下孔隙的分形维数。

三、基于孔隙网络模型的天然气水合物赋存形态定量划分方法

针对含水合物沉积物中天然气水合物赋存形态难以定量化表征的难题，笔者与中国石油大学（华东）合作，提出了一种基于三维孔隙网络模型的天然气水合物赋存形态划分方法。所建立的方法主要通过天然气水合物的形状因子和配位数进行赋存形态划分。由于接触型水合物和胶结型水合物在形态上过于相似且对流体流动的阻碍作用相差不大，故在所建立的划分标准中将这两种形态均视作胶结型处理。

基于三维孔隙网络模型的天然气水合物赋存形态划分方法主要包括以下步骤：①构建天然气水合物赋存形态概念模型；②基于 X-CT 图像提取孔隙网络模型和天然气水合物网络模型；③分析天然气水合物赋存形态的形状因子和配位数，并制定划分标准；④统计孔隙内的天然气水合物，并划分沉积物中天然气水合物的赋存形态。具体步骤阐述如下。

1. 构建天然气水合物赋存形态概念模型

根据多孔介质中天然气水合物赋存典型形态，构建天然气水合物二维概念模型集 $K=\{K_n \mid K_1, K_2, K_3\}$（图 2.22）。其中，$K_1=\{K_n^1 \mid K_1^1, K_2^1, K_3^1, \cdots, K_p^1\}$ 为悬浮型水合物二维概念模型集，K_n^1 为饱和度为 m 的悬浮型水合物二维概念模型，K_n^1 与 K_1 中任一元素均不相等；$K_2=\{K_n^2 \mid K_1^2, K_2^2, K_3^2, \cdots, K_p^2\}$ 为胶结型水合物二维概念模型集，K_n^2 为饱和度为 o 的胶结型水合物二维概念模型，K_n^2 与 K_2 中任一元素均不相等；$K_3=\{K_n^3 \mid K_1^3, K_2^3, K_3^3, \cdots, K_p^3\}$ 为表面型水合物二维概念模型集，K_n^3 为饱和度为 q 的表面型水合物二维概念模型，K_n^3 与 K_3 中任一元素均不相等。天然气水合物二维概念模型集 K 中，各子集形态天然气水合物的饱和度

取值为 0~80%。在自然状态下，沉积物中天然气水合物的饱和度大于 80% 后，天然气水合物几乎占满大部分孔隙空间，故无须对该状态下的天然气水合物赋存形态再做区分。

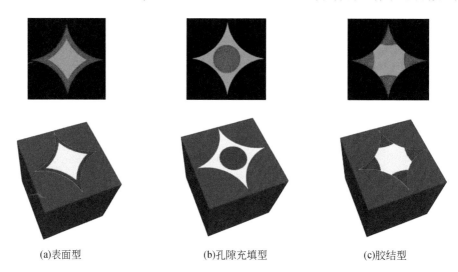

(a)表面型　　　　　　　　　　　(b)孔隙充填型　　　　　　　　　　(c)胶结型

图 2.22　天然气水合物赋存形态概念模型

红色区域–天然气水合物；灰色区域–孔隙流体；蓝色或者黑色区域–沉积物颗粒

2. 基于 X-CT 图像提取孔隙网络模型和天然气水合物网络模型

基于获取的含天然气水合物沉积物 X-CT 图像，选用合适的孔隙网络提取算法分别提取沉积物中的孔隙网络模型和天然气水合物网络模型，获取天然气水合物和沉积物有效孔隙的坐标、半径、形状因子等参数信息。本书采用的孔隙网络提取算法是英国帝国理工学院 Dong 和 Blunt（2009）建立修正最大球算法，可以通过 Pnextract 开源程序完成。

3. 分析概念模型的形状因子和配位数制定划分标准

将天然气水合物赋存形态以及对应天然气水合物的形状因子和天然气水合物的配位数组成数据组，所有的数据组构成形态集，整理所述形态集并制定天然气水合物赋存形态划分标准。具体实施时，天然气水合物赋存形态划分标准为

当 $0.01 \leqslant G \leqslant 0.09$，且 $0 \leqslant C < 3$ 时，为悬浮型水合物；

当 $0.04 \leqslant G \leqslant 0.053$，且 $3 \leqslant C \leqslant 7$ 时，为胶结型水合物；

当 $0.01 \leqslant G \leqslant 0.04$，且 $3 \leqslant C \leqslant 9$ 时，为表面型水合物。

其中，G 为水合物的形状因子，C 为水合物的配位数。为便于理解，可将划分标准制作成如图 2.23 所示的天然气水合物赋存形态划分标准模板。

4. 统计孔隙内的天然气水合物，并划分沉积物中天然气水合物的赋存形态

分别对提取的沉积物孔隙网络模型中的孔隙和天然气水合物进行编号，对相同位置的天然气水合物和孔隙的坐标、半径进行对比，判断天然气水合物是否位于沉积物的孔隙之中。若是，则继续进行天然气水合物赋存形态判断；若否，则认为该天然气水合物个体未与沉积物孔隙产生赋存关系。选取的天然气水合物个体坐标为 (x_t, y_t, z_t)，与该天然气水合物接近的半径为

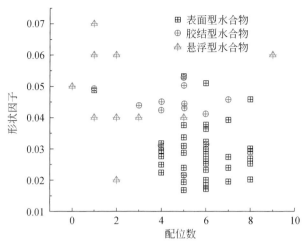

图 2.23　沉积物中天然气水合物赋存形态划分标准模板

R 的孔隙坐标为 (x_d, y_d, z_d)。定义判断因子 $D = \sqrt{(x_t-x_d)^2+(y_t-y_d)^2+(z_t-z_d)^2}$。只有当 $D<R$ 时，认为天然气水合物赋存于沉积物孔隙之中。随后，再通过步骤③中的判断标准对天然气水合物的具体赋存形态进行分类。

　　现有含天然气水合物沉积物渗流研究中，通常设定天然气水合物在沉积物孔隙中以某一种赋存形态存在，进而分析该种赋存形态下天然气水合物对孔隙流体渗流的影响。我们提出的天然气水合物赋存形态的划分方法，可以计算不同天然气水合物饱和度条件下沉积物中三种赋存形态天然气水合物所占比例的变化，评价不同赋存形态天然气水合物含量的变化对流体渗流的影响，使研究结果更贴近沉积物实际状况。该方法尚未通过足够实验数据验证，仍有待完善，在此提出仅为相关领域学者提供一种可借鉴思路。

第四节　微观孔隙结构特征演化规律

一、孔隙结构参数演化规律

（一）基于 X-CT 技术的沉积物孔隙结构参数演化规律

　　本节以两组砂质沉积物样品为例，展示天然气水合物分解过程中沉积物孔隙结构特征的演化规律。所选两组沉积物样品由不规则天然海砂组成，编号分别为样品 1 和样品 2，绝对孔隙度分别为 54.9% 和 36.9%，粒径分布范围分别为 600~1200μm 和 300~600μm；X-CT 分别扫描了两组样品在 5 个不同天然气水合物饱和度条件下的灰度图像，样品 1 和样品 2 的图像分辨率分别为 15.7μm 和 18.0μm。

　　图 2.24 展示了基于 X-CT 确定的天然气水合物分解过程中沉积物微观结构参数变化规律。由图 2.24 可知，在天然气水合物降压分解过程中，沉积物的有效孔隙度与天然气水合物饱和度之间呈现明显的线性关系，随天然气水合物饱和度的减小而增大；沉积物最大

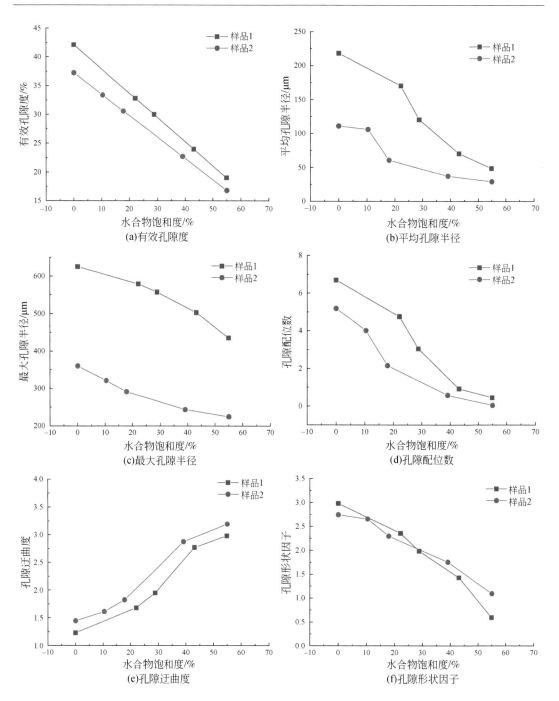

图 2.24 基于 X-CT 技术确定的天然气水合物分解过程中沉积物微观结构参数变化规律

孔隙半径、孔隙形状因子与天然气水合物饱和度之间呈现近似线性关系，随着天然气水合物饱和度的减小而增大；样品 1 和样品 2 的最大孔隙半径变化范围分别为 434.7 ~ 625.0μm 和 223.9 ~ 359.2μm，平均孔隙半径变化范围分别为 48.4 ~ 218.1μm 和 28.6 ~ 110.7μm；沉积物平均孔隙半径、孔隙配位数、孔隙迂曲度与天然气水合物饱和度之间呈现明显的非线性关系，表现为平均孔隙半径和孔隙配位数随天然气水合物饱和度的减小而增大，呈现初期缓慢增长、中期快速增长、后期缓慢增长的趋势；孔隙迁曲度随天然气水合物饱和度的减小而减小，呈现出初期缓慢减小、中期快速减小、后期慢速减小的趋势。上述规律的具体参数值见图 2.24。

（二）基于 LF-NMR 技术的沉积物孔隙结构参数演化规律

本节以砂质沉积物中氙气水合物生成过程为例，展示氙气水合物生成过程中的孔隙结构特征变化。所用沉积物为不规则石英砂颗粒，粒径分布范围为 $100 \sim 150 \mu m$，样品的尺寸为 $2.5 cm \times 4.9 cm$。在测得的 LF-NMR T_2 特征曲线中，我们选取了 14 个不同的生成时刻进行数据分析计算（Zhang et al.，2021a）。

基于 LF-NMR 技术的孔隙结构量化表征方法确定的氙气水合物生成过程中沉积物微观结构参数变化规律如图 2.25 所示。由图 2.25 可知，在氙气水合物生成过程中，气相饱和度缓慢减小且变化不大，水相饱和度先快速减小后缓慢减小，氙气水合物饱和度先快速增加后缓慢增加；沉积物最大孔隙半径和平均孔隙半径随氙气水合物饱和度的增加而减小，后期减小速率变慢，最小孔隙半径变化不大；依据 T_2 特征谱确定的沉积物孔隙分形维数随氙气水合物饱和度的增加而逐渐增加；水合物饱和度为零时的孔隙分形维数为 2.174，

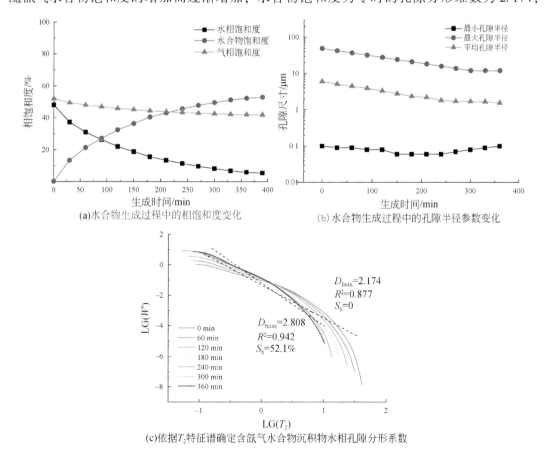

(a)水合物生成过程中的相饱和度变化
(b)水合物生成过程中的孔隙半径参数变化
(c)依据 T_2 特征谱确定含氙气水合物沉积物水相孔隙分形系数

图 2.25　基于 LF-NMR 技术确定的氙气水合物生成过程中沉积物微观结构参数变化规律

氙气水合物饱和度为 52.1% 时的孔隙分形维数为 2.808；沉积物的归一化水相渗透率随氙气水合物饱和度的增加而减小，生成前期渗透率减小速率较快，后期减小速率逐渐变缓。详细参数计算结果参见图 2.25。

需要额外说明，基于 X-CT 技术和基于 LF-NMR 技术得到的含水合物沉积物孔隙结构参数演化规律整体上具备一致性，但也有差别。这种差别首先是由两种技术的测量原理和参数计算方法不同导致的，此外，图 2.24 和图 2.25 中所用沉积物样品和水合物类型的不同也是导致这种差别的重要原因，如何实现这两种方法测量结果的校正统一是尚需完善的重要问题。

二、天然气水合物界面面积演化规律

天然气水合物分解过程中的分解表面积的演化规律也是天然气水合物研究的重要内容，尤其对天然气水合物微观分解动力学研究至关重要（Yin et al.，2016）。在含甲烷水合物沉积物中，甲烷水合物分解界面指的是甲烷水合物表面能够分解反应的界面，即与流体接触的界面而不包括与沉积物岩土颗粒紧密接触的界面（图 2.26）（Sun and Mohanty，2006）。在现有的研究中，由于微观观测手段的限制，仅有少数研究利用 X-CT 手段测得了天然气水合物相关界面的演化结果（Chen and Espinoza，2018；Jarrar et al.，2020）。

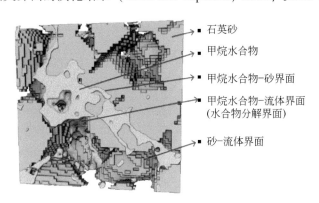

图 2.26　含水合物沉积物分解界面示意图

针对含天然气水合物沉积物中天然气水合物分解界面的演化规律，进行了相关研究。研究选用的两组石英砂沉积物样品与本节第一部分一致。在实验室条件下，通过 X-CT 扫描记录了甲烷水合物分解不同阶段的赋存形态演化规律（图 2.27），通过统计像素点数计算得到了甲烷水合物分解界面比表面积的演化规律（图 2.28）。研究发现，随着甲烷水合物饱和度的减小分解界面比表面积呈现减小的趋势，但水合物分解界面比表面积与甲烷水合物饱和度之间表现为非线性关系；在甲烷水合物分解前期，分解界面比表面积下降缓慢；而在甲烷水合物分解后期，分解界面比表面积迅速下降；当沉积物中不含有甲烷水合物时，分解界面比表面积下降至 0。但需要说明的是，图 2.28 中展示的甲烷水合物分解界面比表面积演化规律是基于甲烷水合物的 CT 图像得到的。由于水相和甲烷水合物相的灰度分布存在交集，因而在通过 Zhang 等（2021b，2021c）交互式阈值法进行相态分割时不可避免地会导致水相和甲烷水合物相的划分误差，这种误差可能会影响测量得到的分解比表面积的准确性。

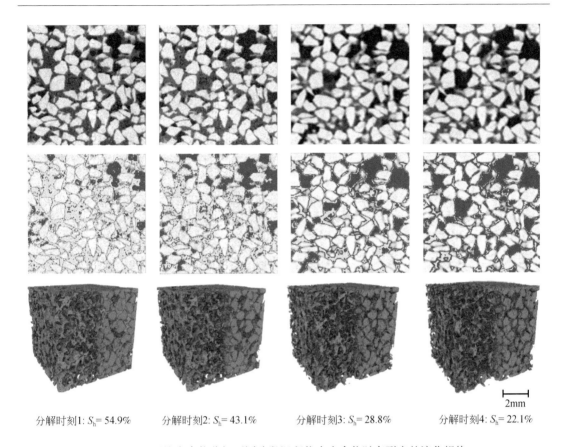

分解时刻1: S_h= 54.9%　　分解时刻2: S_h= 43.1%　　分解时刻3: S_h= 28.8%　　分解时刻4: S_h= 22.1%

图 2.27　甲烷水合物分解不同阶段沉积物中水合物赋存形态的演化规律

第一行为二维灰度图像；第二行为二维图像中经过相态分割后沉积物中的相态分布情况，黄色区域表示水合物，蓝色区域表示孔隙流体，灰色区域表示沉积物颗粒；第三行展示了三维图像中水合物形态的变化，为增强展示效果，图中沉积物颗粒只展示了部分区域，孔隙流体进行了透明化处理

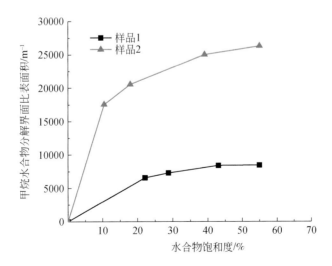

图 2.28　基于 X-CT 图像得到的两组砂质沉积物中甲烷水合物分解界面比表面积的演化规律

三、其他孔隙结构演化规律

除了前面内容中介绍的含天然气水合物沉积物微观结构特征以外，一些学者在利用X-CT进行观测时发现的"特殊"现象也值得关注。了解这些现象的产生机理，将有助于帮助我们更好地认识天然气水合物的性质。

(一) 水合物表面的水膜现象

Chaouachi 等（2015）在利用SRXCTM技术观测氙气水合物的生成过程时，发现在沉积物颗粒表现与氙气水合物之间具有一层清晰的水膜，这层水膜的厚度为几微米（图2.29）。Chaouachi 等认为这层水膜是由于氙气水合物生成过程中的盐析作用导致的。而在自然环境中，由于大量海水的存在可能不会产生这层水膜。如果这层水膜是存在的，几微米的厚度虽然不会对沉积物的孔隙形态学参数产生太大影响，但对于核磁共振数据的解释确有很大的影响。在前文中，我们介绍了沉积物固体表面的弛豫率是影响核磁共振数据解释的重要参数，而表面弛豫率反映的正是沉积物固体相与水相界面的性质。因此，如果这层水膜是存在的，那么现有的含天然气水合物沉积物核磁共振理论可能需要改进。当然，也有观点认为这层水膜并不存在。Lei 等（2018）通过分析CT设备的成像机理并通过模拟实验提出观点认为，Chaouachi 等发现的氙气水合物表面的水膜是由X射线的伪影造成的。从目前的研究来看，水合物表面的水膜是否存在依然存在争议。

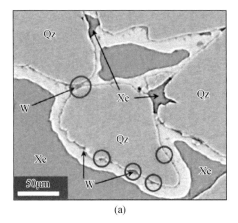
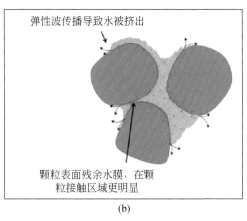

(a)　　　　　　　　　　　　　　　　(b)

图2.29　氙气水合物表面水膜及其示意图（Chaouachi et al., 2015）

Qz-石英砂；W-水；Xe-氙气

(二) 水合物钉现象

Lei 等（2019）在利用微米X-CT观察甲烷水合物生成过程中的孔隙形态变化时，发现在沉积物孔隙中大甲烷气泡的位置，会先形成大量的类似钉子状的水合物，将其命名为hydrate spike（图2.30），此处翻译为水合物钉。这些水合物钉随着甲烷水合物的继续生成会逐渐发展成具有复杂形态的甲烷水合物网络。Lei 等提出的观点认为甲烷水合物优先生成在甲烷气泡的表面，水会通过气泡表面甲烷水合物内的"管道"进入气泡空间，进而在"管道"顶部侧源生成新的甲烷水合物；"管道"内水的不断供给和新的甲烷水合物不断生成，导致了水合物钉的形成。这种水合物钉现象可能是导致沉积物中甲烷水合物多种赋存形态的重要原因。

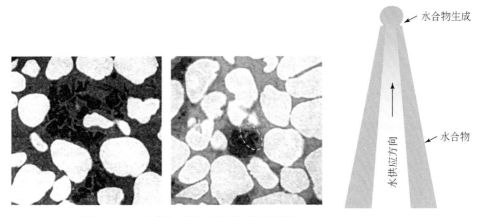

图 2.30　水合物钉现象及机理解释示意图（Liang et al.，2019）

（三）水合物生成过程中的水迁移现象

除了上面的水合物钉现象，Lei 等（2019）还发现在过量气条件下的甲烷水合物生成过程中存在快速的水迁移（water migration）现象。图 2.31 是 Lei 等得到的含甲烷水合物沉积物 X-CT 图像。图 2.31（a）和图 2.31（b）分别展示了甲烷水合物生成过程中发生温度扰动后 5min 和 81h 时沉积物中的水迁移状况。温度扰动是由于甲烷水合物的大量生成导致的。图 2.31 中红色斑点记录的是含水量增加的区域，蓝色表示含水量减少的区域，

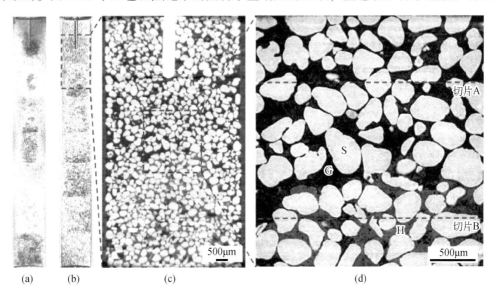

图 2.31　含甲烷水合物沉积物中水迁移现象（Lei et al.，2019）
G-气；S-砂；H-甲烷水合物

含水量的增减参照对象是发生温度扰动前的沉积物状态。从图 2.31 中的信息可知,发生温度扰动后沉积物中的水会迅速向上迁移,而随后的 81h 内水会向沉积物中部迁移,并逐渐到达平衡的状态。在 Lei 等进行的实验中,没有人为的温压条件干预,也没有对样品反应釜进行移动。甲烷水合物的生成是反应釜内水迁移的唯一可能驱动力。但具体是什么机理导致了水的迁移,这种水的迁移又有什么规律目前还没有一致结论。造成这种现象的原因可能包括温度差、压力差、润湿性作用等。

参 考 文 献

陈合龙,韦昌富,田慧会,等.2017.CO_2 水合物在砂中生成和分解的核磁共振弛豫响应.物理化学学报,33(8):1599-1604.

葛新民.2013.非均质碎屑岩储层孔隙结构表征及测井精细评价研究.青岛:中国石油大学(华东).

何家雄,祝有海,陈胜红,等.2009.天然气水合物成因类型及成矿特征与南海北部资源前景.天然气地球科学,20(2):237-243.

胡高伟,李承峰,业渝光,等.2014.沉积物孔隙空间天然气水合物微观分布观测.地球物理学报,57(5):1675-1682.

梁金强,王宏斌,苏新,等.2014.南海北部陆坡天然气水合物成藏条件及其控制因素.天然气工业,34(7):128-135.

刘昌岭,孟庆国.2016.天然气水合物实验测试技术.北京:科学技术出版社.

孟庆国,刘昌岭,业渝光.2012.核磁共振成像原位监测冰融化及四氢呋喃水合物分解的微观过程.应用基础与工程科学学报,20(1):11-20.

钱进,王秀娟,董冬冬,等.2019.裂隙充填型天然气水合物储层的各向异性饱和度新估算及其裂隙定量评价.地球物理学进展,56(4):354-364.

吴能友.2020.天然气水合物运聚体系:理论、方法与实践.合肥:安徽科学技术出版社.

姚军,赵秀才.2010.数字岩心及孔隙级渗流模拟理论.北京:石油工业出版社.

赵习,刘波,郭荣涛,等.2017.储层表征技术及应用进展.石油实验地质,39(2):287-294.

周红霞,关进安,李栋梁,等.2012.渗漏型甲烷水合物的生成实验.海洋地质前沿,28(4):62-66.

张永超,刘昌岭,吴能友,等.2020.含水合物沉积物孔隙结构特征与微观渗流模拟研究.海洋地质前沿,36(9):23-33.

Ai L, Zhao J, Wang J, et al. 2017. Analyzing permeability of the irregular porous media containing methane hydrate using pore network model combined with CT. Energy Procedia, 105:4802-4807.

Anderson R, Llamedo M, Tohidi B, et al. 2003. Experimental measurement of methane and carbon dioxide clathrate hydrate equilibria in mesoporous silica. Journal of Physics Chemistry B, 107(15):3507-3514.

Blunt M J. 2017. Multiphase flow in permeable media: a pore-scale perspective. Cambridge: Cambridge University Press.

Boswell R, Collett T S, Frye M, et al. 2012. Subsurface gas hydrates in the northern Gulf of Mexico. Marine Petroleum and Geology, 34(1):4-30.

Buffett B, Archer D. 2004. Global inventory of methane clathrate: sensitivity to changes in the deep ocean. Earth and Planetary Science Letters, 227(3-4):185-199.

Chaouachi M, Falenty A, Sell K, et al. 2015. Microstructural evolution of gas hydrates in sedimentary matrices observed with synchrotron X-ray computed tomographic microscopy. Geochemistry, Geophysics, Geosystems, 16(6):1711-1722.

Chen X, Espinoza D N. 2018. Ostwald ripening changes the pore habit and spatial variability of clathrate hydrate. Fuel, 214: 614-622.

Cheng C, Zhao J, Song Y, et al. 2013. In-situ observation for formation and dissociation of carbon dioxide hydrate in porous media by magnetic resonance imaging. Science China Earth Sciences, 56 (4): 611-617.

Clennell M B, Hovland M, Booth J S, et al. 1999. Formation of natural gas hydrates in marine sediments: 1. conceptual model of gas hydrate growth conditioned by host sediment properties. Journal of Geophysical Research: Solid Earth, 104 (B10): 22985-23003.

Coates G R, Xiao L, Prammer M G. 1999. NMR logging: principles and applications. Houston: Gulf Publishing Company.

Collett T S, Ladd J. 2000. Detection of gas hydrate with downhole logs and assessment of gas hydrate concentrations (saturations) and gas volumes on the Blake Ridge with electrically resistivity log data. Ocean Drilling Program Leg, 164: 179-191.

Collett T S, Johnson A, Knapp C C, et al., 2010. Natural gas hydrates: energy resource potential and associated geologic hazards. American Association of Petroleum Geologists: AAPG Memoir 89.

Collett T S, Lee M W, Zyrianova M V, et al. 2012. Gulf of Mexico gas hydrate joint industry project Leg II logging-while-drilling data acquisition and analysis. Marine Petroleum and Geology, 34 (1): 41-61.

Cook A E, Anderson B I, Malinverno A, et al. 2010. Electrical anisotropy due to gas hydrate-filled fractures. Geophysics, 75 (6): F173-F185.

Cook A E, Goldberg D S, Malinverno A. 2014. Natural gas hydrates occupying fractures: a focus on non-vent sites on the Indian continental margin and the northern Gulf of Mexico. Marine Petroleum and Geology, 58 (Part A): 278-291.

Cook A, Goldberg D. 2008. Stress and gas hydrate-filled fracture distribution, Krishna-Godavari basin, India. Proceedings of the 6th International Conference on Gas Hydrates, Vancouver, Canada.

Cook A E, Goldberg D, Kleinberg R L. 2008. Fracture-controlled gas hydrate systems in the northern Gulf of Mexico. Marine Petroleum and Geology, 25 (9): 932-941.

Coussy O. 2011. Mechanics and physics of porous solids. West Sussex, UK: John Wiley & Sons.

Dai S, Santamarina J C, Waite W F, et al. 2012. Hydrate morphology: physical properties of sands with patchy hydrate saturation: patchy hydrate saturation. Journal of Geophysical Research: Solid Earth, 117 (B11): B11205.

Daigle H, Dugan B. 2011. Origin and evolution of fracture-hosted methane hydrate deposits. Journal of Geophysical Research, 115: B11103.

Davie M K, Buffett B A. 2001. A numerical model for the formation of gas hydrate below the seafloor. Journal of Geophysical Research: Solid Earth, 106 (B1): 497-514.

Dominguez A, Bories S, Prat M. 2000. Gas cluster growth by solute diffusion in porous media. Experiments and automaton simulation on pore network. International Journal of Multiphase Flow, 26 (12): 1951-1979.

Dong H, Blunt M J. 2009. Pore-network extraction from micro-computerized-tomography images. Physical Review E, 80 (3): 036307.

Gao S, Chapman W G, House W. 2009. Application of low field NMR T_2 measurements to clathrate hydrates. Journal of Magnetic Resonance, 197 (2): 208-212.

Ge X, Liu J, Fan Y, et al. 2018. Laboratory investigation into the formation and dissociation process of gas hydrate by low-field NMR technique. Journal of Geophysical Research: Solid Earth, 123 (5): 3339-3346.

Ghosh R, Sain K, Ojha M. 2010. Effective medium modeling of gas hydrate-filled fractures using the sonic log in the Krishna-Godavari basin, offshore eastern India. Journal of Geophysical Research: Solid Earth, 115 (B6): B06101.

Henry P, Thomas M, Clennell M B. 1999. Formation of natural gas hydrates in marine sediments: 2. thermodynamic calculations of stability conditions in porous sediments. Journal of Geophysical Research: Solid Earth, 104 (B10): 23005-23022.

Hirai S, Tabe Y, Kuwano K, et al. 2010. MRI measurement of hydrate growth and an application to advanced CO_2 sequestration technology. Annals of the New York Academy of Sciences, 912: 246-253.

Holland M, Schultheiss P, Roberts J, et al. 2008. Observed gas hydrate morphologies in marine sediments. International conference on gas hydrates, Vancouver, Canada.

Horozal S, Lee G H, Bo Y Y, et al. 2009. Seismic indicators of gas hydrate and associated gas in the Ulleung Basin, East Sea (Japan Sea) and implications of heat flows derived from depths of the bottom-simulating reflector. Marine Geology, 258 (1-4): 126-138.

Jarrar Z A, Alshibli K A, Al-Raoush R I, et al. 2020. 3D measurements of hydrate surface area during hydrate dissociation in porous media using dynamic 3D imaging. Fuel, 265: 116978.

Ji Y, Hou J, Zhao E, et al. 2020. Study on the effects of heterogeneous distribution of methane hydrate on permeability of porous media using low-field NMR technique. Journal of Geophysical Research, 125 (2): 1-17.

Keating K, Knight R. 2012. The effect of spatial variation in surface relaxivity on nuclear magnetic resonance relaxation rates. Geophysics, 77 (5): E365-E377.

Kenyon W E. 1997. Petrophysical principles of applications of NMR logging. The Log Analyst, 38 (2): 21-43.

Kerkar P B, Horvat K, Jones K W, et al. 2014. Imaging methane hydrates growth dynamics in porous media using synchrotron X-ray computed microtomography. Geochemistry, Geophysics, Geosystems, 15 (12): 4759-4768.

Kleinberg R L, Farooqui S A, Horsfield M A. 1993. T_1/T_2 ratio and frequency dependence of NMR relaxation in porous sedimentary rocks. Journal of Colloid and Interface Science, 158 (1): 195-198.

Kleinberg R L, Flaum C, Griffin D D, et al. 2003. Deep sea NMR: methane hydrate growth habit in porous media and its relationship to hydraulic permeability, deposit accumulation, and submarine slope stability. Journal of Geophysical Research: Solid Earth, 108 (B10): 2508.

Kleinberg R L. 1999. 9. Nuclear Magnetic Resonance in experimental methods in the physical sciences. Amsterdam: Elsevier, 35: 337-385.

Kvamme B, Graue A, Aspenes E, et al. 2004. Kinetics of solid hydrate formation by carbon dioxide: phase field theory of hydrate nucleation and magnetic resonance imaging. Physical Chemistry Chemical Physics, 6 (9): 2327-2334.

Kwon T-H, Cho G-C, Santamarina J C. 2008. Gas hydrate dissociation in sediments: Pressure-temperature evolution. Geochemistry, Geophysics, Geosystems, 9 (3): Q03019.

Lee J. 2007. Hydrate-bearing sediments: formation and geophysical properties. Atlanta: Georgia Institute of Technology.

Lee M W, Collett T S. 2009. Gas hydrate saturations estimated from fractured reservoir at Site NGHP-01-10, Krishna-Godavari Basin, India. Journal of Geophysical Research: Solid Earth, 114 (B7): B07102.

Lei L, Seol Y, Jarvis K. 2018. Pore-scale visualization of methane hydrate-bearing sediments with micro-CT. Geophysical Research Letters, 45 (11): 5417-5426.

Lei L, Seol Y, Choi J-H, et al. 2019. Pore habit of methane hydrate and its evolution in sediment matrix-Laboratory visualization with phase-contrast micro-CT. Marine Petroleum and Geology, 104: 451-467.

Li C, Liu C, Hu G et al. 2019. Investigation on the multiparameter of hydrate-bearing sands using nano-focus X-ray computed tomography. Journal of Geophysical Research: Solid Earth, 124 (3): 2286-2296.

Liu L, Zhang Z, Liu C, et al. 2021. Nuclear magnetic resonance transverse surface relaxivity in quartzitic sands containing gas hydrate. Energy & Fuels, 35 (7): 6144-6152.

Liu X, Flemings P B. 2007. Dynamic multiphase flow model of hydrate formation in marine sediments. Journal of Geophysical Research: Solid Earth, 112 (B3): B03101.

Liu Z, Kim C, Lei L, et al. 2019. Tetrahydrofuran hydrate in clayey sediments—Laboratory formation, morphology, and wave characterization. JGR Solid Earth, 124 (4): 3307-3319.

Mahabadi N, Jang J. 2014. Relative water and gas permeability for gas production from hydrate-bearing sediments. Geochemistry, Geophysics, Geosystems, 15 (6): 2346-2353.

Mahabadi N, Dai S, Seol Y, et al. 2019. Impact of hydrate saturation on water permeability in hydrate-bearing sediments. Journal of Petroleum Science and Engineering, 174: 696-703.

Matsumoto R, Tanahashi M, Kakuwa Y, et al. 2017. Recovery of thick deposits of massive gas hydrates from gas chimney structures, eastern margin of Japan Sea. Fire Ice, 17 (1): 1-6.

Milkov A V. 2004. Global estimates of hydrate-bound gas in marine sediments: how much is really out there? Earth-Science Reviews, 66 (3-4): 183-197.

Moudrakovski I L, McLaurin G E, Ratcliffe C I, et al. 2004. Methane and carbon dioxide hydrate formation in water droplets: spatially resolved measurements from magnetic resonance microimaging. The Journal of Physical Chemistry B, 108 (45): 17591-17595.

Murshed M M, Klapp S A, Enzmann F, et al. 2008. Natural gas hydrate investigations by synchrotron radiation X-ray cryo-tomographic microscopy (SRXCTM). Geophysical Research Letters, 35 (23): L23612.

Myerson A, 2002. Handbook of industrial crystallization. Oxford: Butterworth-Heinemann.

Page A J, Sear R P. 2006. Heterogeneous nucleation in and out of pores. Physical Review Letters, 97 (6): 065701.

Ren X, Guo Z, Ning F, et al. 2020. Permeability of hydrate-bearing sediments. Earth-Science Reviews, 202: 103100.

Rojas Y, Lou X. 2010. Instrumental analysis of gas hydrates properties. Asia-Pacific Journal of Chemical Engineering, 5 (2): 310-323.

Shin H, Santamarina J C. 2011. Open-mode discontinuities in soils. Géotechnique Letters, 1 (4): 95-99.

Sun X, Mohanty K K. 2006. Kinetic simulation of methane hydrate formation and dissociation in porous media. Chemical Engineering Science, 61 (11): 3476-3495.

Ta X H, Yun T S, Muhunthan B, et al. 2015. Observations of pore-scale growth patterns of carbon dioxide hydrate using X-ray computed microtomography. Geochemistry, Geophysics, Geosystems, 16 (3): 912-924.

Tinni A, Odusina E, Sulucarnain I, et al. 2015. Nuclear-magnetic-resonance response of brine, oil, and methane in organic-rich shales. SPE Reservoir Evaluation & Engineering, 18 (3): 400-406.

Tohidi B, Anderson R, Clennell M B, et al. 2001. Visual observation of gas-hydrate formation and dissociation in synthetic porous media by means of glass micromodels. Geology, 29 (9): 867.

Torres M E, Wallmann K, Tréhu A M, et al. 2004. Gas hydrate growth, methane transport, and chloride enrichment at the southern summit of Hydrate Ridge, Cascadia margin off Oregon. Earth and Planetary Science Letters, 226 (1-2): 225-241.

Tréhu A M. 2006. Gas hydrates in marine sediments: Lessons from scientific ocean drilling. Oceanography, 19 (4): 124-142.

Tréhu A M, Long P E, Torres M E, et al. 2004. Three-dimensional distribution of gas hydrate beneath southern Hydrate Ridge: constraints from ODP Leg 204. Earth and Planetary Science Letters, 222 (3-4): 845-862.

Waite W F, Santamarina J C, Cortes D D, et al. 2009. Physical properties of hydrate-bearing sediments. Reviews of Geophysics, 47 (4): 465-484.

Wang P. 2014. Lattice Boltzmann simulation of permeability and tortuosity for flow through dense porous media. Mathematical Problems in Engineering, 2014: 694350.

Wang X, Hutchinson D R, Wu S, et al. 2011. Elevated gas hydrate saturation within silt and silty clay sediments in the Shenhu area, South China Sea. Journal of Geophysical Research, 116 (B5): B05102.

Xu W, Ruppel C. 1999. Predicting the occurrence, distribution, and evolution of methane gas hydrate in porous marine sediments. Journal of Geophysical Research: Solid Earth, 104 (B3): 5081-5095.

Yang L, Falenty A, Chaouachi M, et al. 2016. Synchrotron X-ray computed microtomography study on gas hydrate decomposition in a sedimentary matrix: Gas hydrate decomposition in sediments. Geochemistry, Geophysics, Geosystems, 17 (9): 3717-3732.

Yang L, Liu Y, Zhang H, et al. 2019. The status of exploitation techniques of natural gas hydrate. Chinese Journal of Chemical Engineering, 27 (9): 2133-2147.

Yin Z, Chong Z R, Tan H K, et al. 2016. Review of gas hydrate dissociation kinetic models for energy recovery. Journal of Natural Gas Science and Engineering, 35: 1362-1387.

You K., Flemings P B, Malinverno A, et al. 2019. Mechanisms of methane hydrate formation in geological systems. Reviews of Geophysics, 57 (4): 1146-1196.

Zhang L, Zhao J, Dong H, et al. 2016. Magnetic resonance imaging for in-situ observation of the effect of depressurizing range and rate on methane hydrate dissociation. Chemical Engineering Science, 144 (1): 135-143.

Zhang L, Ge K, Wang J, et al. 2020. Pore-scale investigation of permeability evolution during hydrate formation using a pore network model based on X-ray CT. Marine Petroleum and Geology, 113: 104157.

Zhang Y, Liu L, Wang D, et al. 2021a. Application of low-field nuclear magnetic resonance (LFNMR) in characterizing the dissociation of gas hydrate in a porous media. Energy & Fuels, 35 (3): 2174-2182.

Zhang Y, Liu L, Wang D, et al. 2021b. The interface evolution during methane hydrate dissociation within quartz sands and its implications to the permeability prediction based on NMR data. Marine and Petroleum Geology, 129: 105065.

Zhang Y, Wan Y, Liu L, et al. 2021c. Changes in reaction surface during the methane hydrate dissociation and its implications for hydrate production. Energy, 230: 120848.

Zhang Z, Liu L, Li C, et al. 2021d. A testing assembly for combination measurements on gas hydrate-bearing sediments using X-ray computed tomography and low-field nuclear magnetic resonance. Review of Scientific Instruments, 92 (8): 085108.

第三章 海洋天然气水合物开采储层单相渗流研究

天然气水合物开采储层单相流体渗流研究是天然气水合物研究的重要方向。本章第一节主要介绍单相流体渗流渗透率的测量方法，并对存在的渗透率测量难点进行了分析；第二节主要介绍单相流体渗流渗透率预测渗流的解析模型和两种常用的孔隙尺度数值模拟方法；第三节主要对现有文献中已发表的单相流体渗流规律进行总结和分析。

第一节 单相流体渗流渗透率测量方法

一、含天然气水合物沉积物渗透率概述

渗透率是天然气水合物研究中至关重要的参数，决定了含天然气水合物沉积物中的流体流动性质，并会对介质中的传质、传热和相变等效应产生影响。在天然气水合物系统中，渗透率会对甲烷从沉积物进入海水的流速（Reagan and Moridis，2007）、天然气水合物和自由气的分布（Nimblett and Ruppel，2003）、天然气水合物的储层富集位置（Liu and Flemings，2007），以及天然气水合物开采过程中的产气效率（Jang and Santamarina，2011；Moridis et al.，2011）等方面产生影响。同时，渗透率也是进行天然气水合物开采数值模拟的基础参数，直接影响天然气水合物开采中气水产出过程的预测。

含天然气水合物沉积物中包含沉积物相、水合物相、气相和水相。其中，气相和水相作为流体相可以在沉积物孔隙空间中流动。在天然含水合物储层中，流体的渗流多表现为天然气水合物影响下的气相和水相的两相流体渗流过程。但由于含天然气水合物沉积物的两相渗流参数测量很难实现，现有研究中针对含天然气水合物沉积物的流体渗流研究多集中于单相流体流动。本书第一章已经对含天然气水合物沉积物中的绝对渗透率、有效渗透率、相对渗透率、有效绝对渗透率等概念进行了梳理。如果从概念上区分，本章介绍的主要内容均是针对含天然气水合物沉积物中的单相流体渗流，所体现的渗流属性为单相流体的有效绝对渗透率。在后文阐述中，单相流体的有效绝对渗透率也简述为单相渗透率。

与常规气藏储层相比，含天然气水合物沉积物储层的渗透率研究的难点首先体现在天然气水合物与沉积物介质的耦合作用中。以天然气水合物分解过程为例，固体天然气水合物的存在减小了沉积物中的流体渗流空间；天然气水合物在分解过程中体积的变化和分解产生的气体和水又会进一步影响沉积物中的流体渗流；除此之外，天然气水合物分解过程本身为吸热反应，反应过程中的热量传递影响周围天然气水合物分解的相平衡条件；天然气水合物分解导致的沉积物颗粒骨架变化以及天然气水合物颗粒的脱落和沉降等传质作用都会对含天然气水合物沉积物中的流体渗流产生影响。因此，从完整意义上说，含天然气水合

物沉积物中的流体渗流研究是一个涉及力学、热力学、化学等多学科领域的复杂研究。

二、含天然气水合物沉积物渗透率测量的难点

（一）含天然气水合物沉积物天然样品

从理论上说，针对含天然气水合物沉积物天然样品的渗透率测量，最能反映海底真实条件下天然气水合物储层中的流体渗流特征。但这种针对含天然气水合物沉积物天然样品的测量受到技术和成本的双重限制，在现有文献中报道较少。

获取海洋含天然气水合物沉积物天然样品的方式可以分为两种：一种是直接钻探取样；另一种是保压取样。直接钻探取样的方式与常规油气工程中的技术方法并无差异，不顾及天然气水合物在取样过程中的分解变化，获得样品在取至地表后其中的天然气水合物通常能够短暂存在几分钟到数十分钟，随后逐渐分解。图3.1展示了通过直接钻探取样方式获得的我国南海含天然气水合物沉积物天然样品和日本南海海槽（Nankai Through）含天然气水合物沉积物天然样品的照片。

 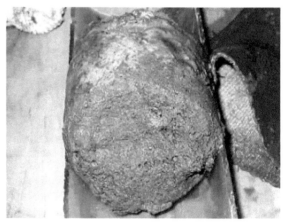

(a)中国南海泥质粉砂含天然气水合物沉积物样品　　　　(b)日本南海海槽砂质含天然气水合物沉积物样品

图3.1　通过直接钻探取样获得海底含天然气水合物沉积物天然样品照片

利用直接钻探取样所获样品进行的渗透率测试，存在如下不足：①在钻探过程中，钻井液的侵入、钻头的机械破坏、天然气水合物的分解等原因会改变沉积物原有的孔隙结构，如裂缝的产生会导致沉积物测量得到的渗透率远大于真实地层状态下的结果；②天然沉积物在运输和保存的过程中不可避免地会发生脱水现象，这也会导致裂缝的产生和沉积物中黏土矿物赋存状态的改变；③钻探取样的成本很高，通过有限数量样品获得的测量结果之间的可对比性较差，不利于开展单一变量的影响机理研究。保压取样方式是利用高压操纵器、球阀和切刀等装置实现沉积物样品在地层原位的钻取和封装的一种技术手段，能最大程度保持样品的原位温度和压力条件，并可进行沉积物部分物性参数原位测试。保压取样方式克服了直接钻采取样过程中温压条件变化的问题，并可以对沉积物的刚度、强

度、电导率、热导率和渗透率等物性参数进行原位测量，但所测得的沉积物渗透率受干扰因素影响较多；同时，通过保压取样进行沉积物渗透率测量的成本更高，一般科研团队难以接受这样的测量成本。笔者在 2021 年发表的综述文章中对国内外含天然气水合物沉积物保压转移测试系统的测量原理、技术特点、测量结果和技术前景进行了详细阐述，读者可查阅相关文献（刘乐乐等，2021）。

（二）含天然气水合物沉积物人造样品

在采样技术和成本的限制下，现有的含天然气水合物沉积物渗透率测试研究多是通过实验室人造样品完成的。在沉积物岩土颗粒的选择上，多采用不同粒径的石英砂颗粒或经过筛选的天然海砂，也有少数研究选择石英砂加黏土矿物的组合来模拟天然海底沉积物的岩土矿物组成；合成水合物所用的客体材料则根据研究需要选择甲烷、乙烷、二氧化碳、四氢呋喃、氙气等。通过这些人造样品进行含天然气水合物沉积物渗透率测试得到的实验结果，在一定程度上能够代表真实天然气水合物储层的渗透率特征。但从目前的研究进展来看，含天然气水合物沉积物的渗透率研究还是主要针对砂质沉积物人造样品，针对含黏土矿物的砂质沉积物人造样品渗透率的研究则较少。

利用人造样品进行含天然气水合物沉积物渗透率测试的难点在于维持沉积物中流体的稳定渗流状态。含天然气水合物沉积物渗透率研究的关键是要获得天然气水合物饱和度与沉积物渗透率之间的定量关系。而在渗透率测量的过程中，过高的温度和过低的压力会导致天然气水合物分解，而过低的温度和过高的压力则会导致天然气水合物再次生成。尤其是测量过程中流体的注入很容易破坏天然气水合物的相平衡状态，导致得到的渗透率结果出现偏差。除此之外，松散的沉积物以及沉积物中生成天然气水合物的空间结构很容易被注入流体破坏，造成岩土骨架变形或产生传质效应。这些因素都加大了含天然气水合物沉积物渗透率测量的难度。利用细颗粒沉积物进行含天然气水合物沉积物渗透率测量相较于粗颗粒沉积物更为困难，主要体现在以下几个方面（Shen et al.，2020）。①由于细颗粒沉积物中孔隙水的活度较低，在孔隙中生成天然气水合物更为困难，尤其在沉积物中含有黏土矿物的情况下天然气水合物极难生成；②利用保压容器进行天然气水合物合成时，天然气水合物更容易在容器的纯气相空间或者连接管线中生成，导致测量得到的渗透率结果不能代表沉积物样品中流体的渗流状态；③在渗透率测量的过程中细颗粒沉积物中的岩土颗粒更容易发生颗粒运移，影响渗透率测量结果；④在细颗粒沉积物渗透率测量的过程中，维持天然气水合物相态稳定的温压条件更难保持恒定，会造成天然气水合物的分解或二次生成。

三、含天然气水合物沉积物渗透率测量方法

一般认为流体在含天然气水合物沉积物中的流动状态为达西渗流。少数文献中提到，在高天然气水合物饱和度状态下或沉积物中泥质含量较高的情况下，沉积物中的流体可能发生非达西渗流，气体则出现明显的滑移效应（Okwananke et al.，2019），但这方面的研究还较少，且缺乏足够的实验证据。现有的含天然气水合物沉积物渗透率测量方法多是基于达西定律建立的。常用方法主要包括稳态法和瞬态压力脉冲法。出于维持相平衡条件的

考虑，在油气渗流研究中应用较多的流体充注非稳态测量法在含天然气水合物沉积物渗透率研究中很少使用。如下将分别介绍稳态法和瞬态压力脉冲法用于含天然气水合物沉积物渗透率测量的原理、步骤和实验注意事项。

（一）稳态法

采用稳态法进行含天然气水合物沉积物渗透率测量的充注流体可以采用水（或盐水），也可以采用气体。多数利用稳态法测量含天然气水合物沉积物渗透率的研究使用水作为充注流体。但是水的压缩系数很小，会导致测量过程中压力控制的难度加大；并且水的动力黏度较大，流动过程也可能破坏天然气水合物的形态结构。而采用气体作为充注流体则能够一定程度上避免上述问题。水测渗透率的测量原理较为简单，基于达西定律测量相关参数即可得到。气测渗透率的测量涉及气体的压缩性等问题，主要测量原理阐述如下。

由气体的连续性方程、动量守恒方程和状态方程，可以得到气体渗透率偏微分方程的一般形式如下：

$$\nabla\left(\delta\frac{K_g}{\mu}\frac{P}{Z}\nabla P\right) = \frac{\partial}{\partial t}\left(\Phi\frac{P}{Z}\right) \qquad (3.1)$$

式中，δ 为湍流修正系数；μ 为气体黏度；K_g 为气体的渗透率；Z 为气体压缩因子；∇P 为压力梯度；t 为测量时间；Φ 为沉积物的孔隙度。如果气体在沉积物中的流动满足以下假设条件，则可以求出测量压力下沉积物气体渗透率的解析解。①气体在沉积物中的流动为层流，适用于达西定律，此时湍流修正系数 δ 为 1；②K_g 与气体测量压力无关，可以通过拟压力方程来描述气体在沉积物中的流动。拟压力 m 为压力 P 的函数，定义为

$$m = 2\int\frac{P}{\mu Z}\mathrm{d}P \qquad (3.2)$$

气体流速在平面平行流动的情况下可以表示为

$$v = -\frac{K_g}{\mu}\frac{\mathrm{d}P}{\mathrm{d}x} \qquad (3.3)$$

式（3.3）用拟压力函数表示，可以写成式（3.4）的形式。

$$\nabla^2 m = \frac{\Phi C_g(P)\mu(P)}{K_g}\frac{\partial m}{\partial t} \qquad (3.4)$$

式中，C_g 为气体的压缩系数。假设多孔介质均匀且各向同性，样品长度为 L，横截面积为 A；进口端 $x=0$ 和出口端 $x=L$ 处的压力分别为 P_0 和 P_L，则气体的渗流方程和边界条件可以表示为

$$\frac{\mathrm{d}^2 m}{\mathrm{d}x^2} = 0, \quad (0<x<L) \qquad (3.5)$$

$$m\mid_{x=0} = \frac{P_0^2}{\mu_0 Z_0}, \quad (x=0) \qquad (3.6)$$

$$m\mid_{x=L} = \frac{P_L^2}{\mu_L Z_L}, \quad (x=L) \qquad (3.7)$$

在实验测量的压力变化范围内，可认为气体的黏度和压缩因子在进口端和出口端不发生变化，则 $\bar{\mu}=\mu_0=\mu_L$，$\bar{Z}=Z_0=Z_L$。对式（3.5）～式（3.7）求解可以得到

$$m = m_0 - \frac{m_0 - m_L}{L} x \qquad (3.8)$$

代入拟压力方程后，得到

$$P^2 = P_0^2 - (P_0^2 - P_L^2) \frac{x}{L} \qquad (3.9)$$

根据达西定律，单位时间内气体的质量流量 Q_m 可以表示为

$$Q_m = A\rho v = \frac{P_0^2 - P_L^2}{2L} \frac{1}{\bar{\mu} \bar{Z}} \frac{AMK_g}{RT} \qquad (3.10)$$

转化为体积流量后结合气体状态方程，推导出气体渗透率的计算方程为

$$K_g = \frac{2LP_r Q_r T \bar{\mu} \bar{Z}}{A T_r (P_0^2 - P_L^2)} \qquad (3.11)$$

式中，P_r 为室内大气压；Q_r 为实验测量得到的单位时间内气体的体积流量；T_r 为室内温度；T 为样品的测试温度。在实验测试过程中，通过改变驱替压力的大小，测量不同压力下的气体流速，则可以计算得到所测试样品的气体渗透率。

利用恒流法进行含天然气水合物沉积物渗透率测量时，需要注意以下问题。①放置含天然气水合物沉积物样品的反应釜在整个测试过程中需要精确的温度控制，可采用将整个反应釜浸入恒温水浴槽的方式进行处理；②天然气水合物的生成尽可能选择过量气法，以保证足够量的天然气水合物可以生成；天然气水合物生成的温度和压力条件根据实验条件下的相平衡曲线进行参数选择；③实验过程中，必须连续测量反应釜内的温度和压力变化，以确定天然气水合物的生成或分解状态，并为渗透率的计算提供可靠数据；④在气体充注之前，需要对气体进行预冷处理，使得充注气体与反应釜的温度保持一致。

（二）瞬态压力脉冲法

瞬态压力脉冲法是基于测量样品两端压差随时间的衰减数据确定样品的渗透率，该方法具有测量时间短、测量精度高等优点。在石油与天然气工程中，瞬态压力脉冲法常用于测量页岩、泥页岩、致密砂岩等渗透率较低的矿物样品渗透率（Hsieh et al.，1981；Selvadurai and Carnaffan，1997；Yang et al.，2015），在岩土工程等领域也具备较好的应用效果（李小春等，2001；Billiotte et al.，2008）。在近期的研究中将瞬态压力脉冲法用于含水合物沉积物的渗透率测量，也取得了较好的实验结果（刘乐乐等，2017；张宏源等，2018）。

利用瞬态压力脉冲法进行样品渗透率测量的示意图如图 3.2 所示。在样品和上下游储水容器中饱和测量流体的条件下，样品两侧压力处于平衡状态。在右端的储水容器施加一个压力脉冲后，样品内部出现由右向左的非定常渗流过程，该过程直到两端储水容器中压力再次平衡后停止。依据样品两端压力衰减的数据即可确定样品的渗透率大小。对于固结岩心而言，其压缩系数较小且随压力的变化较小，可以被忽略；在两端容器容积远大于样品孔隙体积的条件下，样品的渗透率大小可以近似通过式（3.12）进行估算。

$$K = -\ln\left(\frac{\Delta P}{\Delta P_0}\right) \cdot \frac{\mu_w C_w L}{At} \cdot \left(\frac{1}{V_u} + \frac{1}{V_d}\right)^{-1} \qquad (3.12)$$

式中，ΔP 为衰减时间 t 时对应的样品上下游的压力差；ΔP_0 为施加压力脉冲初始时刻样

品上下游的压力值；μ_w 为水的动力黏滞系数；C_w 为水的有效压缩系数；L 为样品长度；A 为样品横截面面积；t 为压力的衰减时间；V_u 为上端容器的体积；V_d 为下端容器的体积。

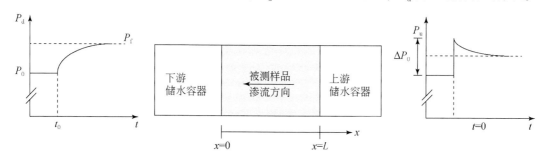

图 3.2　瞬态压力脉冲法渗透率测量示意图

但对于未固结的松散沉积物而言，其孔隙度通常是固结岩心孔隙度的数倍，其有效压缩系数大于固结岩心样品，通常不可以忽略。因此，式（3.12）不能直接用于松散沉积物的渗透率计算。对于松散沉积物，建议采用数值反演分析的方法确定样品的渗透率。具体方法为通过实验测量出样品渗透率以外的所有基础参数；不断调整渗透率的取值，与实验获取的压力衰减曲线进行拟合，拟合相关系数最高时的渗透率取值即为样品的渗透率测量值。除此之外，在进行含天然气水合物松散沉积物样品的渗透率测量时，还有两个问题需要注意：①尽可能地控制样品夹持器内的温度和压力条件保持不变；②脉冲压力初始值应在原有样品孔隙压力的10%以内，在能够保持获取足够数据点的同时，尽可能地避免脉冲压力对含天然气水合物沉积物样品孔隙结构的破坏。

在前期研究中，利用瞬态压力脉冲法测量了含二氧化碳水合物沉积物在二氧化碳水合物分解过程中的渗透率变化。所用沉积物颗粒的中值粒径为120μm，绝对孔隙度为37.2%，沉积物骨架压缩系数为$0.35\times10^{-8}Pa^{-1}$。测量得到的不同天然气水合物饱和度条件下与沉积物渗透率之间的关系如图3.3所示。由图3.3可知，含天然气水合物沉积物渗透率随着水合物饱和度的减小呈现非线性增加的趋势，这与前人的研究成果具有较好的一致性，体现出瞬态压力脉冲法在含二氧化碳水合物沉积物渗透率测量方面具有较好的适用性。

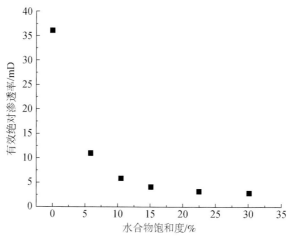

图 3.3　利用瞬态压力脉冲法测得的不同二氧化碳水合物饱和度条件下与沉积物渗透率之间的关系

第二节　单相流体渗流渗透率预测

一、理论预测模型

在天然气水合物饱和度已知的情况下，可以通过理论模型预测含天然气水合物沉积物的渗透率。应用较为广泛的解析模型有平行毛管束模型、Kozeny 颗粒模型、Masuda 模型和 Dai and Soel 模型等（Masuda，1997；Kleinberg et al.，2003；刘乐乐等，2012；Dai and Seol，2014；Delli and Grozic，2014；蔡建超等，2020）。以下对几种最常用的单相渗透率预测模型进行介绍。

（一）平行毛管束模型

当不考虑沉积物中的天然气水合物时，平行毛管束模型将沉积物孔隙空间假设为一系列半径相等的平行毛管束，沉积物孔隙空间中的流体流量可以表示为

$$Q = \frac{n\pi a^4 \Delta p}{8\mu L} \tag{3.13}$$

式中，Q 为流体总流量；n 为毛管束的数目；a 为毛管束半径；$\Delta p/L$ 为毛管束两端压力梯度；μ 为流体黏度。基于毛管束模型，沉积物孔隙度 Φ 与毛管束参数之间的关系可以表示为 $\Phi = n\pi a^2$；在不考虑水合物存在的情况下，沉积物的渗透率 K_0 可通过式（3.14）进行计算。

$$K_0 = \frac{\Phi a^2}{8} \tag{3.14}$$

Kleinberg 等（2003）在上述毛管力模型的基础上考虑沉积物中天然气水合物的存在，将天然气水合物在沉积物中的赋存形态划分为表面型和悬浮型两种，分别推导了两种情况下的含天然气水合物沉积物渗透率预测模型。在表面型水合物情况下，天然气水合物被假设为一层赋存于毛管束表面的厚度均匀的膜；此时，毛管束的有效流动半径减小为 a_r；含天然气水合物沉积物的渗透率计算公式为

$$k(S_h) = \frac{\Phi a_r^4}{8a^2} \tag{3.15}$$

考虑天然气水合物饱和度（S_h）与毛管半径之间的关系：$a_r^2 = a^2(1-S_h)$，则式（3.14）可以表示为

$$K(S_h) = \frac{\Phi a^2(1-S_h)^2}{8} \tag{3.16}$$

在悬浮型水合物情况下，天然气水合物被假设以圆柱状填充于毛管束中央；此时，沉积物中的流体流动空间为环状空间，该情况下单根毛管束中流体的流速为

$$q = \frac{\pi\Delta p}{8\mu L}\left[a^4 - b^4 - \frac{(a^2-b^2)^2}{\lg a - \lg b}\right] \tag{3.17}$$

式中，b 为天然气水合物圆柱体的截面半径。考虑天然气水合物饱和度与毛细管半径之间的关系：$S_h = \left(\frac{b}{a}\right)^2$，则该情况下含天然气水合物沉积物的渗透率可表示为

$$K(S_h) = \frac{\Phi a^2}{8}\left[1 - S_h^2 + \frac{2(1-S_h)^2}{\lg S_h}\right] \tag{3.18}$$

在上述两种情况下，归一化的有效绝对渗透率计算公式为

$$表面型：K_r = \frac{K(S_h)}{k_0} = (1-S_h)^2 \tag{3.19}$$

$$悬浮型：K_r = \frac{K(S_h)}{K_0} = 1 - S_h^2 + \frac{2(1-S_h)^2}{\lg S_h} \tag{3.20}$$

（二）Kozeny 颗粒模型

含天然气水合物沉积物渗透率 Kozeny 颗粒模型是在 Kozeny-Carman 方程的基础上得到的。Kozeny-Carman 方程于 1960 年提出，主要根据多孔介质孔隙结构参数计算多孔介质的渗透率。经过一些学者修正后的 Kozeny-Carman 方程表达式如下。

基于孔隙表面积 A 与孔隙体积 V_{pore} 计算多孔介质渗透率的表达式为

$$K_0 = \frac{\Phi}{G\tau(A/V_{pore})^2} \tag{3.21}$$

式中，G 为孔隙形状因子；τ 为孔隙迂曲度。

基于孔隙表面积 A 与整个样品体积 V_{rock}（包括孔隙体积和岩土颗粒体积）计算多孔介质渗透率的表达式为

$$K_0 = \frac{\Phi^3}{G\tau(A/V_{rock})^2} \tag{3.22}$$

基于孔隙表面积 A 与岩土颗粒体积 V_{grain} 计算多孔介质渗透率的表达式为

$$K_0 = \frac{\Phi^3}{G\tau(1-\Phi)(A/V_{grain})^2} \tag{3.23}$$

Kozeny 颗粒模型在考虑沉积物中天然气水合物的存在时，建立如下假设条件：①沉积物的电迁曲度可以近似等效为水力迁曲度；②沉积物孔隙形状因子不随天然气水合物饱和度的变化发生改变；③沉积物孔隙空间可视为毛细管。基于 Kozeny-Carman 方程建立含天然气水合物沉积物渗透率计算公式的推演过程如下。

多孔介质的迁曲度与地层因子、孔隙度之间的定量关系可以表示为 $\tau = F\Phi$。Spangenberg（2001）研究了含天然气水合物沉积物的电传导问题，建立了一定天然气水合物饱和度条件下沉积物的地层因子 $F(S_h)$ 与水饱和条件下沉积物地层因子 F_0 之间的关系，表示为

$$\frac{F(S_h)}{F_0} = (1-S_h)^{-n} \tag{3.24}$$

式中，n 为阿尔奇饱和度指数。则含天然气水合物沉积物归一化有效绝对渗透率的计算公式可以表示为

$$K_N = (1-S_h)^{n+2}\left(\frac{A_0}{A(S_h)}\right)^2 \tag{3.25}$$

式中，A_0 和 $A(S_h)$ 分别为不含天然气水合物时和水合物饱和度为 S_h 时沉积物孔隙的表面积。

Kleinberg 等（2003）基于 Kozeny 颗粒模型假设将天然气水合物在沉积物孔隙中的赋存形态划分为表面型和悬浮型，并分别推导了两种水合物赋存形态假设条件下的含天然气水合物沉积物归一化有效绝对渗透率模型。在表面型水合物赋存情况下，归一化有效绝对渗透率模型可以表示为

$$K_{N} = (1-S_{h})^{n+1} \tag{3.26}$$

在式（3.26）中，指数系数 n 的取值与水合物饱和度 S_{h} 相关；当 $0 < S_{h} < 0.8$ 时，n 取值为 1.5；当 $S_{h} > 0.8$ 时，沉积物渗透率已经很小，指数 n 的变化对渗透率的影响不大（Spangenberg，2001）。在悬浮型水合物赋存情况下，归一化有效绝对渗透率模型可以表示为

$$K_{N} = \frac{(1-S_{h})^{n+2}}{(1-\sqrt{S_{h}})^{2}} \tag{3.27}$$

式中，指数 n 可以通过式（3.28）进行计算：

$$n = 0.7S_{h} + 0.3 \tag{3.28}$$

（三）Masuda 模型

Masuda（1997）基于毛管束模型假设天然气水合物以表面型赋存于沉积物孔隙表面，再考虑实际的多孔介质结构，得到了沉积物单相流体渗流渗透率与天然气水合物饱和度之间的通用关系，模型的形式为

$$K_{N}(S_{h}) = (1-S_{h})^{N} \tag{3.29}$$

式中，N 为渗透率下降指数，通常取整数。该模型由于形式简单在含天然气水合物沉积物的渗透率研究中应用非常广泛（Xu et al.，2017），但其中的渗透率下降指数取值范围太广且在参数的实际物理意义上有所欠缺。

（四）混合模型

Delli 和 Grozic（2014）在研究含甲烷水合物沉积物渗透率时，发现多数基于单一天然气水合物赋存形态的解析模型的预测结果与实际渗透率测量结果有一定差异。为此，他们提出了混合模型。该模型中通过给表面型和悬浮型水合物设定相应的权重系数，来分析两种赋存形态的天然气水合物对渗透率的"混合"影响。两种赋存形态天然气水合物的权重系数通过数值模拟方法拟合得到，模型的最终表达形式如式（3.30）所示。

$$K_{N} = S_{h}^{N}K_{r}^{pf} + (1-S_{h})^{MK_{r}^{gc}} \tag{3.30}$$

式中，N 为悬浮型水合物影响权重；M 为表面型水合物影响权重；K_{r}^{pf} 为悬浮型水合物归一化渗透率；K_{r}^{gc} 为表面型水合物归一化渗透率。该模型在应用时的主要难点在于权重系数的确定。通过数值模拟拟合的方法确定权重系数，计算复杂，在针对不同含天然气水合物沉积物样品的渗透率预测时通用性较差。

（五）Dai and Seol 模型

Dai 和 Seol（2014）基于孔隙网络模拟的预测结果，提出了 Kozeny-Carman 方程的修正模型来描述含天然气水合物沉积物的归一化有效绝对渗透率与天然气水合物饱和度之间

的关系。模型的计算公式为

$$K_N = \frac{(1-S_h)^3}{(1-2S_h)^2} \tag{3.31}$$

上述模型在数值模拟过程中主要考虑了沉积物孔隙结构以及天然气水合物分布的非均质性对渗透率的影响，能较好地处理天然气水合物生长引起的孔隙有效渗流空间和水力迂曲度的变化。但该模型并没有考虑天然气水合物生长过程对天然气水合物分布的影响，更多关于该模型的相关设定，将在本章第二节中介绍。

为方便对比，表3.1对常用的含天然气水合物沉积物归一化有效绝对渗透率理论模型进行了对比总结。表3.1中列出的这些常用解析模型虽然已经在含天然气水合物沉积物流体渗流研究已取得广泛应用，但存在共同的不足之处，主要表现在进行渗透率计算时，这些模型均假设沉积物岩土骨架是固定的，仅能通过经验系数或者分类讨论的方式计算特定天然气水合物饱和度下的沉积物渗透率。例如，在平行毛管束模型和 Kozeny 颗粒模型将天然气水合物的赋存形态分类为表现型和悬浮型的情况；Masuda 模型则通过一个指数系数拟合不同天然气水合物赋存状态下的渗透率变化；混合模型将悬浮型和表面型水合物的情况通过权重因子系数综合在一个计算公式中。这种处理思路可以粗略地预测沉积物渗透率在分解过程中的变化趋势，但无法真正考量天然气水合物赋存特征变化与流体渗流之间的关系。

表 3.1 常用含天然气水合物沉积物归一化有效绝对渗透率理论模型对比总结（蔡建超等，2020）

模型	计算公式	参数意义	优缺点
平行毛管束模型 （Kleinberg et al.，2003）	表面型：$K_N = (1-S_h)^2$ 悬浮型：$K_N = 1-S_h + \dfrac{2(1-S_h)^2}{\lg S_h}$	S_h：水合物饱和度	假设沉积物孔隙空间为一系列平行毛管束，水合物赋存于孔隙表面或孔隙中心；计算简单，但假设条件过于理想化
Masuda 模型 （Masuda，1997）	$K_N = \dfrac{K(S_h)}{K_0} = (1-S_h)^N$	K_0：绝对渗透率； N：指数拟合参数	指数参数拟合模拟；形式简单，但经验参数难以确定
Kozeny 颗粒模型 （Kleinberg et al.，2003）	表面型：$K_N = (1-S_h)^{n+1}$ 悬浮型：$K_N = \dfrac{(1-S_h)^{n+2}}{(1-\sqrt{S_h})^2}$	n：经验参数	分类考虑水合物赋存于孔隙表面和孔隙中心的情况；形式简单，但存在经验参数
混合模型 （Delli and Grozic，2014）	$K_N = S_h^N K_r^{pf} + (1-S_h)^M K_r^{gc}$	N：悬浮型水合物影响权重；M：表面型水合物影响权重；K_r^{pf}：悬浮型水合物归一化渗透率；K_r^{gc}：表面型水合物归一化渗透率	考虑悬浮型水合物和表面型水合物对渗透率的影响权重；但权重系数难以确定，且计算复杂
Dai and Seol 模型 （Dai and Seol，2014）	$K_N = \dfrac{(1-S_h)^3}{(1-2S_h)^2}$		基于孔隙网络模拟结果的拟合模型，缺乏可靠性依据

除了上述理论模型以外，基于分形理论建立的含天然气水合物沉积物渗透率预测模型也属于理论预测模型的一种，近些年在含天然气水合物沉积物渗透率预测中也有广泛应用。这部分内容将在第五章中进行详细介绍。

二、孔隙网络模拟方法

孔隙网络模拟（pore network modelling，PNM）方法的基本原理是通过信息提取和等效处理手段将多孔介质孔隙空间简化为易于计算的空间几何图形网络，随后在简化的孔隙网络中进行流动模拟计算（姚军和赵秀才，2010；Blunt，2017）。根据所建立孔隙网络的拓扑特征，可以将孔隙网络模型分为规则孔隙网络模型和真实拓扑孔隙网络模型两类。规则孔隙网络模型最早由 Fatt（1956）提出，是通过数学方法构建多孔介质的孔隙和喉道排布，使所建立的孔隙网络特征尽可能地与真实样品物性参数相一致。规则孔隙网络模型的孔喉空间排布较为规则，与真实样品的孔隙空间状况还有较大差别，但可以根据需要设定所生成孔隙空间的相关参数，具有灵活度高的特点。真实拓扑孔隙网络模型则是建立在数字岩心的基础上，具有与数字岩心孔隙空间近似等效的拓扑结构，因而相较于规则拓扑孔隙网络模型更具实际意义。在现有研究中，建立岩土矿物样品数字岩心的最常用方法是 X-CT 图像法（Blunt，2001，2017）。通过 X-CT 技术获取矿物样品的三维内部空间图像，经过相态识别后区分样品中的固体相态空间和孔隙空间。在针对样品孔隙空间的孔隙网络模型建模中，通常将较大的孔隙空间定义为孔隙，将孔隙之间的连通空间定义为喉道；利用不同的几何图形分别描述孔隙和喉道，并建立两者之间的拓扑连接关系；随后，在所建立的拓扑空间中模拟流体的流动并计算相关属性。目前，基于图像生成孔隙网络拓扑空间结构的算法主要有多相扫描法、中轴线算法、Voronoi 多面体法和最大球法（maximum ball algorithm），其中中轴线算法和最大球法是最常用且效果相对较好的孔隙网络提取方法。

本书将简单介绍孔隙网络模型的建立和基于稳态法进行流体渗流模拟的基本原理，使读者对该模拟方法有所了解。更多关于数字岩心和孔隙网络模拟方法可以参考 Blunt（2001，2017）、Blunt 等（2013）与姚军和赵秀才（2010）的研究成果。

（一）孔隙网络模拟方法基础

1. 孔隙网络建立

建立孔隙网络几何模型以表征所模拟介质的孔隙拓扑结构和物性特征是进行介质中流体渗流模拟的关键前提。理论上来说，孔隙网络几何模型中的元素可以被设定为任意的几何形状，常用的元素形状主要有球形、长方体和三棱柱形。在模型中，通过形状因子来描述不同的形状。例如，球形的形状因子为 $\frac{1}{4}$；长方体的形状因子为 $\frac{1}{4\pi}$；三棱柱的形状因子为 $0 \sim \frac{\sqrt{3}}{36}$。如前文所述，研究者可以根据研究的目的通过数学算法建立规则拓扑孔隙网络模型，也可以基于真实岩心的孔隙图像建立真实拓扑孔隙网络模型。两种不同的模型的特点和生成方法的介绍如下。

1）规则拓扑孔隙网络模型

规则拓扑孔隙网络模型是模型尺寸（$N_x \times N_y \times N_z$）在模型生成的时候既定的模型。其中，$N_x$、$N_y$、$N_z$ 为 x 轴、y 轴、z 轴方向上的节点的数目。通过规则孔隙网络模型描述多孔介质性质的最关键参数有两个，分别为孔隙尺寸分布和配位数。孔隙尺寸分布描述了具备不同尺寸的孔隙在体系中的频率分布情况；配位数描述了孔喉体系中孔隙与喉道之间的连接情况，定义为单个孔隙所连接的喉道数目的平均值。建立规则拓扑孔隙网络模型的常用方法也可以分为两种，一种是完全基于数学概率分布的生成方法；另一种是锚定岩石物性参数的生成方法。完全基于数学概率分布的生成方法可以根据目标介质的特征选择不同的孔隙尺寸分布方案（即孔隙尺寸概率分布函数），常用的分布方案有均一孔隙分布、三角分布、瑞利分布、截断正态分布、截断威布尔分布等。各方案的数学公式描述如下。

（1）均一孔隙分布

$$f(r) = \begin{cases} \dfrac{1}{R_{\max} - R_{\min}} & R_{\min} \leqslant r \leqslant R_{\max} \\ 0 & \text{其他} \end{cases} \tag{3.32}$$

式中，r 为孔隙半径；$R_{\max}$ 为最大孔隙半径；$R_{\min}$ 为最小孔隙半径。

（2）三角分布

$$f(r) = \begin{cases} \alpha(r - R_{\min}) & R_{\min} \leqslant r \leqslant c \\ \beta(R_{\max} - r) & c \leqslant r \leqslant R_{\max} \\ 0 & \text{其他} \end{cases} \tag{3.33}$$

式中，α、β 不自定义参数；$c = \dfrac{\alpha R_{\min} + \beta R_{\max}}{R_{\min} + R_{\max}}$。

（3）瑞利分布

$$f(r) = \begin{cases} \dfrac{N(r - R_{\min}) e^{\frac{-(r - R_{\min})^2}{\beta}}}{\beta(1 - e^{\frac{-(R_{\max} - R_{\min})^2}{\beta}})} & R_{\min} \leqslant r \leqslant R_{\max} \\ 0 & \text{其他} \end{cases} \tag{3.34}$$

式中，β 为瑞利系数。

（4）截断正态分布

$$f(r) = \begin{cases} N(R_{\max} - r)(r - R_{\min}) e^{\frac{-(r - \mu)^2}{2\sigma^2}} & R_{\min} \leqslant r \leqslant R_{\max} \\ 0 & \text{其他} \end{cases} \tag{3.35}$$

式中，N 为归一化系数；μ 和 σ 为分布系数。

（5）截断威布尔分布

$$f(r) = \begin{cases} (R_{\max} - R_{\min})\left[-\kappa \ln\left(x - x \cdot e^{-\frac{1}{\kappa}} + e^{\frac{1}{\kappa}}\right)\right]^{\frac{1}{\gamma}} + R_{\min} & R_{\min} \leqslant r \leqslant R_{\max} \\ 0 & \text{其他} \end{cases} \tag{3.36}$$

式中，κ 和 γ 为威布尔分布系数。

对于配位数较小的介质，可以通过随机减少所建立孔隙系统中喉道的数目来达到目的。同时，为了模拟真实孔隙体系中孔隙之间的不规则拓扑关系，可以通过设定扭曲因子 δ 的方法改变孔隙的位置坐标（图3.4），其计算形式如下：

$$
\begin{cases}
x_{i,\text{new}} = x_{i,\text{old}} + L\delta(2\eta_x - 1) \\
y_{i,\text{new}} = y_{i,\text{old}} + L\delta(2\eta_y - 1) \\
z_{i,\text{new}} = z_{i,\text{old}} + L\delta(2\eta_z - 1)
\end{cases}
\tag{3.37}
$$

式中，$x_{i,\text{new}}$、$y_{i,\text{new}}$、$z_{i,\text{new}}$ 为扭曲之后孔隙在不同方向上的坐标；$x_{i,\text{old}}$、$y_{i,\text{old}}$、$z_{i,\text{old}}$ 为扭曲之前孔隙在不同方向上的坐标；L 为孔隙的平均长度；η_x、η_y、η_z 为随机生成的数字，在 0 到 1 之间取值。

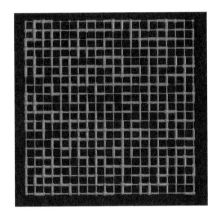

(a)未扭曲的15×15网络模型   (b)扭曲后的15×15网络模型（扭曲系数δ=0.5）

图3.4 二维规则孔喉网络未经过扭曲和经过扭曲后的对比

通过锚定岩石物性参数的方法是以真实介质的某种能够反映介质孔隙结构的物性参数（如孔隙度、绝对渗透率、压汞曲线参数）为锚定参数，通过数学算法使生成的孔喉网络系统的物性参数与锚定函数参数相一致。McDougall 等（2002）提出了"3R"方法用于生成岩石介质的孔隙网络模型，模型中选取常用的压汞曲线作为锚定函数，取得了较为广泛的应用。该方法中的四个特征参数的确定方法如下：

$$
\begin{cases}
V = \bar{C}\pi r^{\nu}\, 10^{6\nu-12} \\
G = \bar{A}\pi r^{\lambda}\, \dfrac{10^{6\nu-24}}{8\mu L} \\
\nu \in [0,3] \\
\lambda \in [0,4]
\end{cases}
\tag{3.38}
$$

式中，r 为元素半径；L 为元素的长度；μ 为元素体积内流体的黏度；$\bar{C}$ 和 $\bar{A}$ 为体积常数和传导率常数；ν 和 λ 为体积指数和传导率指数。该方法中没有区分孔隙和喉道，岩石的孔隙网络空间被假设为一系列相互连接的元素。

2）真实拓扑孔隙网络模型

基于多孔介质样品的 CT 图像，通过最大球法可以建立样品的真实拓扑孔隙网络模型。该方法最早由 Silin 和 Patzek（2006）提出，后经过诸多学者不断完善（图3.5）。Dong 和

Blunt（2009）改进的最大球法是现有研究中应用较为广泛的一种方法，其基本原理是首先通过两步搜寻算法寻找并建立所有孔隙元素空间的内切圆，随后去除空间位置有重叠的内切圆；其次，依据内切圆的尺寸和变化进行编辑其族谱顺序，并划分出孔隙和喉道；最后，依据划分出的孔隙和喉道，对不同的孔隙元素赋值尺寸、体积和形状因子等属性信息。

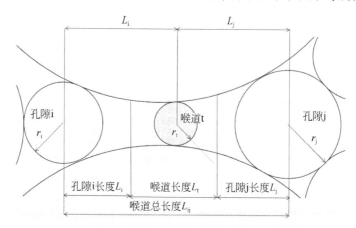

图 3.5　利用最大球法进行孔隙结构划分示意图

2. 流动模拟

孔隙网络模型发展至今，不同学者研究出了多种模型来模拟流体在多孔介质中的流动过程。多数模型均基于非混相流体的基本假设，不同相态在流动过程中不会发生溶解，均以游离态的状态存在。依据流体在多孔介质中的受力情况，这些模型可分为拟稳态模型（quasi-steady state model）和动态模型（dynamic state model）。拟稳态模型适用于毛细管压力占主导且可以忽略黏滞力影响的流体流动；在模型中，每个孔隙内的相饱和度在其中毛细管压力大小不变的情况下不会发生改变，仅在孔隙内毛细管压力发生变化的情况下发生变化。动态模型适用于研究两相流体体系中，毛细管压力和黏滞力均为重要因素的情况。这种模型既可以模拟定压条件下的流体注入过程，也可模拟定流速条件下的流体注入过程。动态模型是通过求解整个孔隙网络的压力场，进而逐步更新模型孔隙元素中的流体参数和相态实现的。本章节仅以拟稳态模型为例，说明孔隙网络模型在流体流动模拟的基本原理。

在拟稳态模型中，流体的流动主要受孔隙毛细管压力的制约。孔隙中的毛细管压力计算公式为

$$P_{entry} = P_{wetting\_phase} - P_{nonwetting\_phase} = \frac{2\sigma}{r}\cos\theta \qquad (3.39)$$

式中，$P_{wetting\_phase}$ 为润湿相流体压力；$P_{nonwetting\_phase}$ 为非润湿相流体压力；σ 为界面张力；θ 为润湿接触角。当处理不规则模型元素中的毛细管侵入压力计算时可采用 Oren 等（1998）提出的计算方法，计算公式如下：

$$P_{entry} = \frac{\sigma(1+2\sqrt{\pi G})}{r}F_d(\theta, G) \qquad (3.40)$$

$$F_d(\theta, G) = \frac{1+\sqrt{1+4GD/\cos^2\theta}}{1+2\sqrt{\pi G}} \qquad (3.41)$$

$$D = \pi\left(1 - \frac{3\theta}{\pi}\right) + 3\sin\theta\cos\theta - \frac{\cos^2\theta}{4G} \tag{3.42}$$

式中，G 为孔隙形状因子；θ 为润湿角；σ 为界面张力。

两个相邻孔隙空间之间单相流体的流速可以通过 Poiseuille 公式（Cruichshank et al., 2002）计算得到：

$$Q_{ij} = g_{ij}(P_i - P_j) \tag{3.43}$$

式中，P_i 和 P_j 分别为孔隙 i 和 j 的压力值；g_{ij} 为两个孔隙之间的传导率。孔隙 i 和孔隙 j 之间的传导率（g_{ij}）与孔隙 i 和 j 各自的传导率（g_i、g_j）以及两孔隙之间的喉道的传导率（g_t）具有式（3.44）中的关系（图 3.6）。

$$\frac{1}{g_{ij}} = \frac{1}{g_i} + \frac{1}{g_t} + \frac{1}{g_j} \tag{3.44}$$

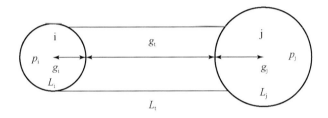

图 3.6 孔隙空间传导率定义示意图

采用 McDougall 提出的方法计算孔喉空间中各元素传导率的计算公式为

$$g = \bar{A}\pi r^\lambda \frac{10^{6\lambda - 24}}{8\mu L} \tag{3.45}$$

利用式（3.44）和式（3.45）计算得到的模型中各个元素的传导率，通过质量守恒定律和所设定的边界条件计算得到各元素的压力分布结果。针对每个孔隙空间，流体的质量守恒计算公式如下：

$$\sum Q_{ij} = \sum g_{ij}(P_i - P_j) = 0 \tag{3.46}$$

由式（3.46）通过迭代计算逐步计算得到整个模型所有孔喉元素中的压力值，进而得到整个模型的压力场分布。模型中的单相流体渗透率通过统计孔隙网络中的流体流量，利用达西公式计算得到。

（二）针对含天然气水合物沉积物的孔隙网络模拟

孔隙网络模拟方法在天然气水合物研究中的应用起步较晚，但在近些年时间取得较快发展。从研究进展来看，孔隙网络模拟方法用于含天然气水合物沉积物渗流特征的研究主要有两种求解思路。一种是将孔隙网络模拟方法与水合物不同特征阶段的 X-CT 图像结合，基于真实的含天然气水合物沉积物空间信息进行流体渗流计算；另一种思路是通过随机建模方法或基于 X-CT 图像建立不含水合物条件下沉积物孔隙空间的孔隙网络几何模型，随后在所建立的孔隙网络中模拟水合物的生成或分解，进而计算不同天然气水合物特征条件下含天然气水合物沉积物体系的渗流属性。对比来看，两种孔隙网络模拟思路各有优势和不足。第一种思路能够很好地体现沉积物有效孔隙空间特征及其在不同天然气水合物饱和度条件下的特征变化,但这种思路下建立的孔隙网络模型参数很大程度上依赖于所获取的X-CT图像,所建立的孔隙网络模型的灵活度较差,很难实现单一变量的敏感性分析。第二种思路具备较高的灵活性,仅需单次X-CT扫描就可建立天然气水合物饱和度与沉积物渗透率之间的定量关系,但也存在不足,主要表现为现有研究对天然气水合物生成或分解过程中天然气水合物赋存特征变化的微观机理尚没有一致理论。多个基于第二种思路建立的含天然气水合物沉积物孔隙网络模型也是基于各种假设条件建立的。这种情况下,模型假设条件能否有效体现天然气水合物反应过程中的天然气水合物含量和分布特征的变化,是影响所建模型渗透率参数预测准确性的关键。

1. 基于多次X-CT技术的含天然气水合物沉积物孔隙网络模拟

从技术方法的角度来看,该思路实现的难点主要在于含天然气水合物沉积物X-CT实验本身,而涉及数值计算的孔隙网络模拟部分多采用既有油气渗流方法。在尚不能完全理解沉积物中水合物的成核和生长机理的状况下,采用这种思路所得的孔隙网络模拟结果具备较好的可靠性。国内大连理工大学的研究团队在这方面做了大量的研究工作。他们在实验室条件下模拟沉积物中的天然气水合物反应过程;通过对沉积物同一位置多次扫描成像获取天然气水合物不同含量条件下的沉积物有效孔隙信息;随后对不同天然气水合物含量条件下的X-CT图像分别建立孔隙网络模型,进而获得相应的沉积物孔隙结构信息并实现相关属性参数的预测(图3.7)。基于所建立的孔隙网络模型,他们(Wang et al., 2015, 2018;Wu et al., 2020;Zhang et al., 2020)分析了沉积物中天然气水合物赋存形态、孔隙半径、润湿性等因素对沉积物渗透率的影响。

2. 包含水合物反应过程的含天然气水合物沉积物孔隙网络模拟

诸多学者已经建立了多个基于天然气水合物反应过程的含天然气水合物沉积物孔隙网络模型。这些模型在建立的假设条件和影响因素等方面存在差别,但模型建立的最终目标都是通过数学方法数值化再现天然气水合物的反应过程以及含天然气水合物沉积物中的流体流动过程。如下选取几个典型的模型对这种方法进行说明。

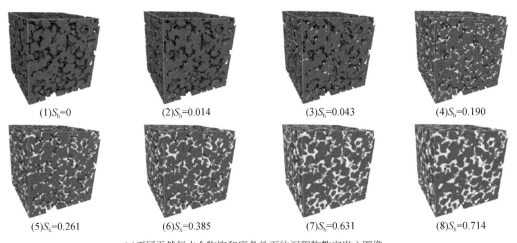

(1)$S_h=0$　　　(2)$S_h=0.014$　　　(3)$S_h=0.043$　　　(4)$S_h=0.190$

(5)$S_h=0.261$　　　(6)$S_h=0.385$　　　(7)$S_h=0.631$　　　(8)$S_h=0.714$

(a)不同天然气水合物饱和度条件下的沉积物数字岩心图像

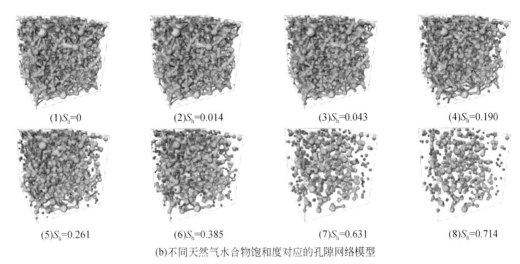

(1)S_h=0　　　　(2)S_h=0.014　　　　(3)S_h=0.043　　　　(4)S_h=0.190

(5)S_h=0.261　　　　(6)S_h=0.385　　　　(7)S_h=0.631　　　　(8)S_h=0.714

(b)不同天然气水合物饱和度对应的孔隙网络模型

图 3.7　利用多次 X-CT 技术获得的不同天然气水合物饱和度下沉积物的数字岩
心图像和孔隙网络模型（Wu et al.，2020）

1）基于水合物生成动力学的孔隙网络模拟

在前人研究的基础上，基于水合物生成动力学理论提出了一个可用于沉积物中天然气水合物形成过程模拟和沉积物渗透率计算的孔隙网络模型（Zhang et al.，2022）。该模型在孔隙网络模型的建立方面沿用了传统处理方法，但在天然气水合物生成和渗透率计算方面有其他模型有所不同。

水合物生成动力学（hydrate formation kinetics）研究认为，水合物的形成过程类似于结晶过程，可以划分为成核和生长两个阶段。水合物成核阶段指的是形成超过临界尺寸的稳定水合物晶核的过程；水合物生长阶段则指的是水合物形成稳定核后的体积增大的过程。在沉积物孔隙系统中，水合物的成核位置和数量受到沉积物物性、孔隙水矿化度、孔隙水中纳米气泡、微生物以及残留的水合物结构等多个因素的影响。因而，沉积物孔隙中水合物成核的数量、位置以及宏观上呈现出来的生成诱导时间很难预测（Sloan Jr and Koh，2007；Kvamme，2021）。水合物在沉积物孔隙体系中的生长过程主要受到孔隙水活度（water activity）和相接触界面的控制：孔隙水活度较大的孔隙和相接触界面附近更利于水合物生长。在多孔介质条件下，孔隙水活度的计算如式（3.47）所示：

$$a_W = \text{EXP}\left(-\frac{2\sigma V_1}{rRT}\cos\theta\right) \qquad (3.47)$$

式中，a_W 为孔隙水的活度；σ 为水的界面张力；V_1 为孔隙水体积；r 为孔隙半径；R 为气体常量；T 为环境温度；θ 为孔隙表面的润湿角。对于分散型水合物的形成过程而言，水合物在成核后体积逐渐增加，当体积增加到一定程度会受到沉积物孔隙壁面的限制；在随后的生长过程中，水合物经由喉道进入临近孔隙继续生长。

基于上述动力学认识，笔者在所建立的含天然气水合物沉积物孔隙网络模型的基本思路为将天然气水合物生成划分为成核和生长两个独立的过程；天然气水合物的成核在沉积物孔隙中随机发生，通过成核比例控制天然气水合物成核的数量；天然气水合物的生长发生在天然气水合物-水的界面附近，并按照大孔隙水活度优先的原则"侵入"临近孔隙；在进行含天然气水合物沉积物中渗透率的计算时，所建立的模型忽略了孔隙内天然气水合物赋存形态的影响，主要考虑天然气水合物在沉积物孔隙间非均质分布对流体渗流的影响。这种设定体现了天然气水合物形成过程中的奥斯瓦尔德熟化效应（Myerson，2002；Azimi et al.，2021）。与其他模型相比，该模型的优势主要体现在针对含天然气水合物沉积物的过程模拟和相关参数设置具备实际物理意义；模型的计算效率高，在含天然气水合物沉积物相对渗透率计算方面具备明显优势。

基于水合物生成动力学理论所建立的含天然气水合物沉积物生成孔隙网络模型的假设条件如下：

（1）沉积物孔隙体系中天然气水合物的生成过程可以视为成核和生长两个独立的过程，天然气水合物在沉积物孔隙中先成核后生长；

（2）沉积物孔隙中天然气水合物的成核过程是随机发生的，天然气水合物成核的数量（或比例）受多种因素影响，视作变量参数处理；

（3）天然气水合物在孔隙体系中的生长过程受到孔隙水活度和相接触面的共同作用，天然气水合物的生长优先发生于孔隙水活度较大且靠近天然气水合物-水界面的位置；

（4）忽略孔隙内天然气水合物赋存形态对流体渗流的影响，并且假设天然气水合物在孔隙内一旦成核或形成便立即充满整个孔隙；

（5）暂不考虑气水界面、黏土矿物、传热和传质等其他复杂因素对流体渗流的影响。

A. 模型维度对有效绝对渗透率的影响

鉴于不少数值模拟采用二维模型对含天然气水合物沉积物中的渗透率变化进行预测，我们首先利用建立的模型对比了二维模型和三维模型中的沉积物有效绝对渗透率与天然气水合物饱和度之间的关系，所得模拟结果如图3.8所示。该组模拟采用规则拓扑孔隙网格完成，除去维度差别，二维模型和三维模型的基础物性参数相同；我们将三维模型中的成核比例设定为0.02（即100个孔隙中有2个成核孔隙），二维模型中的成核比例设定为0.02~0.18递增。图3.8（b）和（c）以示意图的形式展示了不同维度模型中天然气水合物生成后的赋存分布情况；蓝色区域表示被水充填的孔隙和喉道，白色区域表示被天然气水合物充填的孔隙和喉道；为方便对比，对图3.8（a）中的有效绝对渗透率数据进行归一化处理。由图3.8（a）中的曲线数据可知，无论是在二维模型中还是在三维模型中，沉积物体系的归一化有效绝对渗透率随天然气水合物生成过程中天然气水合物饱和度的增大均呈现减小的趋势，但具体形态上有所差别。二维模型的归一化有效绝对渗透率在低天然气水合物饱和度阶段减小较慢，而后随着天然气水合物饱和度的增加迅速减小；三维模型的归一化有效绝对渗透率在低天然气水合物饱和度阶段小于二维模型，当天然气水合物饱和度大于10%后其归一化有效绝对渗透率大于二维模型并呈现缓慢减小的趋势；二维模型中当天然气水合物饱和度达到25%左右时，模型的渗透率减小到0，而三维模型中对应渗透率为0的天然气水合物饱和度点在60%左右。基于模拟结果，二维模型拟合经典Masuda模型的渗透率递减指数 N 为7~9，而三维模型拟合的渗透率递减指数 N 在3.5左右。综上所述，通过二维孔隙网络模型预测得到的归一化有效绝对渗透率较三维模型偏低，直接利用二维数值模型预测含天然气水合物沉积物三维孔隙网络中的渗透率表现可能引起较大误差。

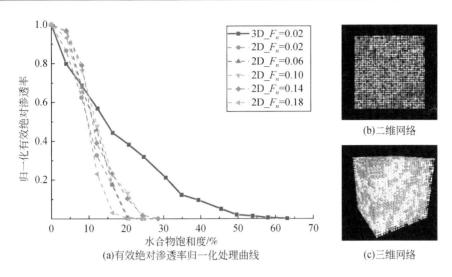

(b)二维网络

(c)三维网络

(a)有效绝对渗透率归一化处理曲线

图3.8　基于2D和3D模型计算得到的渗透率结果对比

B. 天然气水合物成核比例对有效绝对渗透率的影响

为了展示不同天然气水合物成核比例对孔隙中天然气水合物赋存分布的影响，我们模拟了不同成核比例设定下二维孔隙空间中天然气水合物的生长过程，模拟结果如图3.9所示。图3.9中所有实例对应的天然气水合物饱和度均为15%。由图3.9可见，当天然气水合物成核比例较低时，天然气水合物倾向于在沉积物孔隙空间的局部区域内形成水合物聚集；当天然气水合物成核比例较高时，天然气水合物倾向于在孔隙空间中呈现分散状分布。图3.10进一步展示了天然气水合物成核比例对沉积物渗透率的影响，图3.10中所有数据结果均是基于三维均质规则网格获得。研究发现，随着天然气水合物成核比例的逐渐增加，沉积物的有效绝对渗透率在低天然气水合物饱和度阶段的下降速率增加，在高天然气水合物饱和度阶段的下降速率减缓，但最终有效绝对渗透率下降到0时对应的天然气水合物饱和度变化不大。更简单地说，随着天然气水合物成核比例的增加，沉积物中归一化有效绝对渗透率的饱和度指数 N 逐渐增加。在成核比例从0.002增加到0.180的过程中，沉积物有效绝对渗透率的渗透率递减指数 N 从3增长到7。上述结果表明，天然气水合物成核比例对归一化有效绝对渗透率与天然气水合物饱和度之间的关系有重要影响。再次说明，该参数虽然有实际物理意义，但很难通过实验测量得到其准确数值。在我们所做的研究中，暂将该参数的取值为0.02，该设定下得到的天然气水合物分布状态与 X-CT 图像的一致性较好。

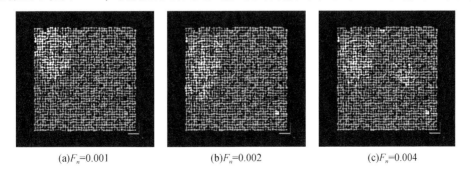

(a)F_n=0.001　　　　　　　(b)F_n=0.002　　　　　　　(c)F_n=0.004

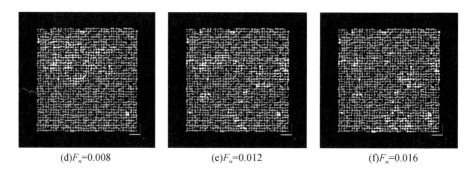

(d)F_n=0.008　　　　　　　(e)F_n=0.012　　　　　　　(f)F_n=0.016

图 3.9　成核比例对水合物孔隙赋存分布影响的二维图示

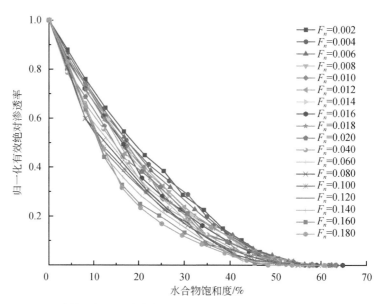

图 3.10　成核比例对含水合物沉积物归一化有效绝对渗透率的影响规律

C. 砂质沉积物中归一化有效绝对渗透率与天然气水合物饱和度的定量关系

为了确定砂质沉积物中归一化有效绝对渗透率与天然气水合物饱和度之间的定量关系，我们选取了 7 组砂质沉积物样品，并通过 X-CT 扫描获得了每组样品的 X-CT 灰度图像（图 3.11）。利用数字岩心技术，计算得到每组样品的颗粒粒径分布曲线如图 3.12 所示。由图 3.12 可知，7 组沉积物样品的颗粒粒径分布具有明显差异；按照样品#1 到样品#7 的编号顺序，样品的平均颗粒粒径逐渐增加。所用沉积物样品的其他基础孔隙结构参数见表 3.2。利用 7 组沉积物样品，通过孔隙网络模拟获得的天然气水合物生成后赋存形态对比如图 3.13 所示。图 3.13 中所有实例的天然气水合物饱和度均为 60%。从中可以发现，在相同的成核比例设定下，不同样品由于孔隙结构的差异所呈现的天然气水合物分布有所差异。进一步从样品的归一化有效绝对渗透率与天然气水合物饱和度定量关系图（图 3.14）中可以发现，7 组样品的渗透率曲线形态各异，但集中分布在一定区域内。拟合 Masuda 模型可以得到，该区域包含于曲线 $(1-S_h)^3$ 和 $(1-S_h)^4$ 圈定的范围。由此我们推论，砂质沉积物中反映的归一化有效绝对渗透率与天然气水合物饱和度关系的渗透率递减指数 N 的取值范围大概为 $3\sim4$。

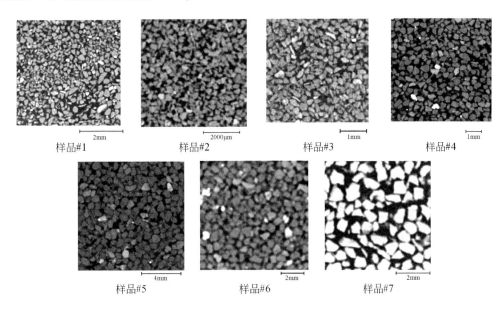

图 3.11　通过 X-CT 扫描获得的 7 组砂质沉积物样品的 X-CT 灰度图像二维切片

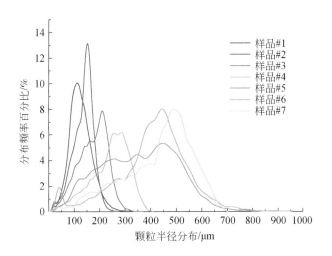

图 3.12　模拟所用 7 种砂质沉积物的粒径分布曲线图

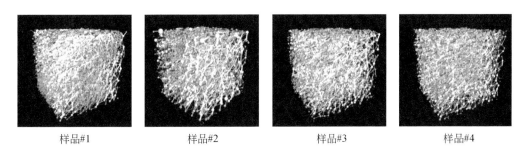

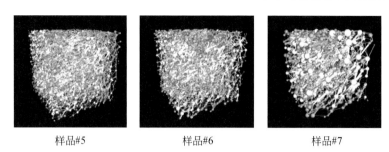

| 样品#5 | 样品#6 | 样品#7 |

图 3.13　不同砂质沉积物中天然气水合物生成后赋存形态对比

白色部分–被水合物充填的孔隙或喉道；蓝色部分–被流体充填的孔隙或喉道

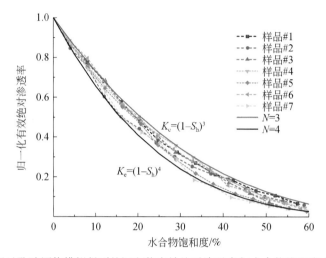

图 3.14　通过孔隙网络模拟得到的沉积物有效绝对渗透率与水合物饱和度之间的定量关系

表 3.2　模拟所用样品的基础孔隙结构参数

样品编号	孔隙度/%	几何迂曲度	图像分辨率/μm	最大颗粒半径/μm	平均颗粒半径/μm	最大孔隙半径/μm	平均孔隙半径/μm
样品#1	45.6	1.26	12.0	280	121	210	73
样品#2	39.1	1.32	13.5	230	130	210	80
样品#3	34.9	1.44	12.5	300	167	290	101
样品#4	34.5	1.47	16.0	390	236	310	105
样品#5	34.3	1.46	37.3	680	347	460	158
样品#6	38.8	1.49	23.7	720	397	540	220
样品#7	42.2	1.44	15.8	660	420	550	240

　　造成这一结果的可能原因如下：7 组沉积物样品的孔隙尺寸分布范围虽有较大差异，但其中孔隙尺寸分布曲线的形态均近似呈现正态分布；而孔隙尺寸是影响孔隙水活度的关键因素，决定了天然气水合物生成过程中水合物进入孔隙的先后顺序；因而在归一化表征的沉积物有效绝对渗透率与水合物饱和度之间的关系指数相差不大。为了验证上述模拟结论是否准确，我们将现有文献中砂质沉积物的归一化有效绝对渗透率测量结果与饱和度指数 $N=3\sim4$ 的曲线进行了对比，发现实验结果与数模结论有较好的一致性 [图 3.15 （a）]。但

上述结论只适用于分析砂质沉积物中的天然气水合物生成，并不适用于泥质粉砂沉积物［图 3.15（b）］。

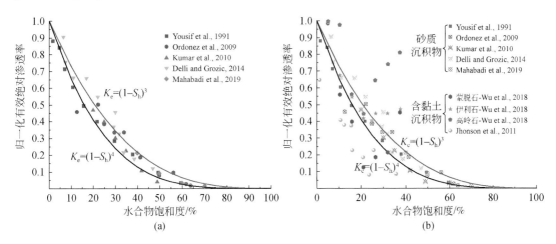

图 3.15　沉积物有效绝对渗透率预测结果与实验结果对比

　　需要声明，上述孔隙网络模拟中规则孔隙网络几何模型的建立和图像界面显示部分，借鉴了英国赫瑞-瓦特大学（Heriot-Watt University）Ahmed Hamdi Boujelben 教授开发的 numSCAL 开源软件。仅对其中涉及水合物反应的部分声明权益，同时对 Ahmed Hamdi Boujelben 等学者的无私分享表示由衷的感谢。

　　2）其他典型孔隙网络模型

　　A. Mahabadi 等的模型

　　Jang 和 Santamarina（2011）较早地将孔隙网络模拟的方法引入到了含天然气水合物沉积物的渗流研究中，他们首先在随机生成的立方孔隙网络中设定随机天然气水合物分布，随后利用 Peng-Robinson 方程描述变温压条件下的气体扩散作用，并借以间接表征天然气水合物的分解过程。Mahabadi 等（2016，2020）在 Jang 和 Santamarina 建立的模型方法基础上进行了发展。他们基于 X-CT 图像通过最大球法提出沉积物的孔隙空间信息，使所建立的孔隙网络属性与真实沉积物之间具备更好的一致性；在改进的模型中设定天然气水合物按照优先占据大孔隙的次序对孔隙进行赋值，直至达到设定的天然气水合物饱和度值；对于天然气水合物分解过程中的相态变化，Mahabadi 依然沿用了 Jang 和 Santamarina 的思路，认为天然气水合物的分解产生气体；通过模拟一定温压条件下的气体扩散过程，分析天然气水合物分解过程中沉积物渗透率的变化（如图 3.16）；天然气水合物的赋存形态设定为均一的悬浮型或表面型，渗透率的计算通过求解 Poiseuille 方程完成。该模型在处理天然气水合物分解过程中的相变方面取得了较好的模拟效果。

　　B. Dai 和 Seol 的模型

　　Dai 和 Soel（2014）利用孔隙网络模拟的方法研究了天然气水合物在孔隙网络中的非均质分布对沉积物单相渗透率的影响。在他们所建立的模型中，没有考虑天然气水合物在个体沉积物孔隙中赋存形态的影响。水相在未被天然气水合物占据的孔隙空间中的流速通过基于毛细管压力假设的 Poiseuille 方程描述；通过统计整个模型中流体的流量计算沉积

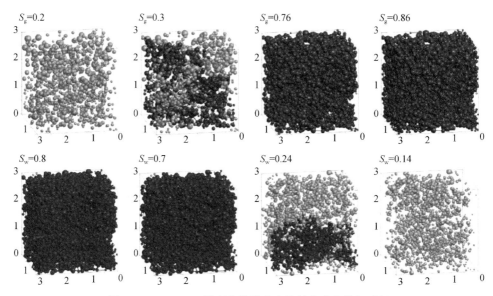

图 3.16　Mahabadi 模型中模拟水合物的生成和分解过程

第一行表示沉积物孔隙中的水合物生成过程，第二行表示水合物的分解过程；黄色部分表示被孔隙流体充填的孔隙或喉道，红色部分表示被水合物充填的孔隙或喉道，蓝色部分表示被水合物充填的孔隙或喉道，灰色部分表示水合物分解后被流体充填的孔隙或喉道

物的单相渗透率参数。为了分析不同天然气水合物生长模式下造成的天然气水合物分布非均质性对沉积物渗透率的影响，Dai 和 Soel 设定了 3 种天然气水合物生长模式，分别为天然气水合物以优先占据较小孔隙的方式生长、天然气水合物以优先占据较大孔隙的方式生长和天然气水合物以不同生长速率（$C1$、$C2$、$C3$）向外均匀生长。$C1$、$C2$、$C3$ 表示单次计算步长内天然气水合物向外占据孔隙的数目，即生长速率（$C1<C2<C3$）。在不同的生长模式下，当整体模型中的天然气水合物饱和度达到预设值时，天然气水合物生长停止。图 3.17 展示了在二维孔隙网络中不同天然气水合物生长模式下天然气水合物的分布状况，图 3.17 中显示的天然气水合物饱和度均为 20%。基于该模型，Dai 和 Soel 分析了天然气水合物生长过程中沉积物水力迂曲度和天然气水合物比表面积的变化，并拟合得到了天然气水合物饱和度与沉积物有效渗透率之间的定量关系，如式（3.31）所示。该模型的孔隙网络空间为二维空间，基于此计算得到的沉积物渗透率预测结果与三维孔隙空间会有一定差异。

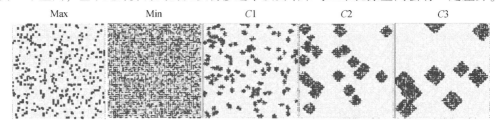

图 3.17　二维孔隙网络中不同水合物生长模式下水合物分布对比

Max 表示水合物以优先占据较大孔隙的方式生长；Min 表示水合物以优先占据较小孔隙的方式生长；$C1$、$C2$、$C3$ 表示水合物以不同速率（$C1$、$C2$、$C3$）向外均匀生长，蓝色区域表示被水合物充填的孔隙或喉道，灰色区域表示被流体充填的孔隙或喉道

C. Wang 等的模型

Wang 等（2020）借鉴多级孔隙网络模拟的思路模拟了在含天然气水合物沉积物体系天然气水合物分解的过程中气相、水相和固体颗粒相的流动过程，相关参数的计算中考虑了天然气水合物的分解、传质堵塞、多相渗流等作用机理，计算得到了不同天然气水合物状态下的气水两相渗透率。该模型的基本原理阐释如下。沉积物中天然气水合物饱和度的变化通过模拟设定的温度的压力条件进行确定，方法上采用 RUS 方法（Migliori et al.，1993）；体系中气体的属性通过分析孔隙水凝固模型（Mcgrail et al.，2007）得到。为了模拟沉积物体系中的三相流动，该模型通过在沉积物原始孔隙网络体系中添加次级颗粒小球来模拟孔隙中天然气水合物的状态。在模型生成时，沉积物孔隙和喉道中分别生成固定比例的颗粒小球，这些颗粒小球的半径分布依据需求设定其孔径分布［图 3.18（a）］。在天然气水合物分解的过程中，也通过颗粒小球固定比例转化的方式模拟天然气水合物的分解过程。Wang 等在模型中设定，每有 1% 的天然气水合物发生分解，每个沉积物喉道中就新增 6 个颗粒小球，孔隙中就新增 3 个颗粒小球；这些新增的颗粒小球仅表示能够随着流体发生流动的天然气水合物部分。在模拟流体流动时，该模型假设水为驱替相；对于单个孔隙中的流体驱替，设定 80% 的颗粒小球会滞留在原有孔隙，20% 的颗粒小球则会沿着流体驱替方向进入下一个孔隙；驱替相进行孔隙的顺序依然根据毛细管压力方程进行确定。在颗粒小球的运移过程中会发生传质堵塞现象。Wang 等的模型中假设传质堵塞由颗粒小球的运移引起，并仅会发生在喉道中；喉道中颗粒小球的堵塞位置取决于小球的半径和体积；认为喉道中颗粒的浓度大于 5% 的情况下（Abrams，1977），或者颗粒小球的半径大于或等于喉道半径时，则会发生传质堵塞［图 3.18（b）］。模拟过程中的流体渗透率通过 Poiseuille 方程得到。该模型提出的主要目的是解决含天然气水合物沉积物体系中固体颗粒运移对流体渗流的影响，并未对水合物的分解动力学机理、分解过程中天然气水合物赋存形态的变化等关键问题做细致描述。即便如此，该模型中利用多级孔隙网络模拟的思想模拟天然气水合物变化的思想依然很值得相关研究借鉴。更多关于多级孔隙网络模拟的研究可以参考本章所列参考文献（Yao et al.，2013；Mehmani and Prodanovic，2014；Ayaz et al.，2018；Rabbani et al.，2020）。

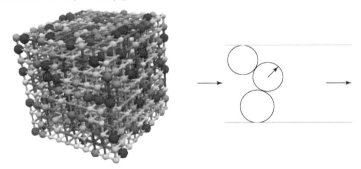

(a)含水合物沉积物孔隙网络　　　　(b)喉道中颗粒小球引起传质堵塞
　　　　　　　　　　　　　　　　　　的机理示意图

图 3.18　含水合物沉积物孔隙网络模型及传质堵塞机理

不同颜色元素表示具备不同水合物含量的孔隙或喉道；水合物的含量越高，孔隙几何元素越接近于红色，
反之则越接近于蓝色

三、格子玻尔兹曼模拟方法

起源于格子气自动机的格子玻尔兹曼方法（Lattice Boltzmann method，LBM）是计算流体力学的一种数值方法，其基本原理是将流体及其存在的时间、空间完全离散，通过统计离散粒子在网格点之间的迁移和碰撞来模拟流体宏观特征（何雅玲等，2009）。LBM 描述的是分子的统计学行为，在微观尺度上可以离散玻尔兹曼方程；同时，它在宏观尺度上可以恢复 Navier-Stokes 方程，但并不需要真正求解 Navier-Stokes 方程，具有易于编程实现、善于处理复杂的流–固边界和多相流体界面的优势。LBM 主要有 LBGK（Lattice Bhatnagar-Gross-Krook）模型、自由能模型、Shan-Chen 模型等（Shan and Chen，1993；Ansumali and Karlin，2002；Tolke et al.，2002），这些模型分别从不同角度描述体内各组分之间的相互作用。更多关于 LBM 的原理及其应用的研究可以参考所列学者的论著（郭照立和郑楚光，2009；何雅玲等，2009）。

（一）格子玻尔兹曼模拟方法基础

为了使读者更好地理解 LBM，本书以二维空间中的 LBKG 模型为例，阐述 LBM 用于含水合物沉积物渗透率预测的基本原理。

用单松弛度 LBGK 模型模拟二维多孔介质中水相的单相流动时，其基本演化方程可以表示为

$$f_i(x+e_i\Delta t,t+\Delta t)-f_i(x,t)=\frac{f_i^{eq}(x,t)-f_i(x,t)}{\zeta} \tag{3.48}$$

式中，$f_i(x,t)$ 为离散速度空间 i 方向上的粒子分布函数；x 为格子的空间位置；t 为时间；$f_i^{eq}(x,t)$ 为离散速度空间 i 方向上的平衡分布函数；e_i 为离散速度空间 i 方向上的离散速度；ζ 为松弛时间；Δt 为时间步长。平衡分布函数 $f_i^{eq}(x,t)$ 可以通过离散麦克斯韦–玻尔兹曼（Maxwell-Boltzmann）平衡分布获得（Liang et al.，2011），其表达式为

$$f_i^{eq}=\rho w_i\left[1+\frac{e_i\cdot u}{c_s^2}+\frac{(e_i\cdot u)^2}{2c_s^4}-\frac{u\cdot u}{2c_s^2}\right] \tag{3.49}$$

式中，ρ 为流体密度；w_i 为离散速度空间 i 方向上的权系数；u 为宏观的粒子速度；c_s 为声速。流体的运动黏度为松弛时间 ζ 的函数，可表示为 $v=c_s^2(\zeta-0.5)\Delta t$。

离散速度模型为 D2Q9 模型的方式下，格子节点的迁移结构如图 3.19 所示。权系数 w_i 在不同方向上的表达式为

$$w_i=\begin{cases}4/9, & i=0\\1/9, & i=1,3,5,7\\1/36, & i=2,4,6,8\end{cases} \tag{3.50}$$

离散速度 e_i 的表达式为

$$e_i=[e_0,e_1,e_2,\cdots,e_8]=\begin{bmatrix}0 & 1 & 1 & 0 & -1 & -1 & -1 & 0 & 1\\0 & 0 & 1 & 1 & 1 & 0 & -1 & -1 & -1\end{bmatrix} \tag{3.51}$$

流体密度 ρ 可以表示为

$$\rho = \sum_i f_i \tag{3.52}$$

压力 P 的计算表达式为

$$P = c_s^2 \rho \tag{3.53}$$

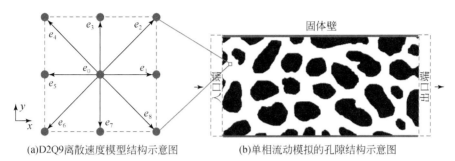

(a)D2Q9离散速度模型结构示意图　　(b)单相流动模拟的孔隙结构示意图

图 3.19　D2Q9 离散速度模型结构示意图和单相流动模拟的孔隙结构示意图

黑色–固体（岩石颗粒或水合物）；白色–孔隙；箭头方向–流体的流动方向

可以根据不同的实验目的在固体模型中设定相应的边界条件。本算例在固体颗粒表面设定反弹边界条件，用于模拟流体粒子向固体颗粒迁移时在静止无滑移边界上的粒子流动；在模型的出入口端设定恒定压差界，用于模拟流体在压差作用下的单相流动；平行于流体流动方向的模型上下边界通过添加固体墙进行封闭。当流体流动达到稳定状态时，根据达西定律可以计算多孔介质中的水相渗透率。流体流动达到稳定状态的判断依据为

$$\frac{\sqrt{\sum_{ii,jj}\{[u_x(ii,jj,t+\Delta t)-u_x(ii,jj,t)]^2+[u_y(ii,jj,t+\Delta t)-u_y(ii,jj,t)]^2\}}}{\sqrt{\sum_{ii,jj}[u_x(ii,jj,t+\Delta t)+u_y(ii,jj,t+\Delta t)]}} < 10^{-6} \tag{3.54}$$

式中，u_x 和 u_y 分别为 x 和 y 方向上的流体流速。

根据达西定律，利用 LBM 求取水相渗透率的计算公式为

$$K^l = \frac{q \rho_w (\zeta - 0.5) \Delta t L}{\rho_{out} - \rho_{in}} \tag{3.55}$$

式中，K^l 为格子单元下的水相渗透率；ρ_w 为流体的平均密度；ρ_{in} 和 ρ_{out} 分别为入口端和出口端的流体密度，用于表征两端压差；L 为多孔介质模型的长度；q 为流体流量，可以表示为

$$q = \frac{\sqrt{\sum_i [u_x(i,in)^2 + u_y(i,in)^2]} + \sqrt{\sum_i [u_x(i,out)^2 + u_y(i,out)^2]}}{2} \tag{3.56}$$

在 LBM 模拟中所用单位为格子单位，实际应用中需要将其转化为物理单位。经过单位转化后，介质的水相渗透率可以表示为

$$K^p = K^l \left(\frac{L^p}{L}\right)^2 \tag{3.57}$$

式中，K^p 为物理单位下的多孔介质渗透率；L^p 为物理单位下的多孔介质长度。对渗透率进行归一化处理，表示一定水合物饱和度 S_h 条件下的介质渗透率与水合物饱和度为 0 时介质渗透率的比值，其表达式为

$$K_{\mathrm{N}} = \frac{K^{\mathrm{P}}(S_{\mathrm{h}})}{K_0^{\mathrm{P}}} = \frac{K^{\mathrm{l}}(S_{\mathrm{h}})}{K_0^{\mathrm{l}}} \tag{3.58}$$

式中，K_0^{P} 和 K_0^{l} 分别表示物理单位下和格子单位下多孔介质中不含水合物时的绝对渗透率。

（二）针对含水合物沉积物的格子玻尔兹曼模拟方法

1. 水合物的赋存状态

上述基于 LBM 模拟多孔介质中单相流体流动的方法已经在常规油气储层的研究中得到广泛应用。与 PNM 类似，在含天然气水合物沉积物中 LBM 能否准确预测介质中渗透率变化的关键在于沉积物中天然气水合物赋存特征描述的准确性。在现有的含天然气水合物沉积物渗透率预测 LBM 模型中，对天然气水合物赋存状态的处理方法也有两种思路。一种思路是基于天然气水合物在沉积物中赋存的典型模式，在规则孔隙网络中设定天然气水合物的赋存状态；另一种思路是，在真实沉积物的 X-CT 图像中模拟天然气水合物的生长和分解过程，进而描述天然气水合物的赋存特征及其在反应过程中的动态变化。

Chen 等（2018）基于天然气水合物的生长机理提出一种可以模拟沉积物中不同赋存类型水合物生长过程的计算方法。该方法首先需要获取沉积物孔隙空间的真实图像，依据沉积物岩土颗粒和孔隙空间的灰度差异区分介质中的岩石和孔隙；通过依次搜寻并赋值孔隙像素，模拟天然气水合物在孔隙空间中的水合物生长过程；对于表面型水合物的生长，优先将沉积物颗粒表面的孔隙像素转化为天然气水合物像素，随后新生成的天然气水合物在原有天然气水合物像素的周围继续生长；对于悬浮型水合物的生长，优先将沉积物孔隙中心附近的孔隙像素转化为天然气水合物像素，随后将既有天然气水合物像素周围的孔隙像素转化为天然气水合物像素；对于弥散型水合物的生长，则是将沉积物孔隙像素随机转化为天然气水合物像素。沉积物体系中天然气水合物饱和度的确定通过计算天然气水合物像素的数目与孔隙像素的数目来确定。依据上述方法确定的表面型水合物、悬浮型水合物和弥散型水合物的生长过程图像如图 3.20 所示。从图 3.20 中可以看出，上述方法能够较好地体现天然气水合物生长过程中的奥斯瓦尔德熟化现象，也能体现天然气水合物在沉积物孔隙中的复杂赋存形态。

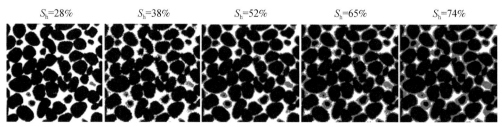

$S_{\mathrm{h}}=28\%$ $\qquad$ $S_{\mathrm{h}}=38\%$ $\qquad$ $S_{\mathrm{h}}=52\%$ $\qquad$ $S_{\mathrm{h}}=65\%$ $\qquad$ $S_{\mathrm{h}}=74\%$

(a)颗粒表面型

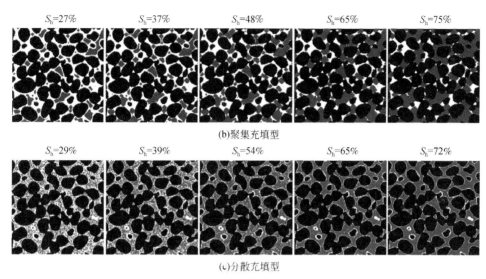

图 3.20　Chen 等建立的不同水合物赋存形态的 LBM 模型（Chen et al.，2018）

黑色区域–沉积物颗粒；绿色、红色、蓝色区域–孔隙中生成的水合物；白色区域–孔隙流体

2. 含天然气水合物沉积物渗透率 LBM 研究进展

1）基于典型天然气水合物赋存形态的沉积物渗透率 LBM 模拟

Hou 等（2018）基于典型的天然气水合物赋存形态（图 3.21），通过规则几何图形的形式表示沉积物孔隙空间中天然气水合物的存在，分析了不同沉积物颗粒分布、天然气水合物空间分布和几何形态等因素对沉积物渗透率的影响。采用这种思路进行天然气水合物描述和渗透率计算的优势主要在于以下两点：灵活度高，可以根据研究的目的任意设定天然气水合物和沉积物孔隙空间的形态和尺寸分布；计算效率高，简单的几何图形更利于相关参数的计算。但缺点也很明显，基于简单几何图形得到的计算结果可能与实际测量结果之间有一定误差。

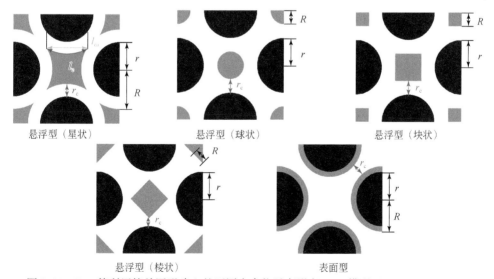

图 3.21　Hou 等利用简单图形建立的不同水合物赋存形态 LBM 模型（Hou et al.，2018）

黑色区域–沉积物颗粒；灰色区域–水合物；白色区域–孔隙流体

Kang 等（2016）采用在模型中模拟天然气水合物生长的方式分析沉积物中天然气水合物饱和度与渗透率之间的关系，在模拟天然气水合物的生长时考虑了沉积物的孔隙形态和生长模式。技术思路与图 3.20 所对应的方法类似，不同之处在于 Kang 等将这种方法应用在三维孔隙空间中，所建立的表面型水合物和悬浮型水合物几何模型如图 3.22 所示。在流动模拟计算中，Kang 等采用 D3Q19 的 LBGK 模型，渗透率通过求解稳定渗透状态下的达西定律得到。需要说明，Kang 等所建立的模型是三维模型并且对不同的介质条件进行了分析处理，这种情况下得到的渗透率计算结果具备更好的可靠性。

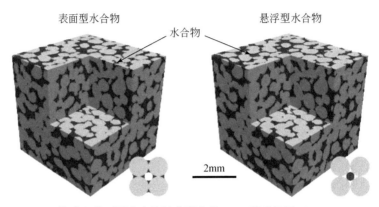

图 3.22　Kang 等建立的不同水合物赋存形态的 LBM 模型展示（Kang et al., 2016）

灰色区域–沉积物颗粒；红色区域–水合物；蓝色区域–孔隙流体

2）基于多场耦合的沉积物渗透率 LBM 模拟

基于反应流的 LBM 模拟是进行含天然气水合物沉积物渗透率预测的一大趋势。天然气水合物分解过程中的流体流动本身是一个涉及渗流、传热、传质的复杂过程。天然气水合物分解过程的本身虽然是晶体的分解过程，但也可以视作化学反应过程。在非平衡状态下，固态的天然气水合物分解为水和甲烷，这些分解产生的气体和水又会参与沉积物中的流体流动。基于反应流的 LBM 模拟在近些年发展迅速，已广泛应用在地下水、原油提采、二氧化碳驱替等领域的研究中。2002 年，Kang 等（2002）建立了一个 LBM 反应流模型，用以模拟多孔介质中的酸化反应过程，所得的模拟结果与实验结果和理论分析结果之间具备很好的一致性。该模型的主要突破在于对多孔介质中多组分反应过程的处理上。Kang 等建立了像素体积（volume of pixel，VOP）方法来描述反应过程中的相态变化和追踪固–液界面的变化。随后，Chen 等（2013）将该模型扩展到多相反应过程，并发展了该模型的通用边界条件，使其能够更好地处理复杂移动边界问题和反应浓度边界问题。在随后的发展中，不同学者对反应流的方法进行改进，将传热、传质等作用与反应流模拟进行了很好地结合（Chen et al., 2015；Min and Mostaghimi, 2017；Wang and Zhu, 2018）。

Zhang 等（2020）基于反应流原理建立了含天然气水合物沉积物中水合物分解的 LBM 模型，该模型的建立考虑了水合物分解动力学、气体流动、传质和传热作用，是目前模拟水合物的分解过程较为全面的 LBM 模型。模型的假设条件如下：①沉积物中的气体流动是压差作用下的气体单相渗流过程，该过程不受水合物分解过程中重力和分解产生的水的影响；②传质和传热作用不对流体的渗流产生影响；③天然气水合物的分解只发生在天然气水合物–流体交界面，并忽略天然气水合物的二次生成和冰的生成；④忽略由于天然气水合物分解和流体流动导致的沉积物颗粒的运移。Zhang 等所建立的模型中考虑了表面型水合物和悬浮型水合物在多孔介质中的分解过程，模型包含了天然气水合物分解动力学模型、流体流动 LBM 模型、传质 LBM 模型、共轭传热 LBM 模型以及 VOP 方法。对于流体流动模拟，Zhang 等的模型中依然采用简单的 LBGK 模型的 D2Q9 模型形式（图3.23）。天然气水合物分解动力学模型采用 Kang 等（2002）提出的计算方法，公式如下：

$$r_a = k_c(1 - C_g/Z) \tag{3.59}$$

式中，r_a 为天然气水合物分解速率；k_c 为天然气水合物分解本征动力学速率；C_g 为天然气水合物分解界面的气体浓度；Z 为相平衡常数。

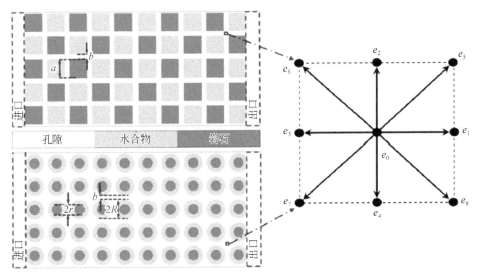

图3.23　含水合物沉积物介质模型和 D2Q9 离散速度模型示意图（Zhang et al., 2020）

其中，水合物分解本征动力学系数 k_0 可通过经典 Kim-Bishnoi 模型求得［式（3.60）］。

$$k_c = k_0 e^{-\Delta E/RT}(P_e - P) \tag{3.60}$$

式中，ΔE 为反应活化能；R 为气体常数；P_e 为相平衡压力；P 为反应温度 T 时对应的气体压力。其中，相平衡压力 P_e 通过 Moridis（2014）提出的方法计算得到［式（3.61）和式（3.62）］。

$$P_e = \exp\left(e_1 + \frac{e_2}{T}\right) \tag{3.61}$$

$$e_1 = \begin{cases} 38.980 \\ 14.717 \end{cases} \quad e_2 = \begin{cases} -8533.80 \\ -1886.79 \end{cases} \quad \begin{cases} 0℃ \leqslant T \leqslant 25℃ \\ -25℃ \leqslant T \leqslant 0℃ \end{cases} \tag{3.62}$$

在天然气水合物–流体界面上的天然气水合物非均质分解通过式（3.63）进行描述。

$$D\frac{\partial C_g}{\partial n} = -k_c(1 - C_g/Z) \tag{3.63}$$

式中，n 为天然气水合物–流体界面指向流体内部的向量；$\dfrac{\partial C_g}{\partial n}$ 为分解界面上的气体浓度梯度。除此之外，模型中采用 Sullivan 等（2005）提出的方法描述水合物分解过程中的传质作用，采用 Karani 等（2015）提出的方法描述分解过程中的传热作用。传热和传质模型的 LBM 形式如式（3.64）和式（3.65）所示。

$$g_i(x+ce_i\Delta t,t+\Delta t)-g_i(x,t)=-\frac{1}{\tau_g}\big[g_i(x,t)-g_i^{eq}(x,t)\big] \tag{3.64}$$

式中，$g_i(x,t)$ 为离散速度空间 i 方向上 t 时刻 x 位置的粒子浓度分布函数；τ_g 为浓度场中无量纲的弛豫时间。需要说明，传质模型采用 D2Q5 模型进行计算，通过舍弃原有模型在 $e_5 \sim e_8$ 对角方向上的离散速度得到。

$$h_i(x+ce_i\Delta t,t+\Delta t)-h_i(x,t)=-\frac{1}{\tau_{h,k}}\big[h_i(x,t)-h_i^{eq}(x,t)\big]+J_i\Delta tS_D+J_i\Delta tS_T \tag{3.65}$$

式中，$h_i(x,t)$ 为离散速度空间 i 方向上 t 时刻 x 位置的粒子温度分布函数；S_D 和 S_T 分别为共轭传热效应中的源项和相变潜热；$\tau_{h,k}$ 为温度场中无量纲的弛豫时间；J_i 为随方向变化的比例参数。

在 VOP 方法中，模型的整个求解区域被划分为若干像素，每个像素赋值以定量参数，用以表征固体相的体积。在含天然气水合物沉积物中，天然气水合物的分解只发生在天然气水合物–流体交界面，因此只需要对天然气水合物固体相区域进行计算处理。每个天然气水合物像素在分解过程中的体积 V_s 计算方法如式（3.66）所示。

$$\frac{\partial V_s}{\partial t}=-AV_mK_c(1-C_g/K) \tag{3.66}$$

式中，A 为反应的界面面积；V_m 为摩尔体积。V_s 在不同时间的更新通过式（3.67）进行计算。当每个节点的天然气水合物体积 V_s 为 0 时，整个模型中的天然气水合物分解过程结束。

$$V_s(t+\Delta t)=V_s(t)-AV_mK_c(1-C_g/K)\Delta t \tag{3.67}$$

除上述计算公式外，由于该模型中综合了多个物理场，因此需要对每个场的边界条件进行设定。更多关于边界条件的设定和模型参数的计算细节请参考 Zhang 等的原论文。该模型的主要贡献在于建立了多场耦合条件下的多孔介质中的水合物分解 LBM 模型，为含天然气水合物沉积物流体渗流 LBM 研究提供了很好的求解思路。

四、针对含天然气水合物沉积物微观数值模拟的思考

综合现有含天然气水合物沉积物孔隙网络模拟和格子玻尔兹曼模拟的研究进展来看，两种微观计算方法均已在沉积物渗透率预测方面取得了广泛的应用，但仍有不足。本书作者基于自己的认识，提出如下建议，以期为相关领域学者提供有益参考。

（1）孔隙网络模拟方法对含天然气水合物沉积物的孔隙结构特征进行了有效提取和简化，但传统孔隙网络模型方法并不能很好地表征沉积物孔隙中的天然气水合物赋存特征。具备更多微观表征细节的多级孔隙网络模拟方法是在现有研究思路上的很好改进方向。

（2）现有的孔隙网络模型在流体渗流计算上技术已经成熟，但在模拟天然气水合物生成或分解过程中的天然气水合物赋存特征的变化上存在明显不足。这方面的研究首先需要通过实验手段确定沉积物中天然气水合物生长和分解的微观机理及孔隙结构特征的变化规律，在确定的规律基础上选择合适的计算方法对天然气水合物赋存特征的变化进行准确描述。

（3）格子玻尔兹曼方法能够较好地描述水合物赋存形态的变化，并能够很好地实现天然气水合物生成或分解过程中的多场耦合作用，但仍存在多孔介质模型过度简化和天然气水合物赋存形态描述不够准确的问题。造成这一问题的重要原因是基于反应流的LBM计算量太大，计算效率不高。开发更高效的算法以及计算硬件水平的提升是未来的改进方向之一。

（4）与孔隙网络模拟中的问题类似，基于离散粒子计算的LBM虽然能较好地描述天然气水合物的赋存形态特征，但所建立的赋存状态能否真正反映真实含天然气水合物沉积物的天然气水合物赋存情况还有待进一步验证。

（5）孔隙网络模拟方法和格子玻尔兹曼模拟方法在处理含天然气水合物沉积物中流体渗流模拟方面各有优劣，并存在优势互补。基于孔隙网络模拟和格子玻尔兹曼模拟结合应用的方法（Zhao et al.，2020a，2020b，2021），既能保证所建立的几何模型准确表征沉积物的微观孔隙结构，又能提高计算效率，可能成为未来含天然气水合物沉积物微观尺度渗流模拟计算的重要发展方向。

第三节　单相流体渗流规律

一、单相流体渗流实验研究概况

现有研究在含天然气水合物沉积物单相流体渗流规律方面已有一些实验数据发表。从所用沉积物的粒径分布来看，多数实验测量或模型预测的渗透率数据是针对粗颗粒沉积物样品，极少数的实验测量研究中涉及细颗粒沉积物。利用细颗粒沉积物进行水合物反应过程中渗透率测试的困难之处前文中已经进行了详细介绍。下面将基于现有文献中的渗透率数据，分析和讨论含天然气水合物沉积物中流体的单相流体渗流规律。

含天然气水合物沉积物的渗透率属性与常规岩石介质的主要区别在于沉积物中的流体流动会受到固态天然气水合物的影响。因此，研究人员在进行含天然气水合物沉积物渗透率测试时，主要分析水合物饱和度和沉积物渗透率之间的关系。Ren等（2020）对现有研究中含天然气水合物沉积物渗透率测试的实验条件和测量结果等进行了很好地汇总（表3.3，图3.24），为相关领域中其他学者的后续研究提供了很好的借鉴。表3.3列出了现有研究中含天然气水合物沉积物渗透率测试的实验条件。从表3.3中的信息可知，多数渗透率测试研究采用甲烷进行水合物合成，但这种情况下合成的甲烷水合物饱和度不高，通常不会超过50%；一些学者为了达到更好的水合物饱和度，同时增强水合物的稳定性会采用二氧化碳、混合气体、四氢呋喃进行水合物合成，合成水合物的饱和度最高可以达到90%。此外，水测渗透率方法和气测渗透率方法在现有测试中均有应用。

表 3.3 现有研究中含气水合物沉积物渗透率测试参数表（Ren et al., 2020）

实验类型	水合物类型	沉积物类型	测定方式	形成方式	赋存形态	饱和度范围/%	参考文献
单相流实验	CH_4	伯里亚砂岩	水流量	气过量法		0~60	（Yousif et al., 1991）
	CH_4	7 号、8 号丰浦砂	水流量	气过量法			（Minagawa and Ohmura, 2005）
	CH_4	平均直径 115/214μm 的 BZ-01/02 玻璃珠	水流量	气过量法	悬浮型	0~28	（Song et al., 2010）
	CH_4	平均直径 110/210μm 的玻璃珠	水流量	气过量法	悬浮型	0~30	（刘瑜等，2011）
	CH_4	K 砂/F110+淤泥 F110	甲烷气流量	气过量法	悬浮型	0~49	（Kneafsey et al., 2011）
	CH_4	砂	甲烷气流量	气过量法	悬浮型	0~43	（Liang et al., 2011）
	CH_4	直径范围（350~400μm）的石英砂	水流量	气过量法		0~10	（Li et al., 2013）
	CH_4	粉砂岩+20%黏土	甲烷气流量	气过量法	悬浮型	0~31	（Zhai et al., 2015）
	CH_4	平均直径为 333.21μm 的粉砂	水流量	气过量法	悬浮型	0~35	（Wu et al., 2017）
	CH_4	石英砂	水流量	气过量法	悬浮型	0~30	（Li et al., 2017）
	CH_4	直径范围（105~125μm）的玻璃珠	水流量	气过量法	悬浮型	0~10	（Chen et al., 2018）
	CO_2	直径范围（88.9~150μm）的玻璃珠	甲烷气流量	气过量法	表面型+悬浮型	0~49	（Kumar et al., 2010）
	CO_2	直径范围（600~850μm）渥太华砂 20/30	甲烷气流量	气过量法		0~47	（Delli and Grozic, 2014）
	THF	砂	液体流量	溶解气法	悬浮型	0~70	（Mahabadi et al., 2019）
	R11	平均直径 280μm 的砂	液体流量	气过量法		0~58	（Berge et al., 1999）
	R11	渥太华砂	水流量	气过量法	表面型+悬浮型	0~64	（Ordonez et al., 2009）
	CH_4	高岭土	气体流量	冰转化法		0~41	（Liu et al., 2016）
	CH_4	蒙脱石	气体流量	冰转化法		0~27	（Wu et al., 2018）
	CH_4	黏土	气体流量	冰转化法		0~32	
	日本南海海槽样品		水流量	气过量法	悬浮型	0~52	（Konno et al., 2010）
	日本南海海槽样品		海水流量			0~700	（Konno et al., 2015）

续表

实验类型	水合物类型	沉积物类型	测定方式	形成方式	赋存形态	饱和度范围/%	参考文献
单相流实验	混合气体		水流量	气过量法		0~40	(Marinakis et al., 2015)
	印度近海样品		水流量			37~89	(Yoneda et al., 2019)
	印度近海样品		水流量				(Dai et al., 2019)
	CH$_4$	平均直径250μm的砂	甲烷气体+水流量	气过量法		0~15	(Ahn et al., 2005)
两相流实验	埃尔伯特山样品	伯利亚砂岩		氮气气体+水流量、甲烷气+水流量	悬浮型	1.5~36	(Johnson et al., 2011)
其他渗透率实验	甲烷		NMR	溶解气法	悬浮型	2~25	(Kleinberg et al., 2003)
	神狐海域样品		NMR		悬浮型	0~40	(Li et al., 2014)
	CH$_4$	平均直径500μm的石英砂	CT+PNM			18~25	(Wang et al., 2015)
	Xe	平均直径711μm的石英砂	CT+LBM	气过量法	悬浮型	12~60	(Chen et al., 2018)

二、粗颗粒沉积物中单相流体渗流规律

图 3.24 展示了现有文献中通过不同方法得到的粗颗粒沉积物中天然气水合物饱和度与沉积物单相流体渗透率之间的关系。图 3.24（a）中的数据是利用人造沉积物样品通过实验测量得到的；图 3.24（b）中的数据是通过保压取样样品测量得到的；图 3.24（c）中的数据是利用测井数据反演得到的；图 3.25（d）中的数据是利用理论预测模型计算得到的。从图 3.24 中数据可知，大量已发表的含天然气水合物沉积物单相渗透率测试数据相差很大。这体现出现有研究对于不同天然气水合物饱和度下的流体单相流体渗流机理仍没有完整认识，在含天然气水合物沉积物的渗透率测试手段和分析方法上仍有很大不足。

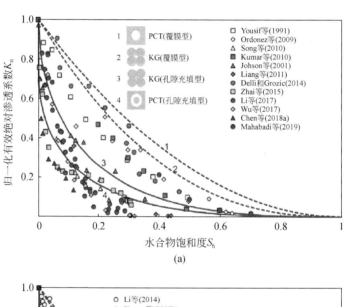

(a)

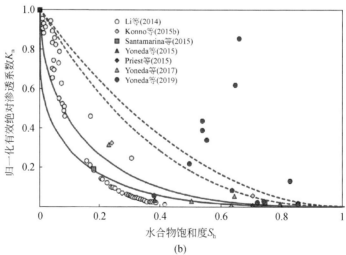

(b)

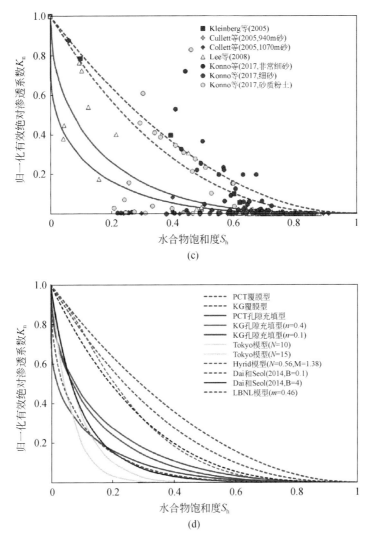

图 3.24　粗颗粒沉积物中水合物饱和度与沉积物单相流体渗透率之间的关系（Ren et al.，2020）

单从图 3.24（a）中的人造沉积物样品实验数据来看，天然气水合物饱和度和流体单相渗透率的关系的一致性规律体现在随着天然气水合物饱和度的减小，沉积物的渗透率呈现整体上升的趋势，但天然气水合物饱和度与渗透率之间并非线性关系：当天然气水合物饱和度约大于 40% 时，渗透率随天然气水合物饱和度的变化较小，体现出较高天然气水合物饱和度状态对流体的阻碍作用较强；当天然气水合物饱和度减小到约 40% 以下时，沉积物渗透率呈现出快速增加的趋势。这体现出渗透率对较低饱和度的天然气水合物影响更为敏感。这种天然气水合物饱和度与渗透率之间的非线性关系比较容易理解。在含天然气水合物沉积物体系中，天然气水合物分解导致的沉积物固体骨架颗粒变形较小，沉积物孔隙结构特征的变化主要受到固体水合物体积变化的影响；高天然气水合物饱和度下，沉积物孔隙中天然气水合物的存在减小了流体的有效渗流空间，导致流体的渗流能力较弱；当天然气水合物饱和度减小时，沉积物孔隙空间的体积和连通性共同控制渗透率，分解初期（天然气水合物饱和度>40%）天然气水合物体积的减小可能并不能导致孔隙连通性的改善，因而渗透率随天然气水合物饱和度的变化较小；当天然气水合物饱和度小于40%时，沉积物有效渗流空间的体积和连通性均随着天然气水合物饱和度的减小迅速增加，致使沉积物渗透率迅速增加。本书第二章中得到的含天然气水合物沉积物孔隙配位数随天然气水合物饱和度的变化规律（图2.24），也很好地验证了这一认识。此外，依据理论预测模型和数值模型得到的结果，不同赋存类型的天然气水合物对沉积物渗透率的影响不同。理想状态下，表面型水合物的饱和度与渗透率之间关系曲线的斜率要大于悬浮型水合物，其他赋存类型水合物体系的渗透率预测值处于两种情况之间。可以认为，表面型水合物和悬浮型水合物限定了相同天然气水合物饱和度条件下沉积物渗透率的最大值和最小值。而通过实验方法测量得到的人造样品的渗透率多数处于理想状态下表面型和悬浮型水合物的两条渗透率曲线范围之内。还需要注意的是，图3.24中所给出的渗透率结果均为归一化的渗透率，仅能反映沉积物渗透率随天然气水合物饱和度的变化趋势，沉积物自身物性差异导致的真实渗透率值的大小差异在图3.24中无法体现。

在图3.24中，利用真实沉积物样品得到部分渗透率结果整体上与人造沉积物样品和理论模型的预测结果保持了一致，但在具体特征上却有较大差别。造成这种差别的主要原因来自两个方面：一方面是天然气水合物在沉积物中的非均质分布以及沉积物中黏土矿物的存在，会影响沉积物渗透率在天然气水合物分解过程中的变化趋势；另一方面是真实沉积物样品在保压取样、运输、保存的过程中可能对岩心孔隙结构造成一定程度的损害，比如裂缝孔隙的出现，会对沉积物的渗透率表现造成影响。因此，从这个角度来说，利用保压取样得到的沉积物样品测量得到的渗透率变化规律，也不能完全反映真实海底沉积物储层中流体的渗流特征。反之，利用人造沉积物样品或通过数值计算方法获得的沉积物渗透率变化规律能否真实反映海底沉积物中的流体渗流特征，同样需要更准确的验证。图3.24（c）中展示的基于测井曲线得到的沉积物渗透率数据与其他几种方法得到的结果之间也有一定的差异，主要表现在部分样品在较低天然气水合物饱和度条件下的渗透率依然较小；部分样品的渗透率测试数据超出表面型水合物限定的渗透率变化曲线上限。造成图3.24（c）中数据差异的原因除了沉积物中天然气水合物非均质分布和黏土矿物的影响以外，还可能与现有的基于油气储层的测井数据反演方法不能完全适用于天然气水合物储层有关。例如，在前期的研究中就发现，电阻率信号对较低饱和度状态下的天然气水合物区分较差，由此可能导致预测的天然气水合物饱和度数值失真。除了上述介绍以外，还需要注意的一点是，图3.24中所列数据有些是基于天然气水合物的生成过程得到的，还有一些则是基于天然气水合物的分解过程得到的；天然气水合物生成过程中天然气水合物赋存形态的变化过程并非分解过程的逆过程。因此，基于天然气水合物不同反应过程得到的沉积物渗透率演变规律也可能存在差别。

三、细颗粒沉积物中单相流体渗流规律

真实海底储层的细颗粒沉积物中常常伴有大量的黏土矿物，如我国南海神狐海域天然

气水合物储层的泥质粉砂沉积物中黏土矿物的含量可高达35%（Liu et al., 2012）。因此，细颗粒沉积物的单相流体渗流研究中不但需要分析沉积物中天然气水合物赋存对渗流的影响，还需涉及黏土矿物与天然气水合物赋存、流体渗流之间的复杂影响关系。下面以仅有的几篇文献为例，阐述含天然气水合物细颗粒沉积物中单相流体渗流的研究进展。

Liu 等（2016，2020）和 Wu 等（2018）于2016年在含黏土的细颗粒沉积物中生成水合物并测量了渗透率。研究得到了不同黏土矿物（蒙脱石、高岭石、伊利石）在不同围压条件下，水合物分解过程中天然气水合物饱和度和气测渗透率之间的关系（图3.25），表现为随着天然气水合物饱和度的减小，沉积物渗透率会先快速减小；当天然气水合物饱和度减小到5%左右后，沉积物渗透率则会逐步增加；在不同的围压条件下，沉积物的气测渗透率大小有所差异；高围压条件下测量得到的气体渗透率明显小于低围压条件；不同黏土矿物对沉积物气测渗透率的影响有所差异；蒙脱石对气体渗流的阻碍作用明显强于高岭石和伊利石，伊利石对气体渗流的阻碍作用略强于高岭石。

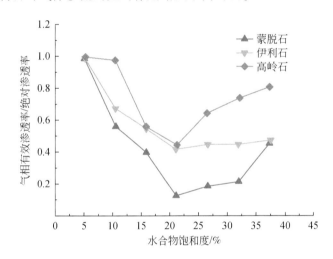

图3.25　不同黏土矿物水合物饱和度与归一化渗透率之间的关系（Wu et al., 2018）

Okwananke 等（2019）对比测量了纯石英砂颗粒和含黏土石英砂颗粒中天然气水合物含量与单相气体渗透率之间的关系。研究中所用的含黏土石英砂颗粒中的黏土为5%质量分数的蒙脱石；所用石英砂的平均粒径为256.5μm。Okwananke 等得到测试结果侧重注入压力和天然气水合物饱和度的耦合影响，他们发现，气体注入压力是影响含天然气水合物沉积物渗透率的重要因素。纯石英砂沉积物的气测渗透率对气体注入压力的增加而增加；含黏土石英砂沉积物的气测渗透率随气体注入压力的增加先增加后减小。天然气水合物饱和度与沉积物渗透率之间的关系表现为在纯石英砂沉积物中，气测渗透率随天然气水合物饱和度的增加而减小；在含黏土石英砂沉积物中，气测渗透率随天然气水合物饱和度的增加而增加（图3.26）。Okwananke 等的研究进一步明确了，即使沉积物中的黏土矿物含量仅有5%也会极大影响沉积物的渗透率。

从研究进展来看，现有研究仅利用不同的含黏土细颗粒沉积物样品分析了天然气水合物饱和度与单相流体渗透率之间的一般规律，并认为沉积物中渗透率的特殊变化规律是由

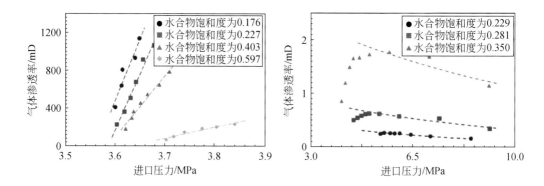

图 3.26　黏土矿物对砂质沉积物中气测渗透率的影响对比（Okwananke et al., 2019）

左图、右图分别为不含黏土矿物样品和含黏土矿物样品在不同水合物饱和度下沉积物气测渗透率与注入压力之间的关系

黏土矿物的膨胀和运移造成的。而对于黏土矿物具体如何影响沉积物渗透率，黏土矿物行为与水合物相变的相互影响机理等缺乏更深入认识。笔者结合自己的研究背景，如下阐述对该问题的认识。

黏土矿物的膨胀和运移机理是理解泥质粉砂含天然气水合物沉积物中流体渗透率在水合物分解过程中演变规律的基础。黏土矿物膨胀和运移的根本原因首先与黏土矿物自身结构和性质有关。黏土矿物是由硅氧四面体晶片或铝氧八面体晶片按不同层型构成的层状硅酸盐，通常发生晶格取代，晶体内高价阳离子被低价阳离子替换，使其自身带负电荷。黏土矿物与水接触后，在分子间引力和静电引力的作用下，极性水分子会先吸附在带电的黏土表面，形成一层水化膜（即表面水化）；然后在阳离子浓度差的作用下，水扩散进入晶层，使黏土矿物层间距离扩大（即渗透水化）。黏土膨胀是表面水化和渗透水化共同作用的结果。水溶液中带负电的黏土颗粒会吸附水中阳离子，同时阳离子还会在分子热运动和浓度差作用下远离黏土颗粒，两者共同作用使黏土颗粒与水界面周围阳离子以扩散双电层的形式分布，黏土膨胀和运移等行为都与这种扩散双电层结构有关。此外，沉积物中水含量的多少、地层水矿化度以及水合物相变反应均为影响黏土矿物膨胀和运移的影响因素。

黏土矿物的存在首先会对沉积物中天然气水合物的生成有影响。一方面，黏土矿物的存在及其在相变反应过程中的膨胀作用会使得沉积物孔隙尺寸减小，而孔隙尺寸是影响天然气水合物生成的重要因素；另一方面，黏土矿物的存在改变了沉积物中水的结构，通过渗透水化形成的结合水和通过表面水化形成的束缚水的活度均小于孔隙空间中自由水的活度，这会造成沉积物中大量的水无法参与或很难参与天然气水合物的生成过程。黏土矿物的膨胀和运移均会对沉积物中的流体渗流产生影响，黏土的膨胀作用会造成沉积物渗透率减小，这种减小作用也是多方面的。一方面，黏土矿物的形态和体积减小了沉积物的有效渗流半径；另一方面，黏土矿物表面的水膜中水的黏度较大，对流体渗流也有阻碍作用。天然气水合物反应过程中黏土矿物体积的动态变化，使得上述影响更为复杂。黏土矿物运移作用对流体渗流的影响体现在两个方面，一方面是黏土矿物颗粒随流体产出，增大沉积物的流体渗流空间；另一方面是黏土颗粒在运移的过程中由于沉降作用直接阻塞渗流孔隙或通过"桥联"作用阻塞渗流孔隙，造成流体渗透率减小。从已报道的数据来看，上述作用在实际渗透率测量过程中均存在，不同矿物类型对流体渗流的阻碍作用也不相同。蒙脱石的膨胀作用更强，能够吸附和结合更多的水分子，使矿物本身体积增加，增大渗流阻力；分散性黏土高岭石则由于对岩石颗粒的附着力较差，在流体冲刷等剪切力作用下更容易从孔道壁面脱附，随流体运移过程中部分较大颗粒会直接堵塞小孔喉，部分较小颗粒会聚集在大孔喉处通过"桥联"方式形成堵塞；可分散又可膨胀的伊利石最难保持稳定，其产状会由鳞片状变为长条状、毛发状，在孔隙中搭桥式生长，将原本可流动的粒间孔隙变为微细束缚孔隙，从而增大储层的渗流难度。

上述见解仅为本书观点，尚需要更多的实验验证。若想弄清含黏土沉积物在天然气水合物反应过程中的渗透率演化规律，现在常用的 X-CT 和 LF-NMR 技术可能都有其局限性。X-CT 技术存在分辨率不足的问题，而 LF-NMR 技术也存在无法形成高精度空间图像的问题。在这种情况下，一些能够在次孔隙尺度上分析黏土性状与天然气水合物反应过程关系的分子模拟可能为研究人员提供一些机理分析方面的帮助。考虑到我国南海天然气水合物储层多为含黏土的细颗粒沉积物，因而含黏土的细颗粒沉积物在天然气水合物生成或分解过程中天然气水合物饱和度与流体渗流之间的关系，应该成为我国学者后续研究的重点。

参 考 文 献

蔡建超，夏宇轩，徐赛，等.2020.含水合物沉积物多相渗流特性研究进展.力学学报，52（1）：208-223.

郭照立，郑楚光.2009.格子 Boltzmann 方法的原理及应用.北京：科学出版社.

何雅玲，王勇，李庆.2009.格子 Boltzmann 方法的理论及应用.北京：科学出版社.

李小春，高桥学，吴智深.2001.瞬态压力脉冲法及其在岩石三轴试验中的应用.岩石力学与工程学报，20（A1）：1725-1733.

刘乐乐，张旭辉，鲁晓兵.2012.天然气水合物地层渗透率研究进展.地球科学进展，27（7）：733-746.

刘乐乐，张宏源，刘昌岭，等.2017.瞬态压力脉冲法及其在松散含水合物沉积物中的应用.海洋地质与第四纪地质，37（5）：156-165.

刘乐乐，刘昌岭，吴能友，等.2021.天然气水合物储层岩心保压转移与测试进展.地质通报，40（C1）：408-422.

刘瑜，陈伟，宋永臣，等.2011.含甲烷水合物沉积层渗透率特性实验与理论研究.大连理工大学学报，6：793-797.

姚军，赵秀才.2010.数字岩心及孔隙级渗流模拟理论.北京：石油工业出版社.

张宏源，刘乐乐，刘昌岭，等.2018.基于瞬态压力脉冲法的含水合物沉积物渗透性实验研究.实验力学，33（2）：263-271.

Abrams A. 1977. Mud design to minimize rock impairment due to particle invasion. Journal of Petroleum Technology, 29（5）：586-592.

Ahn T, Lee J, Huh D, et al. 2005. Experimental study on two-phase flow in artificial hydrate-bearing sediments. Geosystems and Geoenvironment, 8（4）：101-104.

Ansumali S, Karlin I V. 2002. Single relaxation time model for entropic lattice Boltzmann methods. Physical Review E Statistical Nonlinear & Soft Matter Physics, 65（5）：056312.

Ayaz M, Kitty M, Maša P. 2018. Predicting flow properties in diagenetically-altered media with multi-scale process-based modeling：a wilcox formation case study. Marine and Petroleum Geology, 100：179-194.

Azimi A, Javanmardi J, Mohammadi A H. 2021. Development of thermodynamic frameworks for modeling of clathrate hydrates stability conditions in porous media. Journal of Molecular Liquids, 329: 115463.

Berge L I, Jacobsen K A, Solstad A. 1999. Measured acoustic wave velocities of R11 (CCl$_3$F) hydrate samples with and without sand as a function of hydrate concentration. Journal of Geophysical Research, 104 (B7): 15415-15424.

Billiotte J, Yang D, Su K. 2008. Experimental study on gas permeability of mudstones. Physics and Chemistry of the Earth, Parts A/B/C, 33 (Supplement 1): S231-S236.

Blunt M J. 2001. Flow in porous media—pore-network models and multiphase flow. Current opinion in colloid & interface science, 6 (3): 197-207.

Blunt M J. 2017. Multiphase flow in permeable media: a pore-scale perspective. Cambridge: Cambridge University Press.

Blunt M J, Bijeljic B, Dong H, et al. 2013. Pore-scale imaging and modelling. Advances in Water resources, 51: 197-216.

Chen L, Kang Q, Robinson B A. 2013. Pore-scale modeling of multiphase reactive transport with phase transitions and dissolution-precipitation processes in closed systems. Physical review E, Statistical, Nonlinear, and Soft Matter Physics, 87 (4): 043306.

Chen L, Kang Q, Viswanathan H S, et al. 2015. Pore-scale study of dissolution-induced changes in hydrologic properties of rocks with binary minerals. Water Resources Research, 50 (12): 9343-9365.

Chen X, Verma R, Espinoza D N, et al. 2018. Pore-scale determination of gas relative permeability in hydrate-bearing sediments using X-ray computed micro-tomography and lattice Boltzmann method. Water Resources Research, 54 (1): 600-608.

Cruichshank J, Mcdougall S R, Sorbie K S. 2002. Anchoring methodologies for pore-scale network models: application to relative permeability and capillary pressure prediction. Petrophysics: The SPWLA Journal of Formation Evaluation and Reservoir Description 43 (4): 365-375.

Dai S, Seol Y. 2014. Water permeability in hydrate-bearing sediments: a pore-scale study. Geophysical Research Letters, 41 (12): 4176-4184.

Dai S, Kim J, Xu Y, et al. 2019. Permeability anisotropy and relative permeability in sediments from the National Gas Hydrate Program Expedition 02, offshore India. Marine and Petroleum Geology, 108: 705-713.

Delli M L, Grozic J L. 2014. Experimental determination of permeability of porous media in the presence of gas hydrates. Journal of petroleum science and engineering, 120: 1-9.

Dong H, Blunt M J. 2009. Pore-network extraction from micro-computerized-tomography images. Physical review E, 80 (3): 036307.

Fatt I. 1956. The network model of porous media. Transactions of the AIME, 207 (1): 144-181.

Hou J, Ji Y, Zhou K, et al. 2018. Effect of hydrate on permeability in porous media: pore-scale micro-simulation. International Journal of Heat and Mass Transfer, 126 (Part B): 416-424.

Hsieh P A, Tracy J V, Neuzil C E, et al. 1981. A transient laboratory method for determining the hydraulic properties of 'tight' rocks—I. Theory. International Journal of Rock Mechanics and Mining Sciences & Geomechanics Abstracts, 18 (3): 245-252.

Jang J, Santamarina J C. 2011. Recoverable gas from hydrate-bearing sediments: pore network model simulation and macroscale analyses. Journal of geophysical research: Solid Earth, 116 (B8): B08202.

Johnson A, Patil S, Dandekar A. 2011. Experimental investigation of gas-water relative permeability for gas-hydrate-bearing sediments from the Mount Elbert Gas Hydrate Stratigraphic Test Well, Alaska North

Slope. Marine and Petroleum Geology, 28 (2): 419-426.

Kang D H, Yun T S, Kim K Y, et al. 2016. Effect of hydrate nucleation mechanisms and capillarity on permeability reduction in granular media: nucleation-dependent permeability. Geophysical Research Letters, 43 (17): 9018-9025.

Kang Q, Zhang D, Chen S, et al. 2002. Lattice Boltzmann simulation of chemical dissolution in porous media. Physical Review E, Statistical, nonlinear, and soft matter physics, 65 (3): 036318.

Karani, Hamid, Huber, et al. 2015. Lattice Boltzmann formulation for conjugate heat transfer in heterogeneous media. Physical Review E, 91 (2): 023304.

Kleinberg R L, Flaum C, Griffin D D, et al. 2003. Deep sea NMR: methane hydrate growth habit in porous media and its relationship to hydraulic permeability, deposit accumulation, and submarine slope stability. Journal of Geophysical Research, 108 (B10): 2508.

Kneafsey T J, Seol Y, Gupta A, et al. 2011. Permeability of laboratory-formed methane-hydrate-bearing sand: measurements and observations using X-Ray computed tomography. SPE Journal, 16 (1): 78-94.

Konno Y, Oyama H, Nagao J, et al. 2010. Numerical analysis of the dissociation experiment of naturally occurring gas hydrate in sediment cores obtained at the eastern Nankai Trough, Japan. Energy & Fuels, 24 (12): 6353-6358.

Konno Y, Yoneda J, Egawa K, et al. 2015. Permeability of sediment cores from methane hydrate deposit in the eastern Nankai Trough. Marine and Petroleum Geology, 66: 487-495.

Kumar A, Maini B, Bishnoi P R, et al. 2010. Experimental determination of permeability in the presence of hydrates and its effect on the dissociation characteristics of gas hydrates in porous media. Journal of Petroleum Science and Engineering, 70: 114-122.

Kvamme B. 2021. Kinetics of hydrate formation, dissociation and reformation. Chemical Thermodynamics and Thermal Analysis, 1-2: 100004.

Li B, Li X S, Li G, et al. 2013. Measurements of water permeability in unconsolidated porous media with methane hydrate formation. Energies, 6 (7): 3622-3636.

Li C H, Zhao Q, Xu H J, et al. 2014. Relation between relative permeability and hydrate saturation in Shenhu area, South China Sea. Applied Geophysics, 11 (2): 207-214.

Li G, Wu D, Li X, et al. 2017. Experimental measurement and mathematical model of permeability with methane hydrate in quartz sands. Applied Energy, 202: 282-292.

Liang H, Song Y, Chen Y, et al. 2011. The measurement of permeability of porous media with methane hydrate. Petroleum Science and Technology, 29 (1): 79-87.

Liu C, Ye Y, Meng Q, et al. 2012. The characteristics of gas hydrates recovered from Shenhu Area in the South China Sea. Marine Geology, 307-310: 22-27.

Liu X, Flemings P B. 2007. Dynamic multiphase flow model of hydrate formation in marine sediments. Journal of Geophysical Research: Solid Earth, 112 (B3): B03101.

Liu W, Wu Z, Li Y, et al. 2016. Experimental study on the gas phase permeability of methane hydrate-bearing clayey sediments. Journal of Natural Gas Science and Engineering, 36: 378-384.

Liu W, Wu Z, Li J, et al. 2020. The seepage characteristics of methane hydrate-bearing clayey sediments under various pressure gradients. Energy, 191: 116507.

Mahabadi N, Dai S, Seol Y, et al. 2016. The water retention curve and relative permeability for gas production from hydrate-bearing sediments: pore-network model simulation: water retention and permeability. Geochemistry, Geophysics, Geosystems, 17 (8): 3099-3110.

Mahabadi N, Dai S, Seol Y, et al. 2019. Impact of hydrate saturation on water permeability in hydrate-bearing sediments. Journal of Petroleum Science and Engineering, 176: 696-703.

Mahabadi N, van Paassen L, Battiato I, et al. 2020. Impact of pore-scale characteristics on immiscible fluid displacement. Geofluids, 2020: 1-10.

Marinakis D, Varotsis N, Perissoratis C. 2015. Gas hydrate dissociation affecting the permeability and consolidation behaviour of deep sea host sediment. Journal of Natural Gas Science and Engineering, 23: 55-62.

Masuda Y. 1997. Numerical calculation of gas production performance from reservoirs containing natural gas hydrates. SPE Annual Technical Conference, San Antonio, US.

McDougall S R, Anderson A R A, Chaplain M A J, et al. 2002. Mathematical modelling of flow through vascular networks: implications for tumour-induced angiogenesis and chemotherapy strategies. Bulletin of mathematical biology, 64 (4): 673-702.

Mcgrail B P, Ahmed S, Schaef H T, et al. 2007. Gas hydrate property measurements in porous sediments with resonant ultrasound spectroscopy. Journal of Geophysical Research: Solid Earth, 112 (B5): B05202.

Mehmani A, Prodanovic M. 2014. The effect of microporosity on transport properties in porous media. Advances in Water Resources, 63: 104-119.

Migliori A, Sarrao J L, Visscher W M, et al. 1993. Resonant ultrasound spectroscopic techniques for measurement of the elastic moduli of solids. Physica B: Condensed Matter, 183 (1-2): 1-24.

Min L, Mostaghimi P. 2017. High-resolution pore-scale simulation of dissolution in porous media. Chemical Engineering Science, 161: 360-369.

Minagawa H, Ohmura R. 2005. Water permeability measurements of gas hydrate-bearing sediments. Proceedings of the 5th International Conference on Gas Hydrates, Trondheim, Norway.

Moridis G J. 2014. TOUGH+ HYDRATE v1.2 User's manual: a code for the simulation of system behavior in hydrate-bearing geologic media. Stereoc Hemical & Stereophysical Behaviour of Macrocycles, 10 (2): IV.

Moridis G J, Collett T S, Pooladi-Darvish M, et al. 2011. Challenges, uncertainties, and issues facing gas production from gas-hydrate deposits. SPE Reservoir Evaluation & Engineering, 14 (1): 76-112.

Myerson A. 2002. Handbook of industrial crystallization. Oxford: Butterworth-Heinemann.

Nimblett J, Ruppel C. 2003. Permeability evolution during the formation of gas hydrates in marine sediments: gas hydrate and permeability changes. Journal of Geophysical Research, 108 (B9): 2420.

Okwananke A, Hassanpouryouzband A, Vasheghani Farahani M, et al. 2019. Methane recovery from gas hydrate-bearing sediments: an experimental study on the gas permeation characteristics under varying pressure. Journal of Petroleum Science and Engineering, 180: 435-444.

Ordonez C, Grozic J, Chen J. 2009. Hydraulic conductivity of Ottawa sand specimens containing R-11 gas hydrates. Proceedings of 62th Canadian Geotechniacal Conference, Halifax, Cananda.

Oren P-E, Bakke S, Arntzen O J. 1998. Extending predictive capabilities to network models. SPE Journal, 3 (4): 324-336.

Rabbani A, Babaei M, Javadpour F, et al. 2020. A triple Pore Network Model (T-PNM) for gas flow simulation in fractured, micro-porous and meso-porous media. Transport in Porous Media, 132 (3): 707-740.

Reagan M T, Moridis G J. 2007. Oceanic gas hydrate instability and dissociation under climate change scenarios. Geophysical research letters, 34 (22): L22709.

Ren X, Guo Z, Ning F, et al. 2020. Permeability of hydrate-bearing sediments. Earth-Science Reviews, 202: 103100.

Selvadurai A P S, Carnaffan P. 1997. A transient pressure pulse method for the mesurement of permeability of a cement grout. Canadian Journal of Civil Engineering, 24 (3): 489-502.

Shan X, Chen H. 1993. Lattice Boltzmann model for simulating flows with multiple phases and components. Physical review E, Statistical Physics, Plasmas, Fluids, and Related Interdisciplinary Topics, 47 (3): 1815-1819.

Shen P, Li G, Li B, et al. 2020. Permeability measurement and discovery of dissociation process of hydrate sediments. Journal of Natural Gas Science and Engineering, 75: 103155.

Silin D, Patzek T, 2006. Pore space morphology analysis using maximal inscribed spheres. Physica A: Statistical mechanics and its applications, 371 (2): 336-360.

Sloan Jr E D, Koh C A. 2007. Clathrate hydrates of natural gases. Boca Raton: CRC press.

Song Y C, Huang X, Liu Y, et al. 2010. Experimental study of permeability of porous medium containing methane hydrate. Journal of Thermal Science and Technology, 9 (1): 51-57.

Spangenberg E. 2001. Modeling of the influence of gas hydrate content on the electrical properties of porous sediments. Journal of Geophysical Research: Solid Earth, 106 (B4): 6535-6548.

Sullivan S P, Sani F M, Johns M L, et al. 2005. Simulation of packed bed reactors using lattice Boltzmann methods. Chemical Engineering Science, 60 (12): 3405-3418.

Tolke J, Krafczyk M, Schulz M, et al. 2002. Lattice Boltzmann simulations of binary fluid flow through porous media. Philosophical Transactions, 360 (1792): 535-545.

Wang M, Zhu W. 2018. Pore-scale study of heterogeneous chemical reaction for ablation of carbon fibers using the lattice Boltzmann method. International Journal of Heat & Mass Transfer, 126 (Part A): 1222-1239.

Wang J, Zhao J, Zhang Y, et al. 2015. Analysis of the influence of wettability on permeability in hydrate-bearing porous media using pore network models combined with computed tomography. Journal of Natural Gas Science and Engineering, 26: 1372-1379.

Wang J, Zhang L, Zhao J, et al. 2018. Variations in permeability along with interfacial tension in hydrate-bearing porous media. Journal of Natural Gas Science and Engineering, 51: 141-146.

Wang Y, Yang Y, Wang K, et al. 2020. Changes in relative permeability curves for natural gas hydrate decomposition due to particle migration. Journal of Natural Gas Science and Engineering, 84: 103634.

Wu D M, Li G, Li X S, et al. 2017. Experimental investigation of permeability characteristics under different hydrate saturation. Chemical Industry and Engineering Progress, 36 (8): 2916-2923.

Wu P, Li Y, Sun X, et al. 2020. Pore-scale 3D morphological modeling and physical characterization of hydrate-bearing sediment based on computed tomography. Journal of Geophysical Research Solid Earth, 125 (12): e2020JB020570.

Wu Z, Li Y, Sun X, et al. 2018. Experimental study on the gas phase permeability of montmorillonite sediments in the presence of hydrates. Marine and Petroleum Geology, 91: 373-380.

Xu Y, Seol Y, Jang J, et al. 2017. Water and gas flows in hydrate-bearing sediments. Orlando, US: The Geotechnical Frontiers 2017, American Society of Civil Engineers.

Yang Z, Sang Q, Dong M, et al. 2015. A modified pressure-pulse decay method for determining permeabilities of tight reservoir cores. Journal of Natural Gas Science and Engineering, 27: 236-246.

Yao J, Wang C, Yang Y, et al. 2013. The construction of carbonate digital rock with hybrid superposition method. Journal of Petroleum Science and Engineering, 110: 263-267.

Yoneda J, Oshima M, Kida M, et al. 2019. Permeability variation and anisotropy of gas hydrate-bearing pressure-core sediments recovered from the Krishna-Godavari Basin, offshore India. Marine and Petroleum Geology, 108: 524-536.

Yousif M H, Abass H H, Selim M S, et al. 1991. Experimental and theoretical investigation of methane- gas- hydrate dissociation in porous media. SPE Reservoir Engineering, 6 (1): 69-76.

Zhai C, Sun K M, Xin L W, et al. 2015. Experimental study of permeability of sand soil bearing sediments containing methane hydrates. Journal of Wuhan University of Technology, 37 (8): 78-82.

Zhang L, Ge K, Wang J, et al. 2020. Pore- scale investigation of permeability evolution during hydrate formation using a pore network model based on X- ray CT. Marine and Petroleum Geology, 113: 104157.

Zhang Y, Li C, Ma J, et al. 2022. Investigating the effective permeability evolution as a function of hydrate saturation in the hydrate- bearing sands using a kinetic- theory- based pore network model. Computers and Geotechnics, 150: 104930.

Zhao J, Qin F, Derome D, et al. 2020a. Simulation of quasi- static drainage displacement in porous media on pore-scale: coupling lattice Boltzmann method and pore network model. Journal of Hydrology, 588: 125080.

Zhao J, Qin F, Derome D, et al. 2020b. Improved pore network models to simulate single- phase flow in porous media by coupling with lattice Boltzmann method. Advances in Water Resources, 145: 103738.

Zhao J, Qin F, Kang Q, et al. 2021. Pore- scale simulation of drying in porous media using a hybrid lattice Boltzmann: pore network model. Drying Technology, 40 (4): 1-16.

第四章　海洋天然气水合物开采储层多相渗流研究

海洋天然气水合物开采储层多相流体渗流过程涉及水、气两相流体的竞争性流动过程与流体拖曳导致的固体微粒运动过程，其中的水、气两相渗流行为在开采过程中的演化更为重要，它基本决定了天然气水合物分解产生的天然气和水在储层内的运移过程，直接关系到气、水产出效果。因此，储层多相渗流研究对于海洋天然气水合物开采具有重要的工程意义，对于渗流力学的学科发展也有明显的科学意义。

本章首先介绍多相渗流的基本知识，然后梳理海洋天然气水合物开采储层两相渗流模拟实验研究与数值模拟研究现状，最后总结水、气两相渗流相对渗透率理论模型。

第一节　多相渗流的基本知识

一、表面张力和润湿性

开采过程中的含天然气水合物沉积物通常处于一种孔隙水、孔隙气、天然气水合物和沉积物矿物颗粒共存的状态，形成固–液–气三相体系。孔隙水相与孔隙气相接触时，在它们之间存在一种自由界面能。这种界面能是由于两相内部的分子与接触面（即孔隙水相的表面）处的分子之间朝向各自内部的引力差引起的，也就是说，由于水分子和气分子力场的不平衡而使表面层的分子存储有多余的自由能。要想将接触面上的孔隙水和孔隙气分离，必须外力做功克服这多余的能量，将每分离出单位面积所需做的功定义为表面张力（孔祥言，2020）。

开采过程中的含天然气水合物沉积物固–液–气三相微观分布示意图如图 4.1 所示。对于图 4.1 中的三相接触的点定为 O 点，将孔隙水表面切线通过孔隙水内部转向液–固界面切线而经过的角度定义为接触角 α，它是固–液–气三相体系内任意两个互接触物质相的固有属性，其取值范围是 $0 \leq \alpha \leq 180°$。如果接触角 $\alpha < 90°$，称孔隙水润湿天然气水合物或沉积物矿物颗粒，而对于天然气水合物或沉积物矿物颗粒而言，孔隙水称为润湿性流体，两者具有亲和性。对于某些特殊条件下（实际上可能并不存在，在此仅为说明概念所用）的天然气水合物或沉积物矿物颗粒，孔隙水在其表面略微呈椭球状，即 $\alpha > 90°$ 的情况，此时孔隙水又变为非润湿性流体，两者之间具有憎恶性。特殊地，$\alpha = 0°$ 表示完全润湿性流体，$\alpha = 180°$ 表示完全非润湿性流体，$\alpha = 90°$ 表示中性流体。

二、毛细管压力和土–水特征曲线

在研究含天然气水合物沉积物渗流特性时经常采用的一种简化方法，将含天然气水合

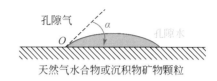

图 4.1　含天然气水合物沉积物固–液–气三相微观分布示意图

物沉积物的孔隙空间等效为一束毛细管束（Zhang Z et al., 2020），毛细管内壁实际上就是天然气水合物的表面，或是沉积物矿物颗粒的表面，也或者是两者的混合体。当孔隙水和孔隙气在毛细管内流动时（即孔隙水和孔隙气在含天然气水合物沉积物内渗流时），通常有一相为柱塞状分散在另一相中流动，并在两相流动的区域中形成很多弯月状的两相分界面。分界面两侧的压力不连续，这种压力的差值称为毛细管压力，通常用符号 P_c 表示。自然界中赋存天然气水合物的海洋沉积物对于海水而言通常是润湿的，此时毛细管内孔隙水和孔隙气的分布状态如图 4.2（a）所示，此时孔隙气压力（P_g）大于孔隙水压力（P_w），即

$$P_c = P_g - P_w \tag{4.1}$$

当毛细管内壁由润湿性界面转变为非润湿性界面以后，比如天然气水合物生成后完全覆盖了沉积物矿物颗粒表面（在此假设天然气水合物表面是非润湿性的，实际上天然气水合物表面究竟是润湿性的还是非润湿性的目前还没有统一定论）的情况，此时毛细管内孔隙水和孔隙气的分布状态如图 4.2（b）所示，此时孔隙气压力将小于孔隙水压力，两者的差值仍为毛细管压力。

$$\text{(a)润湿性界面} \qquad\qquad \text{(b)非润湿性界面}$$

图 4.2　不同界面条件下两相渗流的毛细管压力

　　含天然气水合物沉积物的毛细管压力与孔隙空间的几何形状、孔隙水和孔隙气的性质以及润湿相和非润湿相的饱和度有关。真实海洋沉积物的孔隙形状本身就非常复杂，再加上天然气水合物含量及其赋存形式的影响，含天然气水合物沉积物的孔隙形状更加复杂，所以很难用解析方法描述其毛细管压力。对于简化之后的半径为 r 的毛细管，毛细管压力与表面张力 σ 和接触角之间的半经验公式如下所示：

$$P_c = \frac{2\sigma}{r}\cos\alpha \tag{4.2}$$

　　在实际的工程应用和科学研究中，人们更为关心的是毛细管压力与孔隙水饱和度之间

的关系，即土-水特征曲线，描述了沉积物中孔隙水的热力学势能与沉积物系统吸附水量之间的关系。在含水量相对较低时，孔隙水势能较自由水势能更低一些，此时的毛细管压力高；在含水量相对较高时，孔隙水势能与自由水势能两者之间的差值相对较小，并且该差值随着含水量的增加而逐渐减小，对应的毛细管压力也逐渐减小。对于常规不含天然气水合物的沉积物，土-水特征曲线既可以描述吸收水分的过程，即吸湿过程；又可以描述丢失水分的过程，即脱湿过程，但是两支曲线之间存在显著的滞后现象（Lu and Likos，2004）。在相同毛细管压力条件下，脱湿过程中沉积物所吸附的水量通常要多于吸湿过程中沉积物所吸附的水量。土-水特征曲线预测的理论模型常见的有毛细管模型和接触球模型两种。

三、相对渗透率和相对渗透率曲线

第一章第三节中将达西定律推广应用到水、气内相渗流，人们通常将孔隙水和孔隙气的有效渗透率与绝对渗透率的比值定义为相对渗透率。在实际的海洋天然气水合物开采过程中，孔隙内水和气建立各自曲折而又稳定的通道而形成两相流体同时渗流。随着孔隙气饱和度逐渐减小，孔隙气的渗流通道逐渐受到破坏，当孔隙气饱和度减小至残余气饱和度时，只有一些较为孤立的孔隙区域中保留着残余孔隙气，孔隙气不再流动。类似地，孔隙水饱和度逐渐减小也会破坏孔隙水的渗流通道，当孔隙水饱和度减小至束缚水饱和度时，孔隙水不再流动。孔隙水和孔隙气在沉积物内渗流时，两者之间存在着一些附加作用力，上面所述毛细管压力就是其中之一。除此之外，当孔隙气以气泡分散在孔隙水中或孔隙水以液滴分散在孔隙气中渗流时，由于毛细管直径（即孔隙直径）发生变化而引起气泡或液滴的半径发生变化，则这种变形会产生附加的毛细管压力，即贾敏（Jamin）现象（Wright，1933）。

松散沉积物中孔隙水和孔隙气的相对渗透率曲线如图 4.3 所示。可见，只有当孔隙水饱和度大于束缚水饱和度且小于 1 减去残余气饱和度时（图 4.3 中黄色所示区域），孔隙水和气才能同时发生渗流，否则只有孔隙水或者孔隙气在渗流，对应地，不发生渗流的孔隙气或者孔隙水则以不连续的状态残留于沉积物孔隙内。除此之外，图 4.3 中孔隙水和孔隙气相对渗透率相等的点通常被定义为等渗点，并且在相同孔隙水饱和度条件下，孔隙水的相对渗透率与孔隙气的相对渗透率之和通常是小于 1 的。

相对渗透率曲线很大程度上决定了孔隙水和孔隙气的运输过程，是天然气水合物开采中非常重要的关系曲线。对于不含天然气水合物的常规沉积物而言，在实验室中测定相对渗透率曲线的方法包括稳态法和非稳态法（孔祥言，2020）。其中，稳态实验方法首先将待实验的沉积物样品烘干，烘干后用水饱和。然后用泵将水和气按一定比例分别送入沉积物样品，当进口与出口处水和气的流量分别相等时，表明沉积物样品中水和气的渗流趋于稳定。根据进口与出口压差和各相流量，通过达西定律计算各自的相对渗透率，同时算出沉积物样品内相应的孔隙水饱和度。改变水和气的送入比例后重复上述步骤，可以得到完整的相对渗透率曲线。而对于非稳态法而言，是将沉积物样品首先用水进行饱和，然后从样品某端由外部注气驱替孔隙水，最后基于样品两端压差、两相流量和样品几何尺寸等数

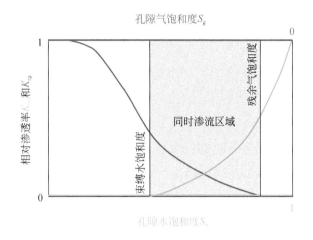

图 4.3　松散沉积物中孔隙水和孔隙气相对渗透率曲线示意图

据计算获得相对渗透率曲线。

第二节　水、气两相渗流模拟实验研究

对于不含天然气水合物的常规沉积物而言，在其内部形成稳定的水、气两相渗流本就非常困难，更别提在结构更为敏感复杂的含天然气水合物沉积物内部形成稳定的水、气两相渗流。因此，采用稳态法测定含天然气水合物沉积物水、气相对渗透率曲线的模拟实验研究迄今未见报道。本节将对采用非稳态实验方法和基于土–水特征曲线的实验方法测定含天然气水合物沉积物水、气相对渗透率曲线的研究工作进行总结梳理。

一、非稳态实验方法

（一）实验装置

采用非稳态实验方法测定含天然气水合物沉积物水、气相对渗透率曲线所采用的实验装置通常具备应力恢复功能、降温及控温功能、流体供给功能、反压施加功能、数据采集与记录功能。其中应力恢复功能旨在恢复被测样品的原位应力状态，保证其渗透率测定结果具有代表性；降温及控温功能旨在提供天然气水合物生成及稳定所需的低温条件；流体供给功能旨在注入孔隙水和孔隙气，用于天然气水合物生成、样品饱和度和渗透率测定等；反压施加功能旨在提供渗透率测定过程中样品稳定的孔隙压力，确保测定过程中天然气水合物的相态稳定；数据采集与记录功能旨在采集温度、压力和流量等重要数据并对其进行记录。韩国首尔大学的实验装置如图 4.4 所示（Ahn et al.，2005）；美国阿拉斯加大学费尔班克斯分校的实验装置如图 4.5 所示（Jaiswal et al.，2009）；美国能源部国家实验室的实验装置如图 4.6 所示（Choi et al.，2020）。

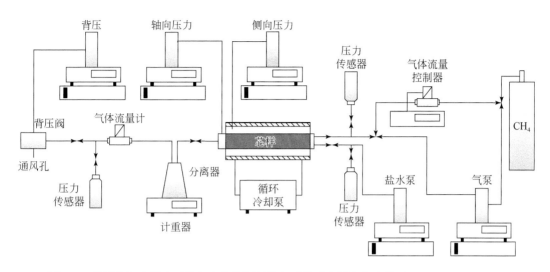

图 4.4　韩国首尔大学含天然气水合物沉积物相对渗透率测定实验装置（Ahn et al.，2005）

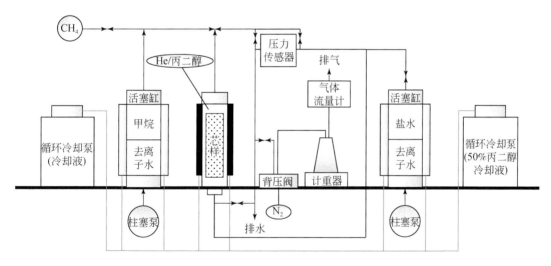

图 4.5　美国阿拉斯加大学费尔班克斯分校含天然气水合物沉积物相对
渗透率测定实验装置（Jaiswal et al.，2009）

（二）实验流程

采用非稳态法测定含天然气水合物沉积物水、气相对渗透率曲线的实验步骤通常分为四步，如图 4.7 所示。其中，样品制备步骤主要是在沉积物孔隙内生成天然气水合物，生成方法可选气过量法和水过量法等，不同的生成方法制备的天然气水合物通常具有不同的孔隙赋存形式（Ghiassian and Grozic，2013），生成结束之后样品需恢复到原位应力状态，天然气水合物饱和度可根据气或水的消耗量来间接反算，也可以结合 X 射线计算机断层成像技术（胡高伟等，2014）、低场核磁共振技术（Zhang et al.，2021）、时域反射技术（胡

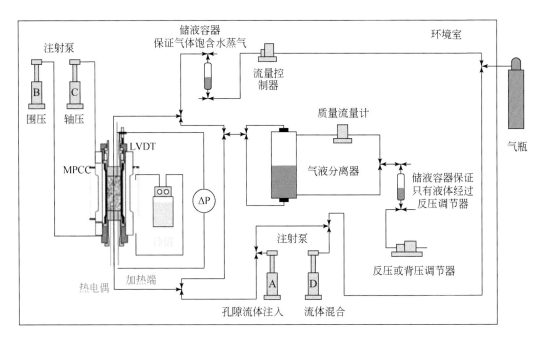

图 4.6　美国能源部国家实验室含天然气水合物沉积物相对渗透率测定实验装置（Choi et al., 2020）

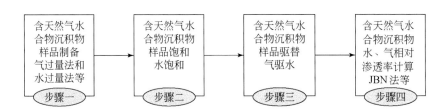

图 4.7　含天然气水合物沉积物水、气相对渗透率曲线非稳态法实验步骤

高伟等，2010）等进行确定。样品饱和步骤主要是采用纯水或者海水等进行饱和，饱和时需对纯水或者海水进行预冷，避免饱和过程中造成天然气水合物分解，并且通常流经样品的水量需要达到样品孔隙总体积的十几倍甚至几十倍，确保样品处于水饱和状态。样品驱替步骤主要是采用恒定的速度将预冷的天然气由样品一端注入，将孔隙水由样品另一端排出，驱替过程中需要维持样品挤出端反压的稳定，确保天然气水合物不会因为压力降低而分解；可以采用氮气代替甲烷等气体进行驱替，避免驱替流体反应干扰含天然气水合物沉积物的内部结构（Johnson et al., 2011）。最后一个步骤旨在基于实验数据采用约翰逊-博斯勒-诺曼（JBN）方法（Johnson et al., 1959）、琼斯-罗斯泽尔（Jones-Roszelle，JR）方法（Jones and Roszelle, 1978）和托斯（Toth）方法（Toth et al., 2002）计算水、气相对渗透率。

（三）计算方法

计算方法主要有 JBN 方法、JR 方法和 Toth 方法共三种，在此仅介绍 JBN 方法的具体步骤，其他方法可查阅相关文献。JBN 方法概括起来可以分为以下三个步骤（Jaiswal et al.，2009）。

（1）被测样品出口端截面的气体饱和度 S_{gL} 可由式（4.3）确定：

$$S_{gL} = Q_{wp} + S_{gi} - Q_{wi}\frac{dQ_{wp}}{dQ_{gi}} \tag{4.3}$$

式中，S_{gi} 为初始气体饱和度；Q_{wp} 为挤出水的孔隙体积；Q_{wi} 为注入水的孔隙体积；Q_{gi} 为注入气的孔隙体积。

（2）孔隙水的相对渗透率可由式（4.4）确定：

$$K_{rw} = K_{rw,max}(I_r)^2 Q_{wi}\frac{dQ_{wp}}{dQ_{gi}I_r} \tag{4.4}$$

式中，I_r 为初始状态下样品孔隙水的相对渗透率，对于水饱和的样品其值等于1，表示相对注入能力（relative injectivity），通常被用来描述被测样品的可驱替孔隙体积随驱替量增加而发生变化的过程，数值上等于任意时刻样品可驱替孔隙体积与其初始最大值的比值（Johnson et al.，1959），相当于对其进行了归一化处理。

（3）孔隙气的相对渗透率可由式（4.5）确定：

$$K_{rg} = K_{rw}\frac{\mu_w}{\mu_g}\frac{\left(1-\dfrac{dQ_{wp}}{dQ_{gi}}\right)}{\dfrac{dQ_{wp}}{dQ_{gi}}} \tag{4.5}$$

式中，μ_w 和 μ_g 分别为水和气的黏度。

关于 JBN 方法的计算步骤，还可查阅国家标准《岩石中两相流体相对渗透率测定方法》第 7 部分的有关内容，标准编号为 GB/T 28912—2012。

（四）实验结果

韩国首尔大学获得的含甲烷水合物砂样的水、气相对渗透率曲线如图 4.8 所示，样品中，甲烷水合物的饱和度为 15%（Ahn et al.，2005）。可以看出，在甲烷气饱和度相对较小时，孔隙水的相对渗透率明显大于甲烷气的相对渗透率；当甲烷气饱和度约达到 26% 时，水、气的相对渗透率相等。

不同水合物饱和度条件下的含甲烷水合物砂样孔隙水相对渗透率曲线演化情况如图 4.9 所示（Ahn et al.，2005）。可以看出，随着甲烷水合物饱和度的增加，在甲烷气饱和度相同的条件下，孔隙水的相对渗透率逐渐降低（曲线下移），孔隙水渗流变得困难，说明水合物饱和度对含水合物沉积物水、气相对渗透率曲线影响明显。

美国壳牌公司和美国阿拉斯加大学费尔班克斯分校联合获得的含甲烷水合物砂样水、气相对渗透率曲线如图 4.10 所示（Jaiswal et al.，2009）。可见，随着甲烷水合物饱和度的增加，在甲烷气饱和度相同的条件下，孔隙水的相对渗透率整体趋势上逐渐降低（曲线下移），这与图 4.9 所示的规律一致，而甲烷气的相对渗透率变化趋势并不明显。在自然真

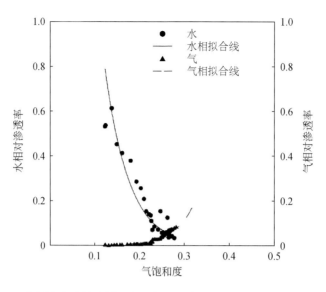

图 4.8   含甲烷水合物砂样的水、气相对渗透率曲线（Ahn et al., 2005）

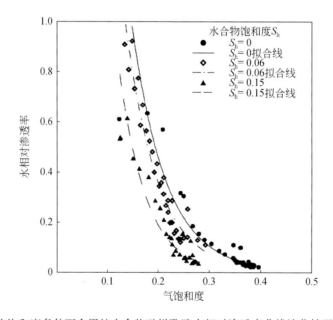

图 4.9   不同水合物饱和度条件下含甲烷水合物砂样孔隙水相对渗透率曲线演化情况（Ahn et al., 2005）

实沉积物内合成不同饱和度的甲烷水合物，随后测定样品的水、气相对渗透率曲线结果如图 4.11 所示（Jaiswal et al., 2009）。可以看出，孔隙水和甲烷气的相对渗透率曲线随着甲烷水合物饱和度的增加均呈现出明显的下移趋势。

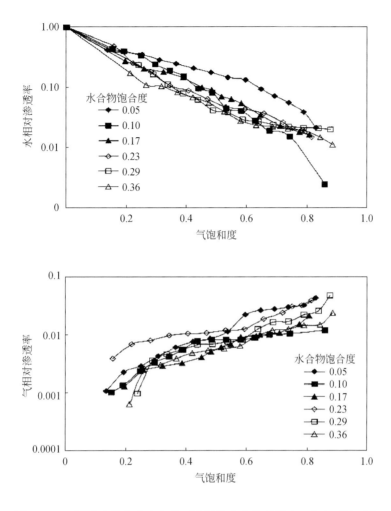

图 4.10　不同水合物饱和度条件下含甲烷水合物砂样水、气相对渗透率
曲线演化情况（Jaiswal et al., 2009）

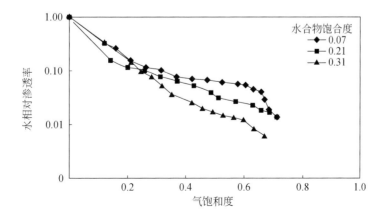

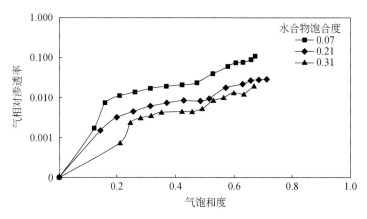

图 4.11　不同水合物饱和度条件下含甲烷水合物真实样品水、气相对渗透率
曲线演化情况（Jaiswal et al.，2009）

　　美国阿拉斯加大学费尔班克斯分校测定的含甲烷水合物真实沉积物样品的水、气相对
渗透率曲线如图 4.12 所示，样品中甲烷水合物饱和度为 12.5%，驱替采用的气体为氮气
（Johnson et al.，2011）。可以看出，在氮气饱和度相对较小的条件下，孔隙水的相对渗透
率明显大于氮气的相对渗透率，两者相对渗透率相等时对应的氮气饱和度约为 24%，这与
图 4.8 所示的规律一致。不同水合物饱和度条件下含甲烷水合物真实沉积物样品的水、气
相对渗透率变化情况如图 4.13 所示（Johnson et al.，2011）。可以看出，孔隙水和孔隙气
的相对渗透率随着甲烷水合物饱和度的增加均出现了不同程度的降低，这与图 4.11 所示
的规律一致。

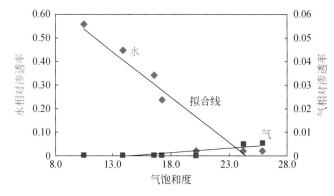

图 4.12　含甲烷水合物真实沉积物样品的水、气相对渗透率曲线（Johnson et al.，2011）

　　美国能源部国家实验室测定的含与不含甲烷水合物沉积物样品的水、气相对渗透率曲
线如图 4.14 所示，相渗曲线由 Toth 方法计算而得（Choi et al.，2020）。可以看出，随着
甲烷水合物饱和度的增加，孔隙水的相对渗透率曲线下移，这与图 4.9、图 4.10、图 4.11
和图 4.13 所示孔隙水相对渗透率曲线变化规律一致，而甲烷气的相对渗透率曲线上移，
这与图 4.10、图 4.11 和图 4.13 所示甲烷气相对渗透率曲线变化规律相反。除此之外，随

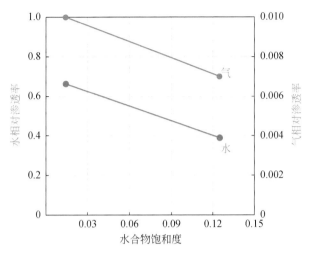

图 4.13 不同水合物饱和度条件下含甲烷水合物真实沉积物样品的水、
气相对渗透率变化情况（Johnson et al., 2011）

着甲烷水合物饱和度的增加，孔隙水和甲烷气相对渗透率相等时对应的甲烷气饱和度显著
降低，孔隙水和甲烷气能够同时渗流的饱和度区间范围明显减小。

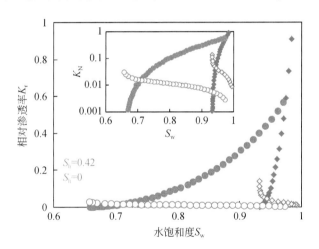

图 4.14 不同水合物饱和度条件下含与不含甲烷水合物沉积物样品的水、气相对渗透率变化情况
（Choi et al., 2020）
实心-水相对渗透率；空心-气相对渗透率

二、基于土–水特征曲线的实验方法

（一）理论基础

土–水特征曲线可由范德朗奇（van Genuchten）模型（Genuchten，1980）进行拟合，

毛细管压力 P_c 和孔隙水饱和度 S_w 存在如下关系：

$$P_c = P_0 \left[\left(\frac{S_w - S_{rw}}{1 - S_{rw}} \right)^{-\frac{1}{m}} - 1 \right]^{1-m} \tag{4.6}$$

式中，P_0 为气体进入压力（gas entry pressure）；S_{rw} 为束缚水饱和度（residual water saturation）；m 为与孔隙分布有关的拟合参数，它控制土-水特征曲线的形状。

通过实验数据确定拟合参数大小之后，可以通过式（4.7）和式（4.8）分别计算孔隙水和孔隙气的相对渗透率（Genuchten，1980；Parker et al.，1987）。

$$K_{rw} = \sqrt{\frac{S_w - S_{rw}}{1 - S_{rw}}} \left\{ 1 - \left[1 - \left(\frac{S_w - S_{rw}}{1 - S_{rw}} \right)^{\frac{1}{m}} \right]^m \right\}^2 \tag{4.7}$$

$$K_{rg} = \sqrt{1 - \frac{S_w - S_{rw}}{S_{w,max} - S_{rw}}} \left[1 - \left(\frac{S_w - S_{rw}}{S_{w,max} - S_{rw}} \right)^{\frac{1}{m}} \right]^{2m} \tag{4.8}$$

式中，$S_{w,max}$ 为气体能够渗流的最大孔隙水饱和度，通常可取值为 1。

（二）实验装置与主要流程

图 4.15 所示为中国地质调查局青岛海洋地质研究所的含天然气水合物沉积物土-水特征曲线测试装置，相应的实验装置及方法已经申请了国家发明专利，专利名称为"一种含天然气水合物土的土水特征曲线测试装置及方法"，专利号为 ZL 2020 1 0100809.7。该装置主要由耐低温高压样品室、制冷控温模块、气体供给模块、抽真空模块、液体供给模块、反压阀门和数据测量模块组成。

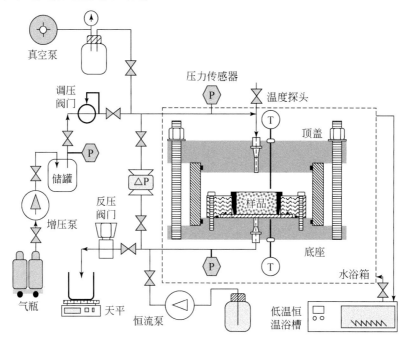

图 4.15　含天然气水合物沉积物土-水特征曲线测试装置

测试过程中，水饱和的含天然气水合物沉积物样品放置于水饱和度的陶土板上，样品顶面与气体接触。通过增加气体压力将样品孔隙中的水分经由陶土板从样品室底部排出，根据排出水量可确定样品的孔隙水饱和度，最终获得不同气体压力条件下的孔隙水饱和度系列数据，可绘制出土–水特征曲线。水饱和的陶土板具有一定的进气压力值，即样品室内气体压力小于进气压力值时，只有水可通过陶土板排出，一旦样品室内气体压力大于进气压力值，陶土板被"击穿"，气体由样品室底部排出，测试结束。可见，对于不同的含天然气水合物沉积物，需要选择进气压力值相匹配的陶土板，否则测定的土–水压力曲线将不够理想。如果采用甲烷气驱替孔隙水，那么甲烷气和孔隙水会生成额外的水合物，通过降低压力或者提高温度避免额外水合物生成，那么初始的水合物又会分解。因此，目前在实际测试时采用四氢呋喃水合物替代甲烷水合物进行。

土–水特征曲线的测定是一个漫长的过程，不含天然气水合物的常规泥质沉积物单次实验甚至需要近一个月的时间，而含天然气水合物泥质沉积物的实验耗时将会更长。为了缩短耗时以提升实验效率，采用双层甚至三层结构的样品室是个不错的选择，可以同时测量不同水合物饱和度、不同沉积物类型等条件下多个样品的土–水特征曲线。

(三) 实验结果

含（$S_h = 0$）与不含（$S_h = 0.8$）四氢呋喃水合物粉砂样的毛细管压力实验数据及土–水特征曲线拟合情况如图 4.16 所示，相应的拟合参数如图 4.16 中表格所示（Dai et al.，2019）。可以看出，随着水合物饱和度的增加，式（4.6）中的拟合参数 m 取值有所降低，而进气压力值 P_0 和束缚水饱和度 S_{rw} 则有所增加。将表中所示拟合参数 m 和束缚水饱和度 S_{rw} 数据代入式（4.7）和式（4.8）计算可以获得不同水合物饱和度条件下的含水合物沉积物水、气相对渗透率曲线，如图 4.17 所示（Dai et al.，2019）。可见，水、气相对渗透率相等时对应的孔隙水饱和度随着水合物饱和度的增加而增大；随着水合物饱和度的增

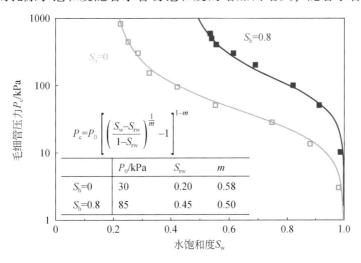

图 4.16 含四氢呋喃水合物粉砂样毛细管压力实验数据及土–水特征曲线拟合情况（Dai et al.，2019）

加，气相的相对渗透率曲线上移，而水相的相对渗透率曲线下移。这与上面所述的含水合物沉积物水、气相对渗透率曲线随着水合物饱和度的增加均下移的情况有所不同。因此，天然气水合物开采过程中储层内水、气相对渗透率曲线究竟如何变化的问题，仍需要开展更多的实验研究来加以澄清解答。

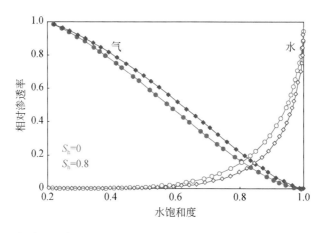

图 4.17　含四氢呋喃水合物粉砂样水、气相对渗透率曲线变化情况（Dai et al., 2019）

第三节　水、气两相渗流数值模拟研究

一、孔隙网络模拟方法

孔隙网络模拟的基本原理和模型建立及流动模拟的基本方法已在第三章第二节进行介绍，在此不再重复，仅对具有代表性的孔隙网络数值模拟研究结果进行介绍。孔隙网络数值模拟方法较上节所述实验方法更有利于探讨各种因素对相对渗透率的影响规律，如天然气水合物饱和度、天然气水合物赋存形式、表面张力和润湿性等因素的影响。

（一）天然气水合物饱和度对相对渗透率的影响

含甲烷水合物粉细砂样品的水、气相对渗透率曲线孔隙网络数值模拟结果如图 4.18 所示，所采用的粉细砂级配良好（Wang D et al., 2018）。可以看出，随着甲烷水合物饱和度的增加，孔隙气的相对渗透率曲线没有明显变化，而孔隙水的相对渗透率曲线出现明显下移；孔隙水和孔隙气相对渗透率相等时对应的孔隙水饱和度随着甲烷水合物饱和度的增加而有所变大。

含甲烷水合物石英砂样品的水、气相对渗透率曲线孔隙网络数值模拟结果如图 4.19 所示，所采用的石英砂具有均匀的粒径（Wang et al., 2015a）。可见，孔隙气的相对渗透率曲线不会因为甲烷水合物饱和度的不同而出现明显的变化，而孔隙水的相对渗透率曲线随着甲烷水合物饱和度的增加而明显向下移动。相对渗透率曲线的这种变化规律，导致孔

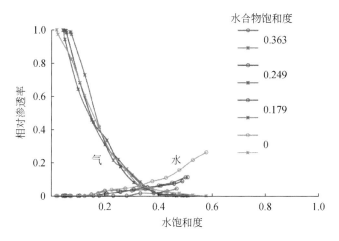

图 4.18　不同水合物饱和度条件下含甲烷水合物粉细砂样品的水、气相对渗透率
曲线孔隙网络数值模拟结果（Wang D et al.，2018）

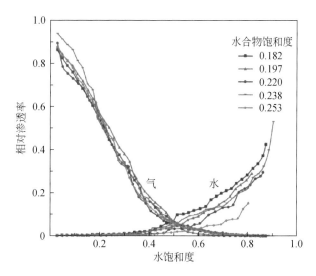

图 4.19　不同水合物饱和度条件下含甲烷水合物石英砂样品的水、气相对渗透率曲线
孔隙网络数值模拟结果（Wang et al.，2015a）

隙水和孔隙气相对渗透率相等时对应的孔隙水饱和度随着甲烷水合物饱和度的增加而
变大。

含甲烷水合物理想多孔介质的水、气相对渗透率曲线孔隙网络数值模拟结果如图 4.20
所示，所采用的理想多孔介质由相互连通的系列球体组成，即所谓的理想"球棍模型"，
所模拟的流动过程为水合物分解导致的甲烷气向外膨胀的过程（Mahabadi and Jang，
2014）。可以看出，随着甲烷水合物饱和度的增加，孔隙水的相对渗透率曲线未出现明显
的变化，而孔隙气的相对渗透率曲线出现了明显的下移。这种变化趋势在后续的数值模拟

研究（Mahabadi et al.，2016a）中被再次证实，但是这种趋势与图 4.18 和图 4.19 所示的变化趋势有所不同。

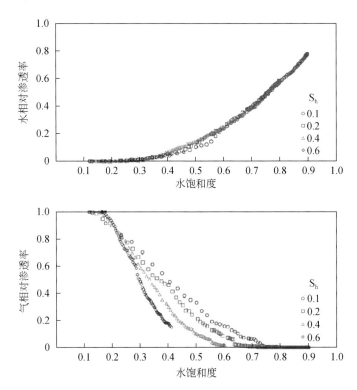

图 4.20　不同水合物饱和度 S_h 条件下含甲烷水合物理想多孔介质的水、气相对渗透率曲线孔隙网络数值模拟结果（Mahabadi and Jang，2014）

含氮气水合物石英砂样品的水、气相对渗透率曲线孔隙网络数值模拟结果如图 4.21 所示，所采用的石英砂粒径较为均匀，中值粒径达到 1.7mm，接近砂土与砾石分类的粒径界限 2.0mm（Zhang L et al.，2020）。图 4.21 中第 1 天、第 10 天和第 26 天对应的氮气水合物饱和度依次为 0%、9.9% 和 53.3%。可以看出，随着氮气水合物饱和度的增加，孔隙水的相对渗透率曲线在孔隙水饱和度小于 0.5 时向下移动，而在孔隙水饱和度大于 0.5 时向上移动；孔隙气的相对渗透率曲线演化存在类似的分区段现象，即在孔隙水饱和度小于 0.3 时，孔隙气的相对渗透率曲线随着氮气水合物饱和度的增加而向上移动，而在孔隙水饱和度大于 0.3 时，孔隙气的相对渗透率曲线随着氮气水合物饱和度的增加而向下移动。整体上来看，在孔隙水饱和度较小时，氮气水合物饱和度增加对应的孔隙水和孔隙气相对渗透率曲线移动方向是相反的。

（二）天然气水合物赋存形式对相对渗透率的影响

含天然气水合物沉积物有效绝对渗透率的理论及经验模型通常假设孔隙中心型和颗粒表面型等孔隙内的赋存形式，如第三章的第三节，而孔隙网络数值模拟更多关注的是孔隙

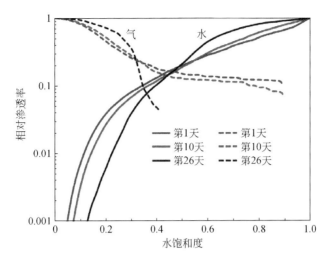

图4.21　不同水合物饱和度条件下含氩气水合物石英砂样品的水、气相对渗透率曲线
孔隙网络数值模拟结果（Zhang L et al.，2020）

间的赋存形式对含天然气水合物沉积物渗透率的影响，如以不同尺寸的团簇状生长的天然气水合物（Dai and Seol，2014；Mahabadi et al.，2016a）、按照孔隙尺寸大小优先从最小孔隙开始生长的天然气水合物（以下简称小孔隙优先模式）以及优先从最大孔隙开始生长的天然气水合物（以下简称大孔隙优先模式）（Li et al.，2020）等。考虑孔隙间天然气水合物赋存形式的影响，孔隙网络数值模拟即可用来研究有效绝对渗透率的变化规律，还可用来探讨水、气相对渗透率的变化规律，在此仅对后者进行介绍。

　　以不同尺寸团簇状生长的天然气水合物对其多孔介质水、气相对渗透率曲线演化过程的影响情况如图4.22所示，相应的水合物饱和度为20%（Mahabadi et al.，2016a）。可以看出，在天然气水合物饱和度相同的条件下，随着团簇状天然气水合物的尺寸增大，孔隙气和孔隙水的相对渗透率曲线均向上移动。这说明天然气水合物的分布相对越集中，含天然气水合物沉积物的水、气两相渗流越容易，即由天然气水合物引起的含天然气水合物沉积物结构非均质性对其水、气相对渗透率曲线演化过程存在明显的影响。上述结果是基于理想"球棍模型"替代含天然气水合物沉积物孔隙空间得到的，基于含甲烷水合物石英砂样品X-CT图像的孔隙网络数值模拟，同样发现了含水合物沉积物非均质性对其水、气相对渗透率曲线存在影响（Yang et al.，2018）。

　　小孔隙优先模式和大孔隙优先模式天然气水合物对其多孔介质水、气相对渗透率曲线演化过程的影响情况如图4.23所示（Li et al.，2020）。可以看出，大孔隙优先模式与小孔隙优先模式相比，水、气相对渗透率曲线因水合物饱和度变化而变化的趋势更为明显，尤其是孔隙气的相对渗透率曲线；大孔隙优先模式天然气水合物饱和度的增加对孔隙气相对渗透率的削弱程度，在孔隙水饱和度相同的条件下要远远大于小孔隙优先模式天然气水合物的削弱程度；大孔隙优先模式天然气水合物饱和度的增加，将导致含天然气水合物多孔介质的残余气饱和度迅速增加，而对束缚水饱和度的影响不明显。

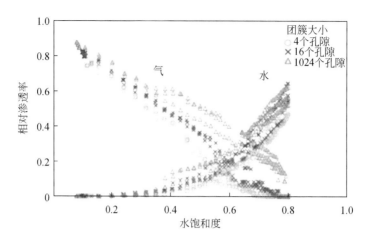

图 4.22　团簇状天然气水合物对其多孔介质水、气相对渗透率曲线演化过程的影响情况
（Mahabadi et al., 2016a）

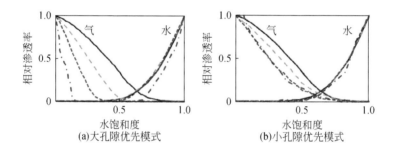

(a)大孔隙优先模式　　　　　　　(b)小孔隙优先模式

图 4.23　大孔隙优先模式和小孔隙优先模式天然气水合物对其多孔介质水、
气相对渗透率曲线演化过程的影响情况（Li et al., 2020）

黑色线－水饱和度为0%；绿色线－水饱和度为20%；红色线－水饱和度为40%；蓝色线－水饱和度为60%

（三）表面张力和润湿性对相对渗透率的影响

在不同粒径级配石英砂内生成甲烷水合物制成含甲烷水合物石英砂样品，基于 X-CT 技术提取孔隙结构信息后设置不同的孔隙水表面张力，采用孔隙网络模拟方法获得的系列水、气相对渗透率曲线演化过程的受影响情况如图 4.24 所示（Wang J et al., 2018），对应的水合物饱和度数据并未给出。可以看出，随着表面张力的逐渐增加，含甲烷水合物石英砂水、气相对渗透率曲线均向下移动，只是不同粒径级配的宿主沉积物对应的下移幅度不同。这说明宿主沉积物粒径级配对含天然气水合物沉积物水、气相对渗透率曲线存在一定程度的影响，已有相关工作证实了该推论（Wang et al., 2016）。

接触角与表面润湿性有着直接的对应关系，如本章第一节所述。不同接触角条件下含甲烷水合物玻璃珠样品水、气相对渗透率曲线演化过程的影响情况如图 4.25 所示，四种玻璃珠样品具有不同的粒径范围，但每种玻璃珠样品的粒径都比较均一，对应的甲烷水合

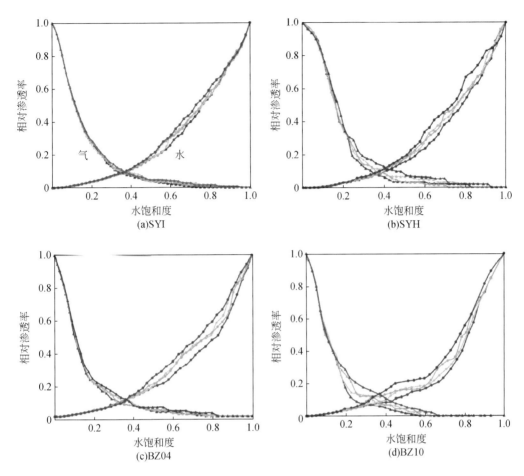

图4.24　不同孔隙水表面张力对含甲烷水合物石英砂样品水、气相对渗透率曲线演化
过程的影响情况（Wang J et al.，2018）

红色线–表面张力为72.7mN/m；绿色线–表面张力为69.0mN/m；浅蓝色线–表面张力为65.7mN/m；

深蓝色线–表面张力为34.3mN/m

物饱和度为22%（Wang et al.，2015b）。可见，随着接触角逐渐增大，对应润湿性变为非润湿性的情况，孔隙气的相对渗透率曲线向下移动，而孔隙水的相对渗透率曲线向上移动，玻璃珠粒径对此移动过程存在一定程度的影响。

二、格子玻尔兹曼方法

基于真实孔隙分布的孔隙尺度多相流研究方法主要包括基于纳维–斯托克斯（Navier-Stokes，N-S）方程的传统计算流体动力学（CFD）方法（Raeini et al.，2012）、耗散粒子动力学（dissipative particle dynamics，DPD）方法（Groot and Warren，1997）、光滑粒子流体动力学（smoothed particle hydrodynamics，SPH）方法（Tartakovsky and Meakin，2006）和格子玻尔兹曼方法（Wei et al.，2019）等。这些数值模拟方法各具优缺点，由于LBM

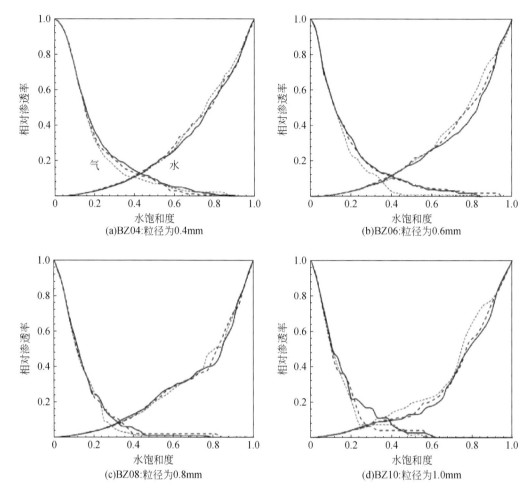

图 4.25　接触角对含甲烷水合物玻璃珠样品水、气相对渗透率曲线演化过程的
影响情况（Wang et al., 2015b）

黑色线–接触角为15°；红色线–接触角为100°；蓝色线–接触角为155°

物理背景清晰，编程易于实现，处理固体边界条件简单及易于并行等（赵建林，2018），在多孔介质多相流模拟方面得到了广泛的应用。

目前已有多种 LBM 模型被发展并应用于多相渗流模拟，常用的主要包括颜色模型、伪势模型、自由能模型以及相场模型等（Li et al., 2016）。颜色模型是最早提出的多相流 LBM 模型，其采用两个分布函数分别来描述两种流体，除了常规的迁移算子和碰撞算子之外，增加了一个扰动算子来产生界面张力，同时增加一个重着色过程来实现相分离以及维持相界面（Liu et al., 2012）。伪势模型又被称为 Shan-Chen 模型（Shan and Chen, 1993, 1994），通过引入相邻粒子间的伪势用于模拟流体粒子间的相互作用，在一定条件下可以实现流体的相分离，其又可分为单组分多相 Shan-Chen 模型和多组分多相 Shan-Chen 模型，其中单组分多相 Shan-Chen 模型能够通过改变伪势函数的形式引入不同的非理想气体状态方程。自由能模型从多组分多相流体的自由能理论出发，根据自由能函数构造分布函数，同时引入一个非理想流体的热力学压力张量，使得系统的总能保持守恒（Swift et al.，1996）。相场模型是基于 He 等（1999）提出双分布函数建立的，其中一个分布函数对应不可以压缩的 N-S 方程，另一个分布函数对应宏观相场方程（界面追踪方程）。目前，已有多种 LBM 模型应用于含天然气水合物多孔介质中多相渗流模拟，如颜色模型（Ji et al.，2022）、伪势模型（Xin et al.，2021）等。

　　为了更好地理解多相流 LBM 模型，本小节主要介绍 Ba 等（2016）提出的多松弛时间（MRT）颜色模型及其在含天然气水合物多孔介质气–水相对渗透率研究中的应用。

（一）　基于 LBM 模型的气液两相流动模拟与相对渗透率计算

1. MRT 颜色模型建立

　　与常规颜色模型相比，MRT 颜色模型在碰撞算子中引入一个修正源项，能够准确恢复 N-S 方程，适用于不同密度比下的两相流动模拟，详细的模型描述请参阅 Ba 等（2016）以及 Zhao 等（2018）的文献。

　　LBM 模型通常包含三部分：平衡分布函数、演化方程及离散速度模型。在颜色模型中，两个分布函数（f_i^R 与 f_i^B）被引入，分别代表红色流体（R）与蓝色流体（B），本小节中红色流体表示液相（水），蓝色流体表示气相（甲烷）。总的分布函数表达式为

$$f_i = f_i^R + f_i^B \tag{4.9}$$

　　每一相的演化方程的表达式为

$$f_i^K(x + e_i \delta_t, 1 + \delta_t) = f_i^K(x, t) + \Omega_i^K [f_i^K(x, t)] \tag{4.10}$$

式中，K 为 R 或者 B；x 为粒子的空间位置；e_i 为在格子方向 i 上离散速度；δ_t 为时间步；t 为时间；Ω_i^K 为碰撞算子，其中包含三部分，如式（4.11）所示。

$$\Omega_i^K = (\Omega_i^K)^{(3)} [(\Omega_i^K)^{(1)} + (\Omega_i^K)^{(2)}] \tag{4.11}$$

式中，$(\Omega_i^K)^{(1)}$ 为多松弛时间碰撞算子，其表达式为

$$(\Omega_i^K)^{(1)} = \sum_j (M^{-1}S)_{ij} (m_j^K - m_j^{K,(eq)}) + \sum_j (M^{-1})_{ij} C_j^K \tag{4.12}$$

式中，M 为线性正交矩阵，用于将离散速度空间的 f_i^K 转换成矩空间的 m_i^K，$m_i^K = \sum_j M_{ij} f_i^K$；$S$ 为对角矩阵；C_j^K 为源项，引入的源项能够将该模型准确恢复到 N-S 方程，相关参数的取值来源于 Ba 等（2016）的文献中。

　　$(\Omega_i^K)^{(2)}$ 为扰动算子，用于产生界面张力，其表达式为

$$(\Omega_i^K)^{(2)} = A^K W_i \left(1 - \frac{\omega^K}{2}\right) [3(e_i - u) + 9(e_i \cdot u)e_i] \cdot F_s \tag{4.13}$$

式中，A^K 为流体 K 对界面张力贡献分数；W_i 为 D2Q9 离散速度模型中的权重系数；ω^K 为松弛因子；u 为局部流体速度；F_s 为界面张力。F_s 的表达式为

$$F_s = \frac{1}{2} \sigma I \nabla \rho^N \tag{4.14}$$

式中，σ 为界面张力系数；I 为局部界面曲率；$\nabla \rho^N$ 为相场梯度，用于确定界面与计算界面张力。相场 ρ^N 的表达式为

$$\rho^{N} = \left(\frac{\rho^{R}}{\rho^{R0}} - \frac{\rho^{B}}{\rho^{B0}}\right) \Big/ \left(\frac{\rho^{R}}{\rho^{R0}} + \frac{\rho^{B}}{\rho^{B0}}\right) \tag{4.15}$$

式中，ρ^{R} 与 ρ^{B} 分别为红色流体与蓝色流体的密度；ρ^{R0} 与 ρ^{B0} 分别为纯红色流体与纯蓝色流体的密度。

为了与单相碰撞算子保持一致性，在矩空间中扰动算子的表达式为

$$F_i^K(x,t) = \sum_j M_{ij}(\Omega_i^K)^{(2)} \tag{4.16}$$

$(\Omega_i^K)^{(3)}$ 为重新着色算子，用于实现相分离以及维持相界面，其表达式为

$$(\Omega_i^K)^{(3)}(f_i') \equiv f_i^{K''} = \frac{\rho^K}{\rho}f_i' + \beta W_i \frac{\rho^R \rho^B}{\rho}\cos(\varphi_i)\,|e_i| \tag{4.17}$$

式中，f_i' 为沿第 i 格子方向上扰动算子处理后的总分布函数；$f_i^{K''}$ 为重新着色算子处理后的分布函数；φ_i 为相场梯度 $\nabla\rho^N$ 与格子速度 e_i 方向夹角；β 为与界面厚度相关的一个参数。

目前应用较广泛的离散速度模型是 Qian 等（1992）提出的 DdQm 系列模型，其中 d 代表维空间，m 代表离散速度数量，常用的模型包括 D2Q7、D2Q9、D3Q15 及 D3Q19 模型，本小节中选取的离散速度模型为 D2Q9 模型（结构示意图请参见第三章中图 3.16）。为了在固体边界上获得无滑移条件，半步长反弹边界条件应用在固体边界上。一个固体边界的节点被假定为两相流体的混合物，用于产生一定的接触角（Zhang et al., 2015）。如果红色流体与固体边界之间的接触角为 θ_R，则固体边界节点的相场值 ρ_s^N 应设为 $\cos\theta_R$，由此看来，颜色模型可以方便地应用于润湿性方面的相关研究。

2. 流动模拟与相对渗透率计算

为了模拟一定含水饱和度 S_w 下含天然气水合物多孔介质中的气液两相流动，每一个非固相粒子以一定的概率 P 被随机设定为液相（水），$P = S_w$。恒定的体力 F_b 施加给每个粒子，体力的方向沿 x 方向，周期边界条件应用在多孔介质的入口端和出口端，由此可以实现气液两相流动模拟，此流动过程类似于重力驱动。当流动达到稳态时，气-水相对渗透率通过达西定律计算得到。流动达到稳态的判断依据为

$$\frac{|Q_{t+2000} - Q_t|}{Q_t} < 10^{-4} \tag{4.18}$$

式中，Q_t 为在时间步为 t 时气相与液相总的体积流量。一个延展的达西定律如式（4.19）所示（Li et al., 2005）。

$$Q_f = \frac{KK_{rf}A}{\mu_f}(\nabla P_f - \rho_f a) \tag{4.19}$$

式中，Q_f 为流体 f 的流量，$f=$w 或者 g，w 表示水，g 表示气；A 为多孔介质的横截面积；∇P_f 为流体 f 在多孔介质两端的压力差；ρ_f 为流体 f 的密度；a 为加速度；μ_f 为流体 f 的动力黏度；K 为含天然气水合物多孔介质的绝对渗透率；K_{rf} 为流体 f 的相对渗透率。在本小节中，$\nabla P_f = 0$，$\rho_f a$ 为沿 x 方向上施加在每个粒子上的体力 F_b。Q_f 可通过式（4.20）计算获得。

$$Q_f = \frac{\sum u_{xf}\delta_x\delta_y}{L_x} \tag{4.20}$$

式中，δ_x 与 δ_y 分别为 x 方向上与 y 方向上格子的长度，在本小节中，$\delta_x = \delta_y = 1$；L_x 为 x 方

向上多孔介质的长度；u_{xf}为流体f在x方向上的流速，根据式（4.19）与式（4.20）可求得流体f的相对渗透率，即如式（4.21）所示。

$$K_{rf} = \frac{Q_f(S_f)}{Q_f(S_f = 100\%)} \tag{4.21}$$

式中，$Q_f(S_f)$为多孔介质中流体f的饱和度为S_f时的流量。

3. 流体性质与单位换算

在本小节中，液相为水，气相为甲烷，选取天然气水合物储层温度为15℃，孔隙压力为9MPa。需要注意的是，在模拟多孔介质中气液两相流动的过程中，假定天然气水合物不会发生分解或生成，那么，孔隙压力可以低于天然气水合物平衡压力。在实际天然气水合物开采过程中，孔隙压力是变化的，会导致孔隙中流体的物理性质发生改变，尤其是气相，进而影响到气–水相对渗透率，本小节相关研究中忽略了孔隙压力变化导致的流体性质变化。

当温度为15℃，孔隙压力为9MPa时，甲烷与水的动力黏度分别为$1.33×10^{-5}$ Pa·s与$1.13×10^{-3}$ Pa·s，甲烷与水的界面张力为61.1mN·m^{-1}（Yasuda et al.，2016）。基于相似原理，在计算流体力学研究中通常采用模型单位代替实际物理单位，只需保证模拟的相似准则数与实际物理问题的相似准则数相同即可（周康，2017）。在物理单位转换为格子单位过程中，为了保证格子单位下和物理单位下的特征参数一致，通过以下方法将不同物理量的物理单位转换为格子单位（Liu H et al.，2015）：$\nu^{LBM} = \nu^{Phy}/(L_0^2/T_0)$，$\sigma^{LBM} = \sigma^{Phy}/(M_0/T_0^2)$，$\rho^{LBM} = \rho^{Phy}/(M_0/L_0^3)$，其中，选取长度转换系数$L_0 = 2.5×10^{-7}$m，时间转换系数$T_0 = 2.4×10^{-9}$s，质量转化系数$M_0 = 1.5675×10^{-17}$kg。在本小节中，格子单位下设定$\rho_w^{LBM} = \rho_g^{LBM} = 1$。在二维模型中，相比毛细管压力与黏性力，重力的影响被忽略，因此，密度相同的设定是可接受的（Liu et al.，2014；Zhang et al.，2011）。由此可以得到，在格子单位下，甲烷与水的动力黏度分别为$5.103×10^{-4}$与$4.332×10^{-2}$，甲烷与水的界面张力为$2.246×10^{-2}$。

4. 模型验证

为了验证建立的LBM多相流模型的准确性以及参数取值的适用性，采用上述流体的参数取值，在一个二维水平通道中模拟了非混相的气液两相流动。模拟区域的示意图如图4.26所示，模拟区域大小为$10×102$，在模拟区域中流体为轴对称分布。润湿相与通道壁面接触，其流动区域为$a \leqslant |y| < b$。非润湿相位于通道中心，其流动区域为$|y| < a$。利用上述建立的LBM多相流模型，流度比（$M = \mu_{nW}/\mu_W$）分别为0.012（非润湿相为气相）与84.891（非润湿相为水相）的两个案例被模拟。润湿相的饱和度S_W为0.5时，LBM模拟获取的二维水平通道中的速度剖面如图4.27中红色散点所示。LBM模拟获取的不同流体饱和度下润湿相相对渗透率K_{rW}与非润湿相相对渗透率K_{rnW}如图4.28中红色散点所示。

假设二维水平通道中两相流动为泊肃叶流，对于其中x方向上的速度剖面的解析解（Huang and Lu，2009）为

$$u_x(y) = \begin{cases} A_{nW}y^2 + C_{nW} & |y| < a \\ A_W y^2 + B_W y + C_W & a \leqslant |y| < b \end{cases} \tag{4.22}$$

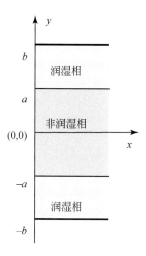

图 4.26　模拟区域示意图

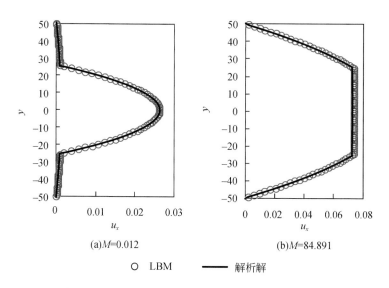

(a)M=0.012　　　　　　　　(b)M=84.891

○　LBM　　　　——　解析解

图 4.27　润湿相饱和度为 50% 时 x 方向上速度剖面图

式中，nW 为非润湿相；W 为润湿相；u_x 为 x 方向上的流速；$A_{nW}=F_b/\mu_{nW}$，$A_W=F_b/\mu_W$，$B_W=-2A_W a+2MA_{nW} a$，$C_{nW}=\left(A_W-A_{nW}\right)a^2-B_W\left(b-a\right)-A_W b^2$，$C_W=-A_W b^2-B_W b$。润湿相的饱和度 S_W 为 0.5 时，根据式（4.22）获取的 x 方向上速度剖面的解析解如图 4.27 中黑色曲线所示。

基于式（4.22），润湿相相对渗透率 K_{rW} 与非润湿相相对渗透率 K_{rnW} 可以分别通过式（4.23）与式（4.24）计算得到。

$$K_{rW}=\frac{1}{2}S_W^2\left(3-S_W\right) \tag{4.23}$$

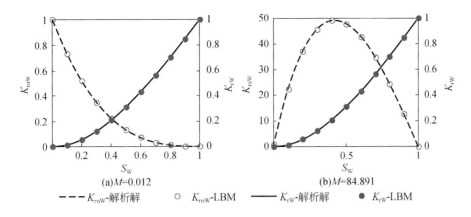

图 4.28　二维水平通道中润湿相与非润湿相相对渗透率

$$K_{\mathrm{rnW}} = S_{\mathrm{nW}} \left[\frac{3}{2}M + S_{\mathrm{nW}}^2 \left(1 - \frac{3}{2}M\right) \right] \tag{4.24}$$

式中，S_{W} 为润湿相饱和度；S_{nW} 为非润湿相饱和度。根据式（4.23）与式（4.24）获取的不同流体饱和度下润湿相相对渗透率 K_{rW} 与非润湿相相对渗透率 K_{rnW} 如图 4.28 中黑色曲线所示。

从图 4.27 和图 4.28 可以看出，基于 LBM 得到的速度剖面和相对渗透率与解析解的结果非常吻合，从而验证了 MRT 颜色模型模拟不同流度比下两相流动以及计算两相相对渗透率的准确性。需要指明的是，在高流度比下（$M=84.891$）大部分流体饱和度下非润湿相相对渗透率会大于 1，一些学者在其研究中将其归因于润湿相润滑作用（Huang and Lu，2009；赵建林，2018）。

（二）基于 LBM 的含天然气水合物多孔介质气–水相对渗透率演化分析

本小节以二维均匀颗粒多孔介质模型（图 4.29）为例，基于上述建立的 LBM 模拟方法，介绍了 LBM 在含天然气水合物多孔介质气–水相对渗透率研究中的应用。多孔介质模型的尺寸为321×323，其平行于流动方向（x 方向）的上下边界被固体壁封闭。鉴于我国南海神狐海域珠江口盆地天然气水合物储层颗粒粒径中值为 11.615 μm（Liu C et al.，2015），研究中选取的沉积物颗粒粒径为 10 μm。基于上述单位转换方法，在格子单位下沉积物颗粒粒径为40μm。不含水合物情况下多孔介质模型的孔隙度为 0.61，沉积物与天然气水合物的水相接触角设定为0°。考虑两种天然气水合物赋存形态：①天然气水合物占据孔隙中心（孔隙充填型，PF），如图 4.29（a）所示；②天然气水合物覆盖沉积物颗粒表面（颗粒覆盖型，GC），如图 4.29（b）所示。

1. 微观流体分布表征

多孔介质中两相流动会受界面影响，与孔隙中流体的微观分布有着密切的联系，因此，流体的微观分布对流体相对渗透率会产生重要影响。基于 LBM 的多相流模拟能够获取多孔介质中多相流体相场分布与速度场分布的动态演化，因此，LBM 为探究水合物对多

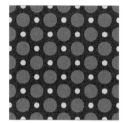　　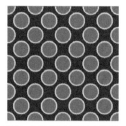

(a)天然气水合物占据孔隙中心型　　(b)天然气水合物覆盖沉积物颗粒表面型

深灰色–沉积物；浅灰色–天然气水合物；红色–水

图 4.29　二维均匀颗粒多孔介质模型

孔介质两相相对渗透率的影响机制提供一种有效的技术手段。Zhao 等（2018）提出了三个参数用于表征微观流体分布：流体饱和度、流体的比界面长度以及流动方向上流体的迂曲度。

　　流体饱和度 S_f 可通过式（4.25）计算得到：

$$S_f = \frac{A_f}{A_g + A_w}, \quad f = g, w \tag{4.25}$$

式中，A_f 为流体相 f 的节点数，$S_w + S_g = 1$。需要注意的是，天然气水合物饱和度可通过式（4.26）计算得到。

$$S_h = \frac{A_h}{A_h + A_g + A_w} \tag{4.26}$$

式中，A_h 为天然气水合物的节点数。根据式（4.25）与式（4.26）可以看出 $S_w + S_g + S_h \neq 1$，本小节中 S_f 为归一化处理后的流体饱和度，即孔隙中只含有水或者甲烷气，天然气水合物与沉积物归结为固体基质。

　　流体的比界面长度 R_f 通过式（4.27）计算得到：

$$R_f = \frac{L_f}{A_f} \tag{4.27}$$

式中，L_f 为流体相 f 的界面节点数。流动方向上流体的迂曲度 τ_f 通过式（4.28）计算得到。

$$\tau_f = \frac{\bar{u}_f}{\bar{u}_{xf}} \tag{4.28}$$

式中，$\bar{u}_f$ 为流体相 f 的平均速度；$\bar{u}_{xf}$ 为流动方向上流体相 f 的平均速度，在本章中流动方向为 x 方向。流体的比界面长度 R_f 或者流动方向上流体的迂曲度 τ_f 越大，流体相 f 的流动阻力越大。

　　多孔介质中天然气水合物饱和度为 S_h 时，气–水相对渗透率的定义为

$$K_{rf}(S_f, S_h) = \frac{K_f(S_f, S_h)}{K(S_f = 1, S_h)} \tag{4.29}$$

式中，$K_f(S_f, S_h)$ 为水合物饱和度为 S_h 流体饱和度为 S_f 时流体相 f 的有效渗透率；$K(S_f = 1, S_h)$ 为水合物饱和度为 S_h 时含天然气水合物多孔介质的渗透率。为了准确表征气

-水相对渗透率的变化，基于流体的比界面长度 R_f 与流动方向上流体的迂曲度 τ_f，流体相对比界面长度 R_{tf} 与流动方向上流体相对迂曲度 τ_{tf} 被进一步提出，并用于分析流体相对渗透率的演化特征。

当天然气水合物饱和度为 S_h，流体饱和度为 S_f 时，流体相对比界面长度 R_{tf} 的表达式为

$$R_{tf} = \frac{R_f(S_f, S_h)}{R_f(S_f=1, S_h)} \tag{4.30}$$

式中，$R_f(S_f=1, S_h)$ 为天然气水合物饱和度为 S_h、流体饱和度 $S_f=1$ 时流体相 f 的比界面长度。同样，天然气水合物饱和度为 S_h、流体饱和度为 S_f 时，流动方向上流体相对迂曲度 τ_{tf} 的表达式为

$$\tau_{tf} = \frac{\tau_f(S_f, S_h)}{\tau_f(S_f=1, S_h)} \tag{4.31}$$

式中，$\tau_f(S_f=1, S_h)$ 为天然气水合物饱和度为 S_h、流体饱和度 $S_f=1$ 时流动方向上流体相 f 的迂曲度。多孔介质中天然气水合物饱和度不同的情况下，$R_f(S_f=1, S_h)$ 与 $\tau_f(S_f=1, S_h)$ 不同。

2. 天然气水合物对气-水相对渗透率的影响分析

1）天然气水合物占据孔隙中心

图 4.30 展示了基于 LBM 获取的天然气水合物占据孔隙中心时，不同天然气水合物饱和度下气-水相对渗透率曲线。结果显示，在相同含水饱和度下，随着天然气水合物饱和度的增大，气相与水相的相对渗透率具有增大的趋势。

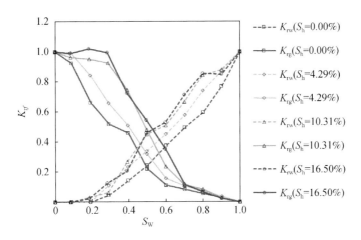

图 4.30 天然气水合物占据孔隙中心时不同水合物饱和度下气-水相对渗透率曲线

图 4.31（a）展示了含气饱和度 $S_g=0.7$ 时，不同天然气水合物饱和度下气相的相对比界面长度 R_{rg}、流动方向上的相对迂曲度 τ_{rg}。结果显示，在相同的含气饱和度下，随着天然气水合物饱和度 S_h 的增大，R_{rg} 具有先增大后减小的趋势，τ_{rg} 具有减小的趋势。由此可以看出，当 $S_g=0.7$ 时，在 S_h 增大过程中，τ_{rg} 是控制气相相对渗透率变化的主要因素，

τ_{rg}的减小表明气相流动过程中受到的相对流动阻力在减小，进而导致气相相对渗透率增大。

图 4.31 (b) 展示了含水饱和度 $S_w = 0.7$ 时，不同天然气水合物饱和度下水相的相对比界面长度 R_{rw}、流动方向上的相对迂曲度 τ_{rw}。结果显示，在相同的含水饱和度下，随着天然气水合物饱和度 S_h 的增大，尽管 τ_{rw} 具有增大的趋势，但 R_{rw} 具有减小的趋势。由此可以看出，当 $S_w = 0.7$ 时，在 S_h 增大过程中，R_{rw} 是控制水相相对渗透率变化的主要因素，R_{rw} 的减小表明水相流动过程中受到的相对流动阻力在减小，进而导致水相相对渗透率增大。

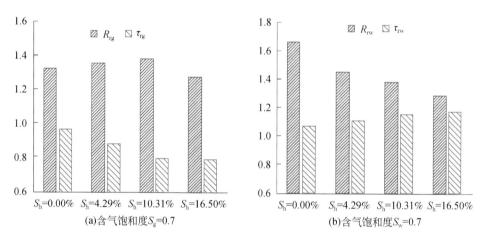

图 4.31　不同天然气水合物饱和度下流体的相对比界面长度 R_{rf} 与流动方向上的相对迂曲度 τ_{rf} 对比图

在相同天然气水合物饱和度条件下，相比在高含气饱和度下含气饱和度减小（从 $S_g = 1$ 到 $S_g = 0.9$）导致的气相相对渗透率减小，在高含水饱和度下含水饱和度减小（从 $S_w = 1$ 到 $S_w = 0.9$）导致的水相相对渗透率减小的速度更为缓慢，如图 4.30 所示。研究中沉积物与水合物的水相接触角为 0°，在高的非润湿相（气相）饱和度情况下，润湿相（水相）覆盖在沉积物与水合物表面，并且处于束缚状态，如图 4.32 (a) 所示，随着非润湿相饱和度的减小，增加的润湿相（水相）主要占据原先非润湿相（气相）速率很小的位置，其对原先非润湿相（气相）流量影响较小，非润湿相流量减小缓慢导致非润湿相相对渗透率降低缓慢。在高的润湿相（水相）饱和度情况下，随着润湿相饱和度的减小，增加的非润湿相（气相）以气泡的形式在孔隙中流动，如图 4.32 (b) 所示，相比图 4.32 (a) 中润湿相在沉积物与水合物表面的束缚状态，在孔隙中流动的气泡对润湿相（水相）流动阻碍更大，对先前润湿相（水相）流量减小更明显，导致润湿相（水相）相对渗透率降低更快。由此可知，固相（沉积物或水合物）的润湿性对润湿相和非润湿相的相对渗透率有着不同的影响。

2）天然气水合物覆盖沉积物颗粒表面

图 4.33 展示了基于 LBM 获取的天然气水合物覆盖沉积物颗粒表面时不同天然气水合物饱和度下气-水相对渗透率曲线。结果显示，在相同含水饱和度下，随着天然气水合物

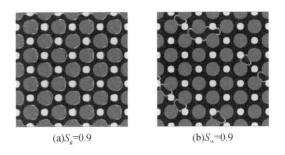

(a)S_g=0.9　　　　　　　　　(b)S_w=0.9

图4.32 S_h=16.50%时多孔介质中流体的微观分布图

饱和度的增大，气相与水相相对渗透率具有减小的趋势，与天然气水合物占据孔隙中心时的变化趋势相反，由此可见，孔隙中天然气水合物的赋存形态对气-水相对渗透率有着显著影响。

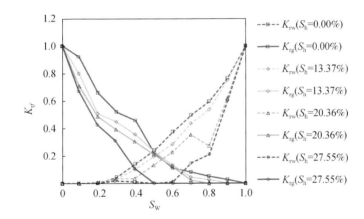

图4.33 天然气水合物覆盖沉积物颗粒表面时不同水合物饱和度下气-水相对渗透率曲线

图4.34（a）展示了含气饱和度 S_g=0.7 时，不同天然气水合物饱和度下气相的相对比界面长度 R_{rg}、流动方向上相对迂曲度 τ_{rg}。结果显示，在相同的含气饱和度下，随着天然气水合物饱和度 S_h 的增大，R_{rg} 具有减小的趋势，τ_{rg} 具有增大的趋势。由此可以看出，当 S_g=0.7 时，在 S_h 增大过程中，τ_{rg} 是控制气相相对渗透率变化的主要因素，τ_{rg} 的增大表明气相流动过程中受到的相对流动阻力增大，进而导致气相相对渗透率减小。

图4.34（b）展示了含水饱和度 S_w=0.7 时，不同天然气水合物饱和度下水相的相对比界面长度 R_{rw}、流动方向上相对迂曲度。结果显示，在相同的含水饱和度下，随着天然气水合物饱和度 S_h 的增大，R_{rw} 具有先减小后增大的趋势，τ_{rw} 具有增大的趋势。由此可以看出，当 S_w=0.7 时，在 S_h 增大过程中，τ_{rw} 是控制水相相对渗透率变化的主要因素，τ_{rw} 的增大表明水相流动过程中受到的相对流动阻力增大，进而导致水相相对渗透率减小。

在天然气水合物饱和度为20.36%、含水饱和度为0.8的情况下，水相相对渗透率曲线出现下凹现象，如图4.33所示。其主要原因为贾敏效应引起的孔道堵塞。图4.35展示

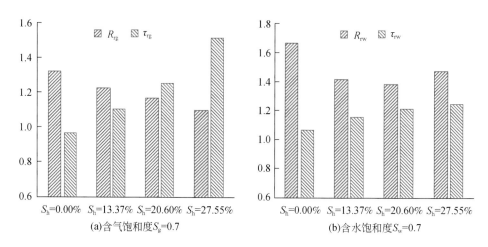

(a)含气饱和度S_g=0.7　　　　　　　　　　(b)含水饱和度S_w=0.7

图4.34　不同天然气水合物饱和度S_h下流体的相对比界面长度R_{rf}与流动方向上相对迂曲度τ_{rf}

了天然气水合物饱和度为20.36%时，含水饱和度分别为0.7、0.8以及0.9时多孔介质中流体微观分布图，其中深蓝色表示可动气体，浅蓝色表示由于贾敏效应而形成的不可动气体。

　　相比S_w=0.7的情况［图4.35（a）］，S_w=0.8时由贾敏效应形成的不可动气体含量更多，被不可动气泡堵塞孔道更多，如图4.35（b）所示，尽管其水含量较多，大量孔道堵塞导致水相流量减小，水的相对渗透率急剧减小。相比S_w=0.9的情况［图4.35（c）］，S_w=0.8时多孔介质含水量较少，并且由贾敏效应堵塞孔道较多，如图4.35（b）所示。因此，其水相流量较小，导致水的相对渗透率较小。综上原因导致在S_w=0.8时水相相对渗透率曲线发生了凹现象。在天然气水合物开采初期，高饱和度的天然气水合物会明显减小可供流体流动的孔隙尺寸，在高含水饱和度下，很可能引起贾敏效应。随着分解气体持续增加，这些被困的气泡将会增大，这可能导致贾敏效应增强，也可能导致贾敏效应减弱，如图4.35（a）所示，贾敏效应会严重影响着天然气水合物储层渗流特征与开发效果。

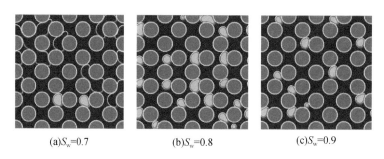

(a)S_w=0.7　　　　　　(b)S_w=0.8　　　　　　(c)S_w=0.9

图4.35　S_h=20.36%时多孔介质中流体的微观分布图

　　除天然气水合物饱和度以及天然气水合物赋存形态影响之外，含天然气水合物沉积物中气液相对渗透率也会受到其他诸多因素影响，如毛细管数、固相（沉积物与水合物）润湿性、气液流度比以及非均质性（孔隙结构非均质性、润湿非均质性等）等。基于 LBM 的多相渗流数值模拟可以为揭示上述因素对含天然气水合物沉积物气-水相对渗透率的微观影响机制提供一种有效的技术手段，然而，目前相关研究还有许多不足之处需要完善。在天然气水合物开采过程中，多孔介质中除了气液两相流动之外，还会涉及天然气水合物相变，即天然气水合物分解（产生气体与液体）与再生成（消耗气体与液体），进而导致孔隙中天然气水合物赋存形态发生变化。目前大多数的相关研究对天然气水合物赋存形态进行了理想化处理，并不能反映真实的天然气水合物赋存形态变化。针对问题，指出了两个研究方向供读者参考：一个是基于 LBM 的多相渗流过程与天然气水合物相变过程的耦合模拟研究，通过数值模拟实现天然气水合物赋存形态的准确描述与多相流动的精确模拟；另一个是与高精度微观成像技术相结合的 LBM 多相渗流模拟研究，通过高精度微观成像技术（微流控技术、高精度 X-CT 技术等）获取天然气水合物相变过程中天然气水合物赋存形态与孔隙分布形态演化特征，进而借助 LBM 实现含天然气水合物多孔介质中三维空间多相流动的准确模拟。这些研究的发展都会引起相同的问题，即计算量急剧增大，计算效率不高，因此开发更高效、更灵活、更可靠的求解算法也是未来亟须改进的方向之一。

第四节　水、气两相渗流相对渗透率模型

近年来，不少学者新提出了含天然气水合物沉积物水、气相对渗透率模型，如表 4.1 所示，其中具有代表性的模型介绍如下。

Singh 等（2018）使用稳态形式的 Navier-Stokes 方程推导了一种新的含天然气水合物沉积物相对渗透率模型，该模型没有经验参数。使用七组不同的实验数据来验证该模型，然后分析不同物理参数对含天然气水合物沉积物相对渗透率的影响，并通过使用实验或孔隙尺度模拟进行的类似研究来验证结果。随后，Singh 等（2019）提出了一种考虑毛细管作用的相对渗透率模型，针对来自文献的相对渗透率数据（Mahabadi et al., 2016b）验证了该模型的适用性，然后将所提出的模型用于分析天然气水合物形态和流体分布对相对渗透率的影响。根据不同天然气水合物形态对相对渗透率敏感性分析结果，发现气体相对渗透率对天然气水合物形态敏感，而水相对渗透率对孔隙空间中天然气水合物局部化的依赖性很小。最近，Singh 等（2020）提出了一种利用毛细管压力数据推断岩石相对渗透率的方法，通过数值模拟预测阿拉斯加北坡两个天然气水合物储层的气与水产出率，并与使用 Brooks-Corey 相对渗透率模型的结果进行比较，发现数值模拟耗费的时间与 Brooks-Corey 模型耗费的时间相似，但储层产能的结果不同。

Lei 等（2020）考虑到天然气水合物在含天然气水合物沉积物中均匀分布的假设，以及有效应力引起的含天然气水合物沉积物孔隙结构（如孔隙半径）的变化，提出了一个应力相关的含天然气水合物沉积物气与水两相流动的相对渗透率理论模型。将模型预测结果与其他模型预测结果及实验测试数据进行比较发现，在相同饱和度下，孔隙充填型水合物对应的相对渗透率小于颗粒表面型水合物对应的相对渗透率。此外，颗粒表面型水合物和

表 4.1 含天然气水合物沉积物水、气相对渗透率模型

编号	模型表达式	模型参数	描述	优缺点	参考文献
1	$$K_{ri}=\frac{u_i q_{i,pm}}{A_i K_{pm}\beta_i S_i^{ni}\Delta P}$$ $$K_{pm}=\frac{R^2}{8}\frac{\phi}{\tau}\frac{(S_h)}{(\phi,1-S_h-S_{rw})}$$	K_{ri} 为气体或水的相对渗透率，K_{pm} 是天然气水合物饱和度为 S_h 时沉积物的绝对渗透率，β_i 与 η_i 为经验参数	考虑毛细管压力对气水两相渗流的影响，引入了 4 个经验参数（气、水各两个参数）	这 4 个参数只需要根据任一给定的天然气水合物饱和度下的实验参数即可求取一次，便可在其他天然气水合物饱和度下预测含天然气水合物沉积气-水渗透率	（Singh et al., 2019）
2	$$K_{rw}(S_w)=\frac{\int_0^{S_w}\frac{dS_w}{P_c^2}}{\int_0^1\frac{dS_w}{P_c^2}},\quad K_{rg}(S_w)=\frac{\int_{S_w}^1\frac{dS_w}{P_c^2}}{\int_0^1\frac{dS_w}{P_c^2}}$$	K_{rw}、K_{rg}、S_w、P_c 分别是水的相对渗透率、气体相对渗透率、水的饱和度和毛细管压力	基于 Purcell 方程，提出的一种利用毛细管压力数据推断岩石渗透率的方法	可用于估算常规储层岩石两相流中水的相对渗透率，但不能用于在多于两相或水是润湿相的其他流动问题	（Singh et al., 2020）
3	$$K_{rg}=(K_{rg}^{PF})^\lambda(K_{rg}^{WC})^{1-\lambda}$$ $$K_{rw}=(K_{rw}^{PF})^\lambda(K_{rw}^{WC})^{1-\lambda}$$	λ 是所有天然气水合物生长模式中孔隙中的型（PF）的比例，可通过实验测试确定。参数 λ 在 0 ［即颗粒表面型（WC）水合物］ 到 1 （即 PF 水合物）的范围内变化	假设天然气水合物均匀分布在多孔介质的圆柱形孔隙中，有两种主要的天然气水合物生长模式，即 PF 水合物，WC 水合物以及两者的组合。考虑了有天然气水合物沉积物饱和度引起的含天然气水合物孔隙结构的变化	利用实验渗透率数据，可以使用反演建模来估算孔隙尺度参数，可作为确定含天然气水合物岩石岩性的替代方法	（Lei et al., 2020）
4	$$K_{ri}=\frac{D_{fi}}{D_{fp}}\frac{3+D_{Tp}-D_{fp}}{3+D_{Ti}-D_{fi}}\left(\frac{\lambda_{max,i}}{\lambda_{max,p}}\right)^{3+D_{Tp}}\left(\frac{L_0}{\lambda_{max,i}}\right)^{D_{Tp}-D_{Ti}}$$	λ_{max} 为孔隙最大直径，D_f 为孔径分形维数，D_T 为迂曲度分形维数	该模型将孔隙中的水和气视为两束分形毛细管，并考虑了孔隙特征和孔隙尺度分布的物理特性	所提出的模型刻画了水和气体的孔隙尺度分布，并反映了残余水饱和在石英砂岩表面的亲水性	（Liu et al., 2019）

续表

编号	模型表达式	模型参数	描述	优缺点	参考文献
5	$(K_{ri})_{eff} = \left[\dfrac{(K_{ri})_{PF}}{\beta^2}\right]^{x_{PF}} \left[\dfrac{(K_{ri})_{WC}}{\beta^2}\right]^{1-x_{PF}}$	β 为孔隙形状校正系数，$(K_{ri})_{PF}$ 和 $(K_{ri})_{WC}$ 分别为孔隙充填型和颗粒表面型水合物的相对渗透率	综合考虑孔隙形状、平均孔径、孔隙度、束缚水饱和度、天然气水合物饱和度等岩石特性，水饱和度和黏度等流体特性以及天然气水合物生长模式	该模型可以进行相关物理参数对相对渗透率的敏感性分析以及使用反演建模对岩石参数（如孔隙度、孔隙大小和残余水饱和度）进行估算	(Singh et al., 2018)
6	$K_{rw} = \left(\dfrac{S_w - S_{rw}}{1 - S_{rw}}\right)^{0.5} \left\{1 - \left[1 - \left(\dfrac{S_w - S_{rw}}{S_{wmax} - S_{rw}}\right)^{\frac{1}{m}}\right]^m\right\}^2$ $K_{rg} = \left[1 - \left(\dfrac{S_w - S_{rw}}{S_{wmax} - S_{rw}}\right)\right]^{0.5} \left[1 - \left(\dfrac{S_w - S_{rw}}{S_{wmax} - S_{rw}}\right)^{\frac{1}{m}}\right]^m$	S_w 为含水饱和度，S_{rw} 为束缚水饱和度，S_{rw} 为残余水饱和度，S_{wmax} 为气体相对渗透率开始出现时的含水饱和度，m 为孔隙分布指数			(Genuchten, 1980)
7	$K_{rw} = \left(\dfrac{S_w - S_{rw}}{1 - S_{rw}}\right)^{n_w}$ $K_{rg} = \left(\dfrac{S_g - S_{rg}}{1 - S_{rw}}\right)^{n_g}$	S_w 为含水饱和度，S_{rw} 为束缚水饱和度，S_{rg} 为残余气饱和度，n_w 和 n_g 分别为水和气相对渗透率的拟合参数	最初用于非饱和土壤中的气-水相对渗透率计算	形式简单，普及；但包含经验参数	(Brooks and Corey, 1964)

孔隙充填型水合物对应的相对渗透率曲线的形态特征是不同的。

Liu 等（2019）利用分形理论量化表征了含天然气水合物沉积物的孔隙结构，将孔隙中的水和气占据空间等效为两束分形毛细管，并考虑了孔隙特征和孔隙尺度水、气分布的物理特性，基于分形理论推导出了水与气两相渗流的相对渗透率理论模型。模型分析结果表明，即使孔隙水饱和度在开采过程中保持不变，气相的相对渗透率也会增加，而水相的相对渗透率会略微降低，这是因为天然气水合物分解整体上增加了有效孔隙的尺寸，降低了毛细管压力，从而使非润湿相的气体更容易流动。

两相流体渗流的相对渗透率实质上是一个归一化之后的无量纲数。对于孔隙中没有天然气水合物的沉积物，采用绝对渗透率对有效渗透率进行"归一化"之后即得相对渗透率；而对于孔隙中含天然气水合物的沉积物，是采用绝对渗透率还是采用有效绝对渗透率进行"归一化"将产生不同的相对渗透率结果。以气体的相对渗透率为例，如果采用绝对渗透率进行"归一化"，那么天然气水合物饱和度增大导致的气体相对渗透率曲线下移（Jaiswal et al.，2009；Mahabadi and Jang，2014；Li et al.，2020），实际上代表了气体有效渗透率的逐渐变小；如果采用有效绝对渗透率进行"归一化"，由于有效绝对渗透率通常随着天然气水合物饱和度的增大而减小，那么对于天然气水合物饱和度增大导致的气体有效渗透率逐渐变小的情况，气体相对渗透率曲线既可能上移也可能下移，两者取决于有效渗透率和有效绝对渗透率随着天然气水合物饱和度变化而变化的速率大小。这可能是导致目前不同研究获得的水、气相对渗透率曲线在天然气水合物饱和度降低过程中的演化规律认识存在差异的原因。因此，建议含天然气水合物沉积物水、气相对渗透率曲线明确所采用的"归一化"参量。考虑到天然气水合物为固体，其占据的孔隙空间通常对渗流无贡献，可将天然气水合物视为沉积物骨架的"增量"，此时新骨架对应的绝对渗透率即为含天然气水合物沉积物的有效绝对渗透率，故而推荐使用有效绝对渗透率作为相对渗透率的"归一化"参量，有利于保持天然气水合物领域与油气等其他领域概念与习惯的一致性。关于上述含天然气水合物沉积物各种渗透率的约定，可查阅本书第一章第二节的有关内容。

参 考 文 献

胡高伟，业渝光，刁少波，等．2010．时域反射技术测量海洋沉积物含水量的研究．现代地质，24（3）：622-626.

胡高伟，李承峰，业渝光，等．2014．沉积物孔隙空间天然气水合物微观分布观测．地球物理学报，57（5）：1675-1682.

孔祥言．2020．高等渗流力学．合肥：中国科学技术大学出版社．

赵建林．2018．页岩/致密油气藏微纳尺度流动模拟及渗流规律研究．青岛：中国石油大学（华东）．

周康．2017．预交联凝胶驱渗流机制及注采优化方法研究．青岛：中国石油大学（华东）．

Ahn T, Lee J, Huh D-G, et al. 2005. Experimental study on two-phase flow in artificial hydrate-bearing sediments. Geosystem Engineering, 8: 101-104.

Ba Y, Liu H, Li Q, et al. 2016. Multiple-relaxation-time color-gradient lattice Boltzmann model for simulating two-phase flows with high density ratio. Physical review E, 94: 023310.

Brooks R H, Corey A T. 1964. Hydraulic properties of porous media, Civil Engineering Department. Fort Collins：

Colorado State University.

Choi J H, Myshakin E M, Lei L, et al. 2020. An experimental system and procedure of unsteady-state relative permeability test for gas hydrate-bearing sediments. Journal of Natural Gas Science and Engineering, 83: 103545.

Dai S, Seol Y. 2014. Water permeability in hydrate-bearing sediments: a pore-scale study. Geophysical Research Letters, 41: 4176-4184.

Dai S, Kim J, Xu Y, et al. 2019. Permeability anisotropy and relative permeability in sediments from the National Gas Hydrate Program Expedition 02, offshore India. Marine and Petroleum Geology, 108: 705-713.

Genuchten M T V. 1980. A closed-form equation for predicting the hydraulic conductivity of unsaturated soils. Soil Science Society of America Journal, 44: 892-898.

Ghiassian H, Grozic J L H. 2013. Strength behavior of methane hydrate bearing sand in undrained triaxial testing. Marine and Petroleum Geology, 43: 310-319.

Groot R D, Warren P B 1997. Dissipative particle dynamics: bridging the gap between atomistic and mesoscopic simulation. The Journal of Chemical Physics, 107: 4423-4435.

He X, Chen S, Zhang R. 1999. A lattice boltzmann scheme for incompressible multiphase flow and its application in simulation of rayleigh - taylor instability. Journal of Computational Physics, 152: 642-663.

Huang H, Lu X-Y. 2009. Relative permeabilities and coupling effects in steady-state gas-liquid flow in porous media: a lattice Boltzmann study. Physics of Fluids, 21: 092104.

Jaiswal N J, Dandekar A Y, Patil S L, et al. 2009. Relative permeability measurements of gas-water-hydrate systems//Collett T, Johnson A, Knapp C, et al., Natural Gas Hydrates—Energy Resource Potential and Associated Geologic Hazards. American Association of Petroleum Geologists.

Ji Y, Kneafsey T J, Hou J, et al. 2022. Relative permeability of gas and water flow in hydrate-bearing porous media: a micro-scale study by lattice Boltzmann simulation. Fuel, 321: 124013.

Johnson A, Patil S, Dandekar A. 2011. Experimental investigation of gas-water relative permeability for gas-hydrate-bearing sediments from the Mount Elbert Gas Hydrate Stratigraphic Test Well, Alaska North Slope. Marine and Petroleum Geology, 28: 419-426.

Johnson E F, Bossler D P, Bossler V O N. 1959. Calculation of relative permeability from displacement experiments. Transactions of the AIME, 216: 370-372.

Jones S C, Roszelle W O. 1978. Graphical techniques for determining relative permeability from displacement experiments. Journal of Petroleum Technology, 30: 807-817.

Lei G, Liao Q, Lin Q, et al. 2020. Stress dependent gas-water relative permeability in gas hydrates: a theoretical model. Advances in Geo-Energy Research, 4 (3): 326-338.

Li G, Zhan L, Yun T, et al. 2020. Pore-scale controls on the gas and water transport in Hydrate-Bearing sediments. Geophysical Research Letters, 47: e2020GL086990.

Li H, Pan C, Miller C T. 2005. Pore-scale investigation of viscous coupling effects for two-phase flow in porous media. Physical review E, 72: 026705.

Li Q, Luo K H, Kang Q J, et al. 2016. Lattice Boltzmann methods for multiphase flow and phase-change heat transfer. Progress in Energy and Combustion Science, 52: 62-105.

Liu C, Meng Q, He X, et al. 2015. Characterization of natural gas hydrate recovered from Pearl River Mouth basin in South China Sea. Marine and Petroleum Geology, 61: 14-21.

Liu H, Valocchi A J, Kang Q. 2012. Three-dimensional lattice Boltzmann model for immiscible two-phase flow simulations. Physical review E, 85: 069901.

Liu H, Valocchi A J, Werth C, et al. 2014. Pore-scale simulation of liquid CO_2 displacement of water using a two-phase lattice Boltzmann model. Advances in Water Resources, 73: 144-158.

Liu H, Zhang Y, Valocchi A J. 2015. Lattice Boltzmann simulation of immiscible fluid displacement in porous media: homogeneous versus heterogeneous pore network. Physics of Fluids, 27: 052103.

Liu L, Dai S, Ning F, et al. 2019. Fractal characteristics of unsaturated sands-implications to relative permeability in hydrate-bearing sediments. Journal of Natural Gas Science and Engineering, 66: 11-17.

Lu N, Likos W. 2004. Unsaturated Soil Mechanics. Hoboken: Wiley.

Mahabadi N, Jang J. 2014. Relative water and gas permeability for gas production from hydrate-bearing sediments. Geochemistry, Geophysics, Geosystems, 15: 2346-2353.

Mahabadi N, Dai S, Seol Y, et al. 2016a. The water retention curve and relative permeability for gas production from hydrate-bearing sediments: pore-network model simulation. Geochemistry, Geophysics, Geosystems, 17: 3099-3110.

Mahabadi N, Zheng X L, Jang J. 2016b. The effect of hydrate saturation on water retention curves in hydrate-bearing sediments. Geophysical Research Letters, 43: 4279-4287.

Parker J C, Lenhard R J, Kuppusamy T. 1987. A parametric model for constitutive properties governing multiphase flow in porous media. Water Resources Research, 23: 618-624.

Qian Y H, D'humières D, Lallemand P. 1992. Lattice BGK Models for Navier-Stokes Equation. Europhysics Letters (EPL), 17: 479-484.

Raeini A Q, Blunt M J, Bijeljic B. 2012. Modelling two-phase flow in porous media at the pore scale using the volume-of-fluid method. Journal of Computational Physics, 231: 5653-5668.

Santamarina J C, Dai S, Terzariol M, et al. 2015. Hydro-bio-geomechanical properties of hydrate-bearing sediments from Nankai Trough. Marine and Petroleum Geology, 66: 434-450.

Shan X, Chen H 1993. Lattice Boltzmann model for simulating flows with multiple phases and components. Physical review E, 47: 1815.

Shan X, Chen H 1994. Simulation of nonideal gases and liquid-gas phase transitions by the lattice Boltzmann equation. Physical review E, 49: 2941-2948.

Singh H, Myshakin E M, Seol Y. 2018. A nonempirical relative permeability model for Hydrate-Bearing sediments. SPE Journal, 24: 547-562.

Singh H, Mahabadi N, Myshakin E M, et al. 2019. A Mechanistic model for relative permeability of gas and water flow in Hydrate-Bearing porous media with capillarity. Water Resources Research, 55: 3414-3432.

Singh H, Myshakin E M, Seol Y. 2020. A novel relative permeability model for gas and water flow in Hydrate-Bearing sediments with laboratory and field-scale application. Scientific Reports, 10: 5697.

Swift M R, Orlandini E, Osborn W R, et al. 1996. Lattice Boltzmann simulations of liquid-gas and binary fluid systems. Physical review E, 54: 5041-5052.

Tartakovsky A M, Meakin P. 2006. Pore scale modeling of immiscible and miscible fluid flows using smoothed particle hydrodynamics. Advances in Water Resources, 29: 1464-1478.

Toth J, Bodi T, Szucs P, et al. 2002. Convenient formulae for determination of relative permeability from unsteady-state fluid displacements in core plugs. Journal of Petroleum Science and Engineering, 36: 33-44.

Wang D, Wang C, Li C, et al. 2018. Effect of gas hydrate formation and decomposition on flow properties of fine-grained quartz sand sediments using X-ray CT based pore network model simulation. Fuel, 226: 516-526.

Wang J, Zhao J, Yang M, et al. 2015a. Permeability of laboratory-formed porous media containing methane hydrate: observations using X-ray computed tomography and simulations with pore network models. Fuel, 145:

170-179.

Wang J, Zhao J, Zhang Y, et al. 2015b. Analysis of the influence of wettability on permeability in hydrate-bearing porous media using pore network models combined with computed tomography. Journal of Natural Gas Science and Engineering, 26: 1372-1379.

Wang J, Zhao J, Zhang Y, et al. 2016. Analysis of the effect of particle size on permeability in hydrate-bearing porous media using pore network models combined with CT. Fuel, 163: 34-40.

Wang J, Zhang L, Zhao J, et al. 2018. Variations in permeability along with interfacial tension in hydrate-bearing porous media. Journal of Natural Gas Science and Engineering, 51: 141-146.

Wei B, Hou J, Sukop M C, et al. 2019. Pore scale study of amphiphilic fluids flow using the Lattice Boltzmann model. International Journal of Heat and Mass Transfer, 139: 725-735.

Wright R. 1933. Jamin effect in oil production. AAPG bulletin, 17: 1521-1526.

Xin X, Yang B, Xu T, et al. 2021. Effect of hydrate on gas/water relative permeability of Hydrate Bearing sediments: pore-scale microsimulation by the Lattice Boltzmann Method. Geofluids, 2021: 1-14.

Yang L, Ai L, Xue K, et al. 2018. Analyzing the effects of inhomogeneity on the permeability of porous media containing methane hydrates through pore network models combined with CT observation. Energy, 163: 27-37.

Yasuda K, Mori Y H, Ohmura R. 2016. Interfacial tension measurements in water-methane system at temperatures from 278.15 K to 298.15 K and pressures up to 10MPa. Fluid Phase Equilibria, 413: 170-175.

Zhang C, Oostrom M, Wietsma T W, et al. 2011. Influence of viscous and capillary forces on immiscible fluid displacement: pore-scale experimental study in a water-wet micromodel demonstrating viscous and capillary fingering. Energy & Fuels, 25: 3493-3505.

Zhang L, Ge K, Wang J, et al. 2020. Pore-scale investigation of permeability evolution during hydrate formation using a pore network model based on X-ray CT. Marine and Petroleum Geology, 113: 104157.

Zhang L, Kang Q, Yao J, et al. 2015. Pore scale simulation of liquid and gas two-phase flow based on digital core technology. Science China Technological Sciences, 58: 1375-1384.

Zhang Y, Liu L, Wang D, et al. 2021. Application of low-field nuclear magnetic resonance (lfnmr) in characterizing the dissociation of gas hydrate in a porous media. Energy & Fuels, 35 (3): 2174-2182.

Zhang Z, Li C, Ning F, et al. 2020. Pore fractal characteristics of hydrate-bearing sands and implications to the saturated water permeability. Journal of Geophysical Research: Solid Earth, 125 (3): e2019JB018721.

Zhao J, Kang Q, Yao J, et al. 2018. The effect of wettability heterogeneity on relative permeability of two-phase flow in porous media: a lattice Boltzmann study. Water Resources Research, 54: 1295-1311.

第五章　海洋天然气水合物开采储层渗流分形研究

　　分形理论具有透过无序混乱现象和不规则形态抓住问题本质的能力，发现的规律通常不受研究尺度的限制，自其诞生几十年来，在多个领域均获得了应用。开采过程中的海洋天然气水合物储层结构复杂且易于变化，分形理论为其微观结构表征与宏观物性预测提供了有力的手段，为海洋天然气水合物开采储层渗流研究提供了一种全新的思路。

　　本章首先介绍分形的基本概念，然后梳理多孔介质渗流研究的两种经典分形模型，接着阐述含天然气水合物沉积物有效孔隙分形理论及其在渗流研究中的应用，最后给出基于分形理论的关键路径分析方法作为参考。

第一节　分形基本概念

　　美国哈佛大学数学系教授曼德勃罗特于 1967 年在 *Science* 上发表了一篇名为《英国的海岸线有多长？统计自相似和分数维度》（*How Long is the Coast of Britain? Statistical Self-Similarity and Fractional Dimension*）的论文（Mandelbrot，1967），指出曲折弯曲的海岸线具有统计自相似性，它的长度是无法确定的，但是可以用分数的维数进行描述，自此开启了采用分形的思想探索自然界复杂形态的时代。然而，"分形（fractal）"这个名词直到 1975 年才由曼德勃罗特教授首次提出，它既是名词又是形容词，在字面上代表了一种"不规则的、分数的、支离破碎的"物体或者体系，这类物体或者体系无法采用传统的欧几里得几何学进行描述。1977 年，曼德勃罗特教授出版了第一本著作《分形：形态、偶然性和维数》（*Fractals：Form，Chance，and Dimension*），标志着分形理论的正式诞生（Mandelbrot，1977）；他随后在 1982 年出版了第二本著作《自然界的分形几何学》（*The Fractal Geometry of Nature*），系统阐述了分形理论体系的核心内容，标志着分形理论的初步形成，也标志着分形成为一门独立学科（Mandelbrot，1982）。由于曼德勃罗特教授对科学做出的杰出贡献，他被誉为"分形之父"，斩获巴纳德奖章（Barnard Medal）、富兰克林奖章（Franklin Medal）和哈维奖（Harvey Prize）等多项重量级国际奖项，被认为是 20 世纪后半叶最具影响的科学伟人之一（图 5.1）。

　　分形理论以新的观念和新的手段探索隐藏在自然复杂非线性系统背后的规律、局部和整体之间的本质联系，体现出了透过无序混乱现象和不规则形态抓住问题本质的能力，几十年来在自然科学和社会科学等领域中获得了广泛而深入的应用，现在仍是大量学科的前沿研究课题之一，这些应用与研究又反过来促进了分形理论的发展与完善。然而迄今为止，分形尚没有严密的定义，通俗且直观地认为"组成部分以某种方式与整体相似的形体叫分形"，突出了分形的"自相似性"和"标度不变性"两大特征。此外，分形还具有以下典型特征：①具有任意的小比例精细结构；②极端不规则，以至于其整体与局部均不能

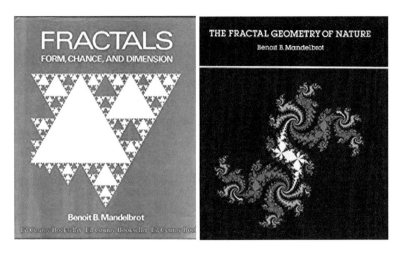

图 5.1　曼德勃罗特教授（1924～2010 年）的分形著作

用传统的欧几里得几何语言来描述，却可以通过简单的迭代产生；③以某种方式定义的分形维数通常大于其拓扑维数。

一、分形特征

自相似性和标度不变性是分形的两个重要特征。这里的自相似性是指某种结构或过程的特征从不同的空间尺度或时间尺度来看都是相似的，或者某系统或结构的局域性质或局域结构与整体类似。例如，从飞机上俯视海岸线，可以发现海岸线是由很多半岛和海湾组成的，在飞机降落过程中，又可以发现原来组成海岸线的半岛和海湾是由许多更小的半岛和海湾组成的，即海岸线具有典型的自相似性结构。通常情况下，自相似性有比较复杂的表现形式，而不是局部放大一定倍数以后简单地和整体完全重合。如果物体或系统是按一定的数学法则生成的，即具有严格的自相似性，那么这类物体或系统通常被称为有规分形，或者严格意义上的分形，如经典的科赫曲线、康托尔集、谢尔宾斯基地毯、茱莉亚集和曼德勃罗特集等；而在自然界中的分形，其自相似性并不是严格的，而是在统计意义上的自相似性，此类物体或系统一般被称为无规分形，或者统计意义上的分形，如常见的罗马花椰菜、闪电、大树、河流、山脉和土壤等。关于自相似性还应强调以下两点。

（1）自相似性存在不同的层次结构。数学上严格意义的分形具有无限嵌套的层次结构；而自然界中常见的统计意义上的分形通常只存在有限嵌套的层次结构，而且要进入一定层次结构以后才有分形的规律。

（2）自相似性存在不同的级别。分形生成元的次数或者最大倍数最高者是整体，而最低者称为零级生成元，可用无标度区间或者标度不变性范围表示。

所谓的标度不变性是指在分形上任意选择一个局部区域进行放大，得到的放大图像又会显示出原图的形态特征。因此，不论将分形放大还是缩小，它的形态和复杂程度及不规则性等各种特性均不会发生变化，所以标度不变性又称为伸缩对称性。具有自相似性的物体或系统必定满足标度不变性，即此类物性或者系统没有特征长度。对于有规分形或者严格意义上的分形，标度不变性是存在于所有尺度的，然而对于无规分形或者统计意义上的分形，标度不变性只在一定的尺度范围内适用。通常把标度不变性适用的空间称为该分形的无标度空间。

二、分形维数

在经典的欧氏几何学中，维数只能是整数，即点、直线、平面图形和空间图形的维数分别为 0、1、2 和 3，对应长度单位的相应次幂。其数值与决定几何形状的变量个数即自由度是一致的。

假如使用长度为 r 的"尺子"作为单位去度量一段长度为 L 的直线，如果度量的结果是 N，那么这段直线的长度就是 N 尺。显然，数量 N 与所用尺子的长度有关，它们之间存在下列关系

$$N(r) = \frac{L}{r} \tag{5.1}$$

如果将 $\xi = \dfrac{r}{L}$ 定义为上述"尺子"的无量纲长度，那么式（5.1）可改写为

$$N(\xi) = \xi^{-1} \tag{5.2}$$

类似地，如果使用边长为 r 的小正方形作为"尺子"去度量一个有限平面（面积为 A）的大小，那么小正方形的数量 N 可表示为

$$N(\xi) = \xi^{-2} \tag{5.3}$$

式中，$\xi = \dfrac{r}{\sqrt{A}}$ 为上述小正方形的无量纲边长。

同样地，将边长为 r 的小正方体填满一个有限体积 V，那么所需要的小正方体数量 N 可表示为

$$N(\xi) = \xi^{-3} \tag{5.4}$$

式中，$\xi = \dfrac{r}{\sqrt[3]{V}}$ 为上述小正方体的无量纲边长。

式（5.2）、式（5.3）和式（5.4）共同说明了只有使用与被度量几何体具有相同维数的"尺子"去度量，才可以得到一个确定的测量数值 N；如果使用低于被度量几何体维数的"尺子"去度量，测量结果为无穷大；如果使用高于被度量几何体维数的"尺子"去度量，那么测量结果为零。归纳类比后容易得出以下数学表达式：

$$N(\xi) = \xi^{-D_{\mathrm{H}}} \tag{5.5}$$

两边取自然对数并简单运算后可得

$$D_{\mathrm{H}} = -\frac{\ln N(\xi)}{\ln \xi} \tag{5.6}$$

式中，D_{H} 是豪斯道夫（Hausdorff）维数（Falconer，2005），也称豪斯道夫-贝塞科维奇（Besicovitch）维数，还可称为覆盖维数或量规维数，它既可以是整数，也可以是分数。对于图 5.2 所示的五条折线段，定义第一个直线段的长度为单位长度，无量纲尺子长度为

1/4，则测量结果分别为4、5、6、7和8，由式（5.6）容易求出对应的豪斯道夫维数依次为1.000、1.161、1.292、1.404和1.500。可以看出，维数越大则折线段越曲折，即细节越丰富。

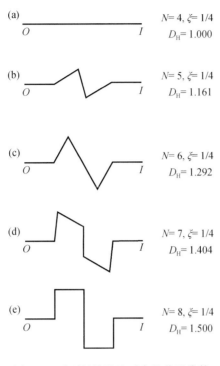

图5.2　系列折线段及对应的分形维数

在分形几何学领域，分形维数具有若干不同的定义。测定维数的对象及方法不同，其结果不一定完全相同，分形维数的类型也不同。除豪斯道夫维数之外，还有其他一些常用的维数，如信息维数、关联维数、相似维数、谱维数、容量维数、填充维数、分配维数和李雅普诺夫维数等（张济忠，2011）。

分形维数的测定方法多种多样，主要包括改变观察尺度求维数、根据测量关系求维数、根据相关函数求维数、根据分布函数求维数、根据频谱求维数等基本方法。对于自然界中海岸线等分形曲线，通常采用量规法进行测量，其实际操作的主要步骤如下。

（1）以海岸线等分形曲线一端为起点，以该点为圆心、以ξ_i为无量纲半径画圆，对于空间曲线则画球，将此圆或球与曲线最初相交的点和起点连成直线，再将该交点看作起点，反复进行同样的操作，直到曲线的终点，记录下覆盖整个曲线所得的直线段的数目$N(\xi_i)$。

（2）改变ξ_i的大小，重复上述步骤的操作过程，这样可以得到一组$\ln\left(\dfrac{1}{\xi_i}\right)$和$\ln N(\xi_i)$相关的数据点。

（3）将这些数据点标出，它们的连线应该是一条直线，该直线斜率的绝对值即为曲线的分形维数。

　　二维平面或三维空间内图形的分形维数通常采用数盒子法或盒计数法进行测定（Falconer，2005）。数盒子法的原理和量规法一致，但操作方法不同。简单来说就是首先通过构造等边长的正方形（称为盒子）网格覆盖目标形状；其次计算与目标形状相交的盒子数量；再次改变覆盖网格中正方形盒子的边长并计算新的相交盒子数量；最后在双对数坐标系中绘制出盒子数量随着盒子边长变化而变化的直线，该直线斜率的绝对值即为目标形状的"计盒维数"或者"盒维数"。采用数盒子法测定科赫曲线盒维数的步骤如图 5.3 所示，图 5.3 中曲线两端之间的直线距离被定义为单位长度。盒维数可以被认为是表示一个几何体能被相同形状的小几何体覆盖的效率，而豪斯道夫维数涉及的可能是一个几何体被不同形状的小几何体覆盖的效率，一般来说两者不相等，但是对于多孔介质等自然界中许多"相当规则"的几何图形来说，通常可以认为两者是相等的。

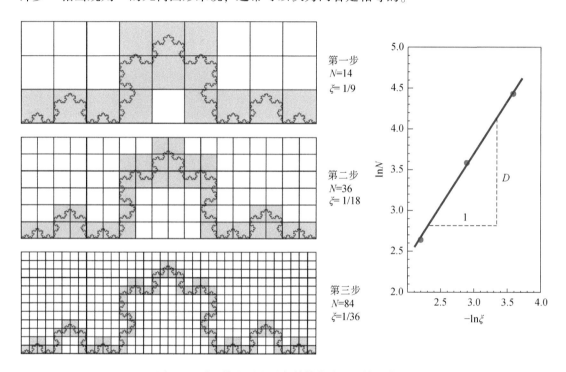

图 5.3　采用数盒子法测定科赫曲线盒维数的步骤

　　对于像岛屿大小和金属材料接触面的分布函数这类问题，可以根据分布函数的性质求得其分形维数。具体地，可以采用数盒子法给出岛屿地图或者金属材料接触点扫描图像中无量纲直径为 ξ 的岛屿或接触点数目 $N(\xi)$ 与该无量纲直径的关系曲线（通过改变无量纲直径的大小），或直径大于 ξ 岛屿或接触点的累积数目 $N_c(\xi)$ 与该无量纲直径的关系曲线，然后分别以 $\ln\left(\dfrac{1}{\xi}\right)$ 和 $\ln N_c$ 为横坐标与纵坐标绘图，直线斜率的绝对值即为其分形维数。

第二节　多孔介质渗流分形基础

多孔介质是一种由多相多组分物质构成的材料，通常以固相为固体骨架，气相或者液相弥散在固相之中，形成纷繁复杂的微观结构，表现为极其丰富的宏观性质。多孔介质按其成因可分为人造多孔介质和天然多孔介质两种。其中，人造多孔介质常见的有陶瓷、活性炭、砖瓦、木材和玻璃纤维等；常见的天然多孔介质有植物根茎、岩石和土体等。岩石和土体是地球科学、环境科学、能源科学和工程材料科学等学科领域重点关注的多孔介质，它们的力学性质、热学性质、水力学性质和电学性质等相关研究一直都是国内外学术界和工业界先进思想和高新技术的试验场。

天然岩土材料通常具有很好的分形特征（Mandelbrot，1982）。分形理论在多孔介质中的应用，实际上是采用分形的思想量化表征或者模拟等效多孔介质的微观结构，然后基于特定模型分析多孔介质宏观物性演化规律，旨在为工程实际问题的解决提供有益的参考。已有专著（蔡建超和胡祥云，2015）对分形理论在多孔介质基础物性研究中的应用情况进行了较好的总结，在此仅对两个最具影响力的多孔介质分形模型进行介绍。

一、分形毛细管束模型

分形毛细管束模型是将多孔介质孔隙空间等效为迂曲毛细管束，如图 5.4 所示，主要用来分析其传热传质等输运物理性状。具体的方法步骤是从垂直于渗流横截面上毛细管直径的分布函数和孔径分形维数（或管径分形维数）出发，再到流体通过分形多孔介质的流动轨迹这种分形曲线的分形维数，即所谓的迂曲度分形维数；通过毛细管的流量是由纳维-斯托克斯（Navier-Stokes，N-S）方程略去对时间偏导数项后求解出来的；在此基础上导出了分形多孔介质的渗流速度、渗透率和孔隙度三个物理量的基本公式，最终实现分形多孔介质渗流等性质的研究。毛细管束的特点是毛细管直径和毛细管长度与其累积数目均符合分形标度关系，即直径越小的毛细管数量越多，并且毛细管的长度越长，不同粗细的毛细管长度是不一样的。

分形毛细管束模型的毛细管直径实际可取为多孔介质的孔隙直径。华中科技大学郁伯铭教授将多孔介质中的孔隙类比为广阔海洋中的岛群和材料表面接触点阵，提出了多孔介质分形毛细管束模型（Yu and Li，2001），即直径大于尺度 λ 的孔隙累计数量 N 服从以下分形标度关系：

$$N(\geq \lambda) = \left(\frac{\lambda_{\max}}{\lambda}\right)^{D_{\mathrm{f}}} \tag{5.7}$$

式中，$\lambda_{\max}$ 为孔隙最大直径；D_{f} 为孔径分形维数，在二维空间中 $0<D_{\mathrm{f}}<2$，在三维空间中 $0<D_{\mathrm{f}}<3$。需要说明的是，对于分形毛细管束模型，多孔介质孔隙空间被等效为毛细管束，式（5.7）描述的是横截面上孔隙尺寸的分布，故而其分形维数不可能大于 2；如果将多孔介质孔隙空间等效为系列球体，那么式（5.7）描述的是整个三维多孔介质内孔隙尺寸的分布，此时的分形维数的最大值可以达到 3，对应着整个三维多孔介质内均为孔隙的极

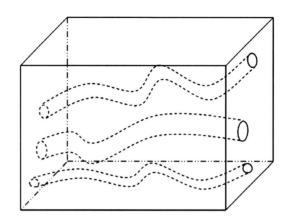

图 5.4　多孔介质分形毛细管束模型示意图（Liang et al., 2019）

端特殊情况。

　　如果孔隙最小直径用 λ_{min} 表示，那么多孔介质的孔隙总数 N_{tot} 为

$$N_{tot}(\geqslant\lambda_{min})=\left(\frac{\lambda_{max}}{\lambda_{min}}\right)^{D_f} \tag{5.8}$$

　　将式（5.7）微分并结合式（5.8）可以得出孔隙分布概率密度函数为

$$f(\lambda)=D_f(\lambda_{min})^{D_f}\lambda^{-(D_f+1)} \tag{5.9}$$

将式（5.9）在最小和最大孔隙直径范围内积分后必须等于 1，进而获得多孔介质能否使用分形理论和方法进行处理或者多孔介质孔隙是不是分形的一个判据，即满足 $\lambda_{min}\ll\lambda_{max}$ 的约束条件，孔隙直径分布应具有足够的范围。

$$\left(\frac{\lambda_{max}}{\lambda_{min}}\right)^{D_f}\cong 0 \tag{5.10}$$

　　在实际应用时，一般认为 $\frac{\lambda_{max}}{\lambda_{min}}<1.0\times10^{-2}$ 时，式（5.10）成立。需要强调的是，多孔介质内毛细管的直径从最大的 λ_{max} 到最小的 λ_{min} 应该看作是连续分布的，这通常要求组成多孔介质的固体颗粒具有各种不同的尺寸，即多孔介质固体颗粒是级配较为良好的。

　　分形毛细管束模型中每根毛细管的迁曲度 τ 定义为毛细管（即流线）的实际长度与多孔介质在流动方向上的外观几何长度 L_0 之比，它和毛细管直径 λ 满足以下分形标度关系（Yu and Cheng, 2002）：

$$\tau=\left(\frac{L_0}{\lambda}\right)^{D_T} \tag{5.11}$$

式中，D_T 为迁曲度分形维数，在二维空间中 $1\leqslant D_T<2$，在三维空间中 $1\leqslant D_T<3$。

　　需要说明的是，$D_T=1$ 代表毛细管是直的，即毛细管的实际长度等于多孔介质在流动方向上的外观几何长度；$D_T=2$ 代表毛细管是非常迁曲的，即毛细管完全填充了整个平面；而 $D_T=3$ 代表毛细管是极端迁曲的，即毛细管完全填充了整个空间。

此外，多孔介质横截面的面孔隙度 ϕ、孔径分形维数 D_f、孔隙最大直径 $\lambda_{\max}$ 和孔隙最小直径 $\lambda_{\min}$ 还满足以下约束关系（Yu and Li，2001）

$$D_f = d_E - \frac{\ln\phi}{\ln\left(\dfrac{\lambda_{\min}}{\lambda_{\max}}\right)} \tag{5.12}$$

式中，d_E 为欧几里得几何维数，在二维空间等于 2，在三维空间等于 3。

由纳维–斯托克斯方程和相关研究可知，流体在长度为 L_e 且直径为 λ 的毛细管中的体积流量与毛细管两端的压力梯度满足以下关系：

$$q = \frac{\pi\lambda^4}{128\mu}\frac{\Delta p}{L_e} \tag{5.13}$$

这就是著名的修正哈根–泊肃叶（Hagen-Poiseuille）公式。

流过多孔介质的体积流量可通过如下积分公式获得。

$$Q = -\int_{\lambda_{\min}}^{\lambda_{\max}} q(\lambda)\,dN \tag{5.14}$$

将式（5.7）和式（5.13）代入式（5.14）并积分可得体积流量为

$$Q = \frac{\pi}{128}\frac{\Delta p}{\mu}\frac{A_0}{L_0}\frac{(L_0)^{1-D_T}}{A_0}\frac{D_f}{3+D_T-D_f}(\lambda_{\max})^{3+D_T}\left[1-\left(\frac{\lambda_{\min}}{\lambda_{\max}}\right)^{3+D_T-D_f}\right] \tag{5.15}$$

式中，A_0 为多孔介质在垂直于宏观渗流方向上横截面的面积，如果研究区域选为正方体的话，那么有 $A_0 = L_0^2$。考虑到 $\lambda_{\min} \ll \lambda_{\max}$ 且 $2 < 3+D_T-D_f < 6$，则式（5.15）可近似为式（5.16）：

$$Q = \frac{\pi}{128}\frac{\Delta p}{\mu}\frac{A_0}{L_0}\frac{L_0^{1-D_T}}{A_0}\frac{D_f}{3+D_T-D_f}\lambda_{\max}^{3+D_T} \tag{5.16}$$

根据达西定律，多孔介质的渗透率按照式（5.17）计算：

$$K = \frac{\mu L_0}{\Delta p}\frac{Q}{A_0} \tag{5.17}$$

将式（5.16）代入式（5.17）整理后可得

$$K = \frac{\pi}{128}\frac{L_0^{1-D_T}}{A_0}\frac{D_f}{3+D_T-D_f}\lambda_{\max}^{3+D_T} \tag{5.18}$$

至此推导出了分形毛细管束的绝对渗透率（多孔介质孔隙中只有单相流体流动时测得的渗透率）表达式。接下来给出多孔介质体积孔隙度表达式的推导过程。

单根长度为 L_e 且直径为 λ 的毛细管的体积为

$$V_c = \left(\frac{\pi\lambda}{2}\right)^2 L_e \tag{5.19}$$

毛细管束（即多孔介质孔隙）的总体积可以通过以下积分公式计算：

$$V_p = -\int_{\lambda_{\min}}^{\lambda_{\max}} V_c\,dN \tag{5.20}$$

那么，多孔介质的体积孔隙度可由式（5.21）获得

$$\Phi = \frac{V_p}{A_0 L_0} \tag{5.21}$$

将式（5.19）和式（5.20）代入式（5.21）中积分并整理后可以得到：

$$\Phi = \frac{\pi}{4} \frac{D_{\mathrm{f}}}{3-D_{\mathrm{T}}-D_{\mathrm{f}}} \left(\frac{\lambda_{\max}}{L_0}\right)^{3-D_{\mathrm{T}}} \left[1-\left(\frac{\lambda_{\min}}{\lambda_{\max}}\right)^{3-D_{\mathrm{T}}-D_{\mathrm{f}}}\right] \tag{5.22}$$

需要说明的是，式（5.22）计算的是体孔隙度，有别于式（5.12）中的多孔介质面孔隙度 ϕ，可以采用类似的方法推导出式（5.23）：

$$\phi = \frac{\pi}{4} \frac{D_{\mathrm{f}}}{2-D_{\mathrm{f}}} \left(\frac{\lambda_{\max}}{L_0}\right)^{2} \left[1-\left(\frac{\lambda_{\min}}{\lambda_{\max}}\right)^{2-D_{\mathrm{f}}}\right] \tag{5.23}$$

对比式（5.22）和式（5.23）可以看出，当 $D_{\mathrm{T}}=1$ 时，即迂曲毛细管束退化为平直毛细管束时，多孔介质的体孔隙度等于其面孔隙度。如果多孔介质的面孔隙度、孔径分形维数、孔隙最小与最大直径之比、孔隙最大直径、多孔介质边长和体孔隙度已知时，可以通过式（5.22）进行不断试算来确定迂曲度分形维数的大小（Liu et al.，2019）。

最后需要强调的是，式（5.11）定义的毛细管的迂曲度并不等于多孔介质的水力迂曲度 τ_{h}。多孔介质的水力迂曲度存在数个不同的定义，其中最为常用的一种定义方法为（Dai and Seol，2014）：

$$\tau_{\mathrm{h}} = \frac{\langle L_{\mathrm{e}} \rangle}{L_0} \tag{5.24}$$

式中，$\langle L_{\mathrm{e}} \rangle$ 为多孔介质内所有毛细管长度 L_{e} 的平均值。基于方形颗粒理想多孔介质内流线几何形状进行推导，水力迂曲度可由式（5.25）根据面孔隙度计算确定（Yu and Li，2004）：

$$\tau_{\mathrm{h}} = \frac{1}{2}\left[1+\frac{1}{2}\sqrt{1-\phi}+\sqrt{1-\phi}\frac{\sqrt{\left(\frac{1}{\sqrt{1-\phi}}-1\right)^{2}+\frac{1}{4}}}{1-\sqrt{1-\phi}}\right] \tag{5.25}$$

二、孔隙–固体分形模型

孔隙–固体分形（pore-solid-fractal，PSF）模型是在 20 世纪 90 年代由法国科研与合作发展研究所（ORSTOM）的皮雷（Perrier）教授为土壤建立的一个多尺度模型，其构造过程如图 5.5 所示，该模型在无穷次迭代以后具有无限精细化的内部结构（Perrier et al.，1999）。图 5.5 中的黑色区域代表固体相，其面积比用 x 表示；白色区域代表孔隙相，其面积比用 y 表示；剩下的灰色区域代表迭代相，其面积比用 z 表示。固体相、孔隙相和迭代相的面积比需要满足归一化条件：

$$x+y+z=1 \tag{5.26}$$

在孔隙–固体分形模型构造过程中，第 1 次迭代增加尺度为 $r_1=\dfrac{L_0}{b^1}$ 的迭代相的数量 n_z 为

$$n_z(r_1) = N_{\mathrm{c}} z \tag{5.27}$$

式中，N_{c} 为模型迭代单元中子区域的总个数，图 5.5 中 $N_{\mathrm{c}}=9$，它满足以下关系式：

$$N_{\mathrm{c}} = b^{d_{\mathrm{E}}} \tag{5.28}$$

式中，b 为多孔介质构造单元单边上的子区域个数，在图 5.5 中 $b=3$。

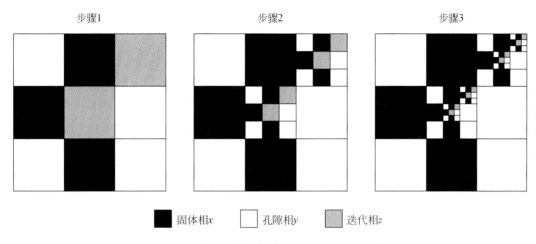

图 5.5　孔隙–固体分形模型构造过程图示（刘乐乐等，2020）

第 2 次迭代将在第 1 次迭代产生的每个子区域中重新生成尺度为 $r_2 = \dfrac{L_0}{b^2}$ 的子区域，新增的尺度为 r_2 的迭代相的数量为

$$n_z(r_2) = (N_c z)^2 \qquad (5.29)$$

类比式（5.27）和式（5.29）可知，第 i 次迭代新增的尺度为 $r_i = \dfrac{L_0}{b^i}$ 的迭代相的数量为

$$n_z(r_i) = (N_c z)^i \qquad (5.30)$$

根据定义，孔隙–固体分形模型的分形维数 D_p 按式（5.31）计算：

$$D_p = \frac{\ln N_c z}{\ln b} \qquad (5.31)$$

联立式（5.30）和式（5.31）可获得以下关系：

$$n_z(r_i) = \left(\frac{L_0}{r_i}\right)^{D_p} \qquad (5.32)$$

联立式（5.26）、式（5.28）和式（5.32）可获得以下关系：

$$D_p = d_E + \frac{\ln(1-x-y)}{\ln b} \qquad (5.33)$$

按式（5.33）计算图 5.5 所示分形模型的分形维数为 0.631。由上述构造过程可知，孔隙–固体分形模型中的固体相、孔隙相和迭代相的分布均为分形，并且三者的分形维数大小相等。

由于多孔介质的渗流行为很大程度上取决于其内部的孔隙结构，因此需要重新审视上述孔隙–固体分形模型构造过程中的孔隙相变化过程。第 1 次迭代后模型中尺度大于等于 r_1 的孔隙累计数量 N_y 为

$$N_y(r_1) = n_y(r_1) = N_c y \qquad (5.34)$$

第 2 次迭代后模型中尺度大于等于 r_2 的孔隙累计数量 N_y 为

$$N_y(r_2) = n_y(r_1) + n_y(r_2) = N_c y(1 + N_c z) \tag{5.35}$$

那么，第 i 次迭代后模型中尺度大于等于 r_i 的孔隙累计数量 N_y 为

$$N_y(r_i) = N_c y \sum_{j=0}^{i-1} (N_c z)^j = N_c y \frac{(N_c z)^i - 1}{N_c z - 1} \tag{5.36}$$

考虑到 $N_c z > 1$，无穷次迭代以后存在以下近似关系：

$$N_y(r_i) \approx N_c y \frac{(N_c z)^i}{N_c z - 1} = \frac{N_c z}{N_c z - 1} \left(\frac{L_0}{r_i}\right)^{D_p} \tag{5.37}$$

将式（5.37）与式（5.12）相比较可知，孔隙-固体分形模型的孔隙分形维数 D_p 与分形毛细管束模型的孔径分形维数 D_f 虽然都称为分形维数，但是两者的定义不同，所描述的标度不变性存在范围也不同。具体地，孔隙-固体分形模型认为多孔介质的孔隙和骨架均为分形，而分形毛细管束模型认为只有多孔介质的孔隙是分形；孔隙-固体分形模型认为的分形标度不变性存在范围是多孔介质的边长至无穷小，而分形毛细管束模型认为的分形标度不变性存在范围是多孔介质的最大孔隙直径至最小孔隙直径。

与求解孔隙-固体分形模型中孔隙相累计数量相似，第 i 次迭代后模型的孔隙度可以表示为

$$\phi_i = \frac{y}{x+y}(1 - z^i) \tag{5.38}$$

考虑到 $z < 1$，无穷次迭代以后孔隙-固体分形模型的孔隙度趋近于多孔介质的真实孔隙度，即

$$\phi = \lim_{i \to \infty} \phi_i \tag{5.39}$$

可见，孔隙-固体分形模型可以使用的前提条件是模型构造迭代次数需要足够大，而分形毛细管束模型可以使用的前提条件是多孔介质的孔隙最小直径需要远远小于孔隙最大直径，即孔隙分形的标度不变性需要存在足够的范围。上述两种分形模型的不同需在使用时注意区别，避免张冠李戴，混乱使用。

三、二维与三维孔径分形维数关系

对于多孔介质分形毛细管束模型，式（5.7）描述了在垂直宏观渗流方向的横截面上孔隙直径的分布情况，此时的孔径分形维数实际上是二维平面内的孔径分形维数，在此用 D_{f2} 表示，除非有特殊说明，否则本章中的 D_f 均表示二维孔径分形维数；而如果将多孔介质的孔隙空间等效为系列的球体，那么式（5.7）描述的是孔隙直径在三维多孔介质内的分布情况，此时的孔径分形维数实际上是三维空间内的孔径分形维数，在此用 D_{f3} 表示。考虑到被等效的多孔介质孔隙空间结构相同，二维平面内的孔径分形维数 D_{f2} 应与三维空间内的孔径分形维数 D_{f3} 存在一定的内在联系。

中国地质大学（武汉）的研究团队基于 X 射线计算机断层成像（X-CT）实验数据探讨了砂岩内二维平面孔径分形维数与三维空间孔径分形维数之间存在的关系（Xia et al.，2018），实验结果如图 5.6 所示。其中，图 5.6（a）为采用盒维数法确定砂岩某个切片内

孔径分形维数 D_{f2} 的结果，图 5.6（b）为依据所有切片内孔径分形维数平均值 $\overline{D_{f2}}$ 求解三维孔径分形维数 D_{f3} 的结果。可以看出，盒子尺寸对数值与盒子数量对数值存在很好的线性关系；砂岩所有切片内孔径分形维数的大小分布于 1.35～1.65，孔隙分布并不是均匀的，其平均值 $\overline{D_{f2}}$ 为 1.520，根据前人研究（Sreenivasan，1991）提出的相加得出：

$$D_{f3} = \overline{D_{f2}} + 1 \tag{5.40}$$

计算获得的三维空间分形维数的大小为 2.520，与三维空间盒维数法测定的孔径分形维数 2.525 非常接近。然而，中国矿业大学（北京）的研究团队基于类似岩心 X-CT 图像却发现，岩心的三维孔径分形维数与其二维孔径分形维数平均值的差值在 0.944～0.962，是明显小于 1 的（Zhao et al.，2017）。

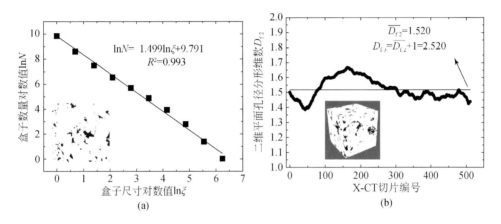

图 5.6　砂岩 X-CT 图像与孔径分形维数（Xia et al.，2018）

由于多孔介质的渗流能力很大程度上受其孔隙喉道的控制，选用样品中垂直于渗流方向上面孔隙度最小横截面的二维孔径分形维数 $D_{f2,\,min}$ 更具意义，而用于描述渗流通道迂曲程度的迂曲度分形维数 D_T 理应与三维孔径分形维数 D_{f3} 存在一定的内在联系。因此，发现多孔介质的三维孔径分形维数与其二维孔径分形维数存在以下关系（Liu et al.，2019）：

$$D_{f3} = D_{f2,\,min} + D_T \tag{5.41}$$

基于两种松散砂样 X-CT 扫描数据，由式（5.40）和式（5.41）计算的三维孔径分形维数与盒维数法测定的三维孔径分形维数对比情况如图 5.7 所示（Zhang et al.，2020），其中缩写 NMSE 表示归一化均方误差。可以看出，由式（5.41）计算的三维孔径分形维数结果明显更接近盒维数法测定值，其归一化均方误差明显小于式（5.40）的归一化均方误差，式（5.41）具有更好的计算效果。

多孔介质的三维孔径分形维数还可以在低场核磁共振横向弛豫时间测量数据的基础上经过计算确定（张永超等，2021，Zhang et al.，2021a）。将多孔介质的孔隙视作系列球体，孔隙总体积可以通过式（5.42）计算：

$$V_t = \int_{\lambda_{min}}^{\lambda_{max}} \frac{4}{3} \pi \left(\frac{\lambda}{2} \right)^3 f(\lambda) \, d\lambda \tag{5.42}$$

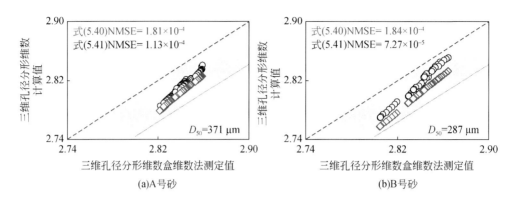

图 5.7　砂样三维孔径分形维数计算值与测定值对比效果（Zhang et al., 2020）

式中，$f(\lambda)$ 可由式（5.9）计算。由于低场核磁共振横向弛豫时间 T_2 反映了水相体积信号的强度，对于水饱和度的多孔介质，直径为 λ 的孔隙体积 V_λ 可以由式（5.43）计算：

$$V_\lambda = \frac{A_\lambda}{A_{\mathrm{sum}}} V_{\mathrm{t}} \qquad (5.43)$$

式中，A_λ 和 A_{sum} 分别代表直径为 λ 的孔隙和所有孔隙对应的信号面积。因此，直径为 λ 的孔隙数目为

$$N_\lambda = \frac{V_\lambda}{\frac{4}{3}\pi\left(\frac{\lambda}{2}\right)^3} \qquad (5.44)$$

将式（5.8）两端取对数可以得到：

$$\lg N(\geqslant \lambda) = -D_{\mathrm{f3}}\lg(\lambda) + D_{\mathrm{f3}}\lg(\lambda_{\max}) \qquad (5.45)$$

将式（5.44）代入式（5.45）整理后可以得到：

$$\lg W + \Gamma = -D_{\mathrm{f3}}\lg(T_2) + D_{\mathrm{f3}}\lg(T_{2\max}) \qquad (5.46)$$

式中，Γ 为常数；W 为横向弛豫时间谱线中对应于直径大于等于 λ 的孔隙所占的体积分数；T_2 为直径为 λ 的孔隙所应对的横向弛豫时间谱线的信号强度。

依据式（5.46）在双对数坐标系中拟合 W 与 T_2 获得的直线斜率绝对值，即为孔隙的三维孔径分形维数 D_{f3}。由于低场核磁共振横向弛豫时间谱线只能反映多孔介质孔隙水的赋存信息，孔隙气的影响在计算中并未考虑。准确地说，通过横向弛豫时间谱线计算确定的三维孔径分形维数实质上是表征孔隙水的三维空间分布，对于水饱和度的多孔介质，可视为孔隙的三维孔径分形维数。由此获得的含天然气水合物沉积物三维孔径分形维数结果如图 5.8 所示。可以看出，在双对数坐标系下存在较好的线性关系，不同的天然气水合物饱和度条件下含天然气水合物沉积物有效孔隙的三维孔径分形维数的变化范围为 2.06 ~ 2.44。

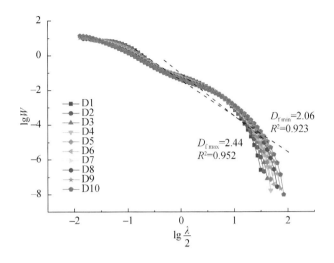

图 5.8　基于低场核磁共振横向弛豫时间谱线计算得到的含天然气水合物沉积物
三维孔径分形维数（Zhang et al., 2021a）

W-沉积物中半径大于 $\frac{\lambda}{2}$ 的孔隙的累计体积分数；λ-横向弛豫时间对应的孔隙直径

第三节　含天然气水合物沉积物有效孔隙分形理论

　　海洋含天然气水合物沉积物是一种特殊的复杂多相材料，由矿物颗粒骨架和孔隙组成，孔隙中通常赋存天然气水合物和水，在开采过程中和某些特定的地质环境下，孔隙中还会赋存自由气。不妨将天然气水合物和孔隙流体占据的体积定义为原始孔隙或者本征孔隙，而将孔隙流体占据的体积定义为有效孔隙。不考虑矿物颗粒压缩和骨架变形，含天然气水合物沉积物的本征孔隙不会发生变化，而有效孔隙会因为天然气水合物的生成和分解而发生变化。含天然气水合物沉积物的本征孔隙结构本身就非常复杂，再加上固体天然气水合物含量的变化以及赋存形式的变化，导致含天然气水合物沉积物有效孔隙微观结构的变化过程更加复杂，宏观上表现为开采过程中储层异常丰富的渗流现象。

　　考虑到天然气水合物是一种固体，它对孔隙水气的流动贡献甚微，故而含天然气水合物沉积物的渗流行为很大程度上受到有效孔隙结构的控制。不妨将天然气水合物和矿物颗粒骨架等效为新的固体骨架，天然气水合物开采储层渗流过程本质上是一个伴随固体骨架不断演化的多孔介质渗流问题。抓住了含天然气水合物沉积物有效孔隙的微观结构演化规律，实质上就找到了天然气水合物开采储层渗流行为演化的微观结构起源，这正是含天然气水合物沉积物有效孔隙分形理论的核心思想，对于深入理解开采储层渗流行为机制并实现其精准预测与调控具有重要意义。

　　由上述核心思想可知，含天然气水合物沉积物有效孔隙分形理论的核心内容必然涉及微观和宏观两个层面：在微观层面，采用分形理论量化表征含天然气水合物沉积物的有效孔隙结构，提取物理意义明确的微观结构参数，掌握天然气水合物含量及其赋存形式对有效孔隙微观结构参数的影响规律；在宏观层面，基于微观层面掌握的有效孔隙微观结构参数演化规律，采用分形理论构建含天然气水合物沉积物渗透率等宏观物性参数预测的跨尺度模型，实现天然气水合物开采储层渗流等复杂行为的精准预测。含天然气水合物沉积物有效孔隙分形理论是由多孔介质分形毛细管束模型发展而来，首次揭示了天然气水合物含量及其赋存形式对含天然气水合物沉积物有效孔隙分形参数的影响规律，在天然气水合物研究领域取得了良好的应用效果，相关成果作为核心内容入选了 2020 年度中国十大海洋科技进展。

一、有效孔隙分形特征

本小节介绍含天然气水合物沉积物有效孔隙分形理论的微观层面内容。由多孔介质的分形毛细管束模型可知，采用孔径分形维数、迂曲度分形维数和最大孔隙直径三个物理意义明确的参数即可对迂曲毛细管束的特征进行较好描述，在此基础上能够预测多孔介质的渗透率。在借鉴上述三个分形参数量化表征含天然气水合物沉积物有效孔隙的微观结构之前，证明有效孔隙是分形很重要。X-CT 扫描数据表明，含天然气水合物砂样的有效孔隙在天然气水合物分解过程中始终是一种无规分形，即在统计意义上具有自相似性（Zhang et al.，2020）；相关数值模拟结果表明，在具有不同赋存形式的天然气水合物生成与分解过程中，含天然气水合物多孔介质的有效孔隙最小直径与最大直径的比值始终小于 1.0×10^{-2}，即满足式（5.10）所示的分形毛细管束模型适用判据（Liu et al.，2020a）。接下来介绍含天然气水合物沉积物有效孔隙分形参数提取的方法，以及有效孔隙的孔径分形维数、迂曲度分形维数和最大孔隙直径等分形参数在天然气水合物饱和度变化过程中的演化规律。

（一）分形参数提取的实验方法

基于 X-CT 技术提取含天然气水合物沉积物有效孔隙的分形参数是目前常用的方法，现以含天然气水合物砂样为例，对提取分形参数的实验方法进行介绍如下。

1. 实验原理与实验装置

采用 X 射线探测物质内部结构时，由于 X 射线被物质吸收，穿过被测物质发生衰减的 X 射线被探测器接收。被接收的光强信号经过光电转换和模数转换后变成数字信号，数字信号再经过函数变换，便可以在计算机上获得 X-CT 投影图像，投影图像再经过反色和滤波等处理，就可得到直观的 X-CT 灰度图像，图像中不同的灰度值往往代表了不同的物质组分。如果被测物质在探测过程中沿其竖轴旋转了一周并且获得了足够数量的二维投影图像，那么可以将被测区域内每个体素的 X 射线衰减系数排列组成一个矩阵，运用数据重建算法能够给出被测物质的 X-CT 三维灰度图像，物质内部结构的空间信息将更加直观。由于海洋含天然气水合物沉积物中的矿物颗粒、天然气水合物、气体和水对 X 射线的衰减能力存在差异，依据 X-CT 灰度图像便可以划分各相分布、确定各相含量、研究各相间的相互关系等，能够为揭示含天然气水合物沉积物内部结构在天然气水合物生成与分解等过程中的演化行为提供良好的实验手段。更详细的原理介绍可查阅第二章第二节有关内容。

含天然气水合物砂样的 X-CT 扫描是在由美国通用电气公司生产的 Phoenix v|tome|xs 型工业扫描仪上进行，其核心部件主要包括微米级和纳米级两个可切换的射线源、一个 16bit 数字平板探测器和一个旋转载物台。在旋转载物台上固定了一个由特殊铝制材料制成的含天然气水合物沉积物薄壁高压反应釜，它既能够承受天然气水合物相态稳定所需要的高压条件，又容易被 X 射线穿透从而探测其内部样品的结构。在高压反应釜底部安装半导体控温系统，该系统主要由温度控制器、半导体电子制冷模块、散热片、风扇和温度探头组成，温度探头紧挨样品底部布置。高压反应釜顶部密封顶盖之上安装一个压力传感器，用于实时测量高压反应釜内压力。装置外观及详细的参数介绍可查阅第二章第二节有关内容。

根据实验需求的不同，上述高压反应釜还可以被改造为可施加围压的环腔结构，采用柔性橡胶膜将围压环腔与样品孔隙隔离开来，还可以在样品两端安装声波探头以及增加样品轴压加载腔体进行三轴剪切等，温度控制方式也可以由半导体控温模式改造为水冷夹套控温模式，实验装置结构与核心尺寸的不同将导致扫描图像空间分辨率的不同，但是含天然气水合物沉积物 X-CT 原位探测实验装置的研发思路与主体框架都是一致的。

2. 实验材料与主要步骤

实验材料主要包括高纯甲烷气体、含盐水溶液和海砂。海砂选用粒径级配不同的两种，即 A 号海砂与 B 号海砂，有利于探讨初始孔隙结构对分形参数的影响。其中 A 号海砂的粒径分布范围为 200～700μm，中值粒径为 287μm；而 B 号海砂的粒径分布范围为 300～600μm，中值粒径为 371μm，如图 5.9 所示。

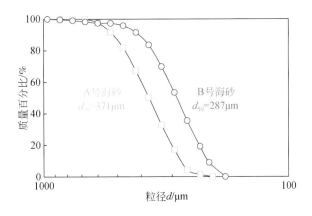

图 5.9　实验选用海砂的粒径级配（Zhang et al., 2020）

实验步骤主要包括：

（1）采用去离子水清洗海砂，然后将其放入烘箱，在 105～110 ℃温度条件下烘干 24h 或至恒重后取出晾凉，再与含盐水溶液混合，控制含水量，最后放于密封容器内静置 24h，保证溶液分布均匀；

（2）从密封容器内取出湿砂，分层装入高压反应釜并逐层压实，样品高度控制在 10mm 左右，记录湿砂装入总质量，控制样品孔隙度和含水饱和度，通常分别在 38% 左右和 0.5 左右；

（3）从高压反应釜顶端缓慢注入高纯甲烷气体至 0.5MPa 后再将高压反应釜内的气体释放，重复 3 次排除空气对实验的影响，随后再次缓慢注入高纯甲烷气体至较高压力，通常为 5~8MPa，在样品上形成一个高度约为 40mm 的甲烷自由气室，为甲烷水合物的生成提供足够的气源；

（4）开启半导体控温系统将高压反应釜的温度控制在 1~3℃，开始生成甲烷水合物，待高压反应釜内的压力和温度均恒定足够时间后，含甲烷水合物海砂样品制备过程结束，此过程根据甲烷水合物生成目标量的不同，持续时间通常为数天甚至数周；

（5）缓慢释放高压反应釜内的气体，逐级降低高压反应釜内的压力进行降压分解实验，待所有甲烷水合物全部分解且高压反应釜温度恢复至降压分解前的初始值时，实验结束；

（6）通常 X-CT 技术在降温开始前进行一次获得初始参考图像，在含甲烷水合物海砂样品制备结束后进行一次获得降压分解前初始图像，每级降压均进行一次 X-CT 扫描，扫描前需确保高压反应釜的压力和温度处于阶段稳定状态，获得降压分解过程图像，实验结束后进行一次 X-CT 扫描获得最终比对图像。通常每轮实验需要进行 X-CT 扫描 5~7 次，每次扫描耗时在 20 min 左右，获得的二维灰度图像在 1000 张左右。

3. 图像处理与参数提取

在获得原始灰度图像之后，采用高斯滤波降噪，增加含甲烷水合物海砂样品中各相的对比度。图 5.10（a）给出了其中一张经过降噪处理之后样品的二维灰度图片，圆形区域内不同的灰度值代表了不同的物质，其中甲烷水合物饱和度在 0.4 左右；选取有代表性的研究区域，在所有圆形灰度图像中心切割出正方形区域，如图 5.10（b）所示，该正方形区域的边长需要有足够的长度以保证其能够代表岩心尺度物性；选取两个砂颗粒代表点 A 和 B 并连直线，给该连线上灰度值的分布曲线，如图 5.10（c）所示，可以看出，海砂样品孔隙中的甲烷气灰度值最小，在 12000 左右，甲烷水合物灰度值次之，约为 13000，含盐水溶液灰度值最大，在 15000 左右，整体上呈现出非常清晰的分布；依据样品整体的灰度分布曲线，采用双阈值分割法将样品孔隙中的甲烷气、甲烷水合物和含盐水溶液进行区分并着色，如图 5.10（d）所示，其中的黑色代表甲烷气，黄色代表甲烷水合物，墨绿色代表含盐水溶液，剩下的不同深浅的灰色代表海砂颗粒；在重新着色的图像基础上，将甲烷气和含盐水溶液两相流体空间二值化为黑色，代表有效孔隙，而将剩下的甲烷水合物和海砂颗粒两种固体二值化为白色，代表等效之后的新骨架，如图 5.10（e）所示；采用盒维数法测定上述黑色区域的分形维数，盒子尺度与累计盒子数量在双对数坐标轴上线性关系良好，如图 5.10（f）所示，测定的分形维数值为 1.742，即为含甲烷水合物海砂的有效孔隙孔径分形维数。

上述有效孔隙的孔径分形维数提取方法已获得国家发明专利保护，专利名称为"一种含水合物沉积物有效孔隙的分形维数测算方法"，专利号为 ZL 2017 1 1011461.9，专利权人为中国地质调查局青岛海洋地质研究所和中国地质大学（武汉）。

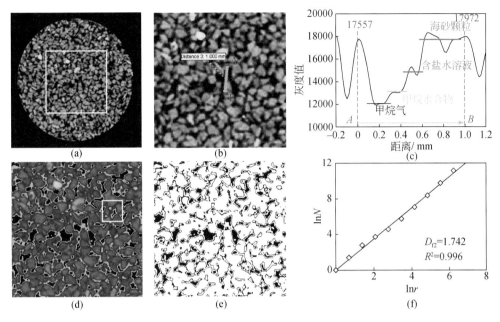

图 5.10　含甲烷水合物海砂样品 X-CT 技术处理与参数提取过程（Zhang et al., 2020）

（二）分形参数提取的数模方法

自然界海洋沉积物中天然气水合物的赋存形态非常复杂，在天然气水合物饱和度相同的条件下，含天然气水合物沉积物的物性也会因为天然气水合物赋存形态的不同而出现明显的差异。关于天然气水合物赋存形态更为详细的介绍见第二章有关内容，在此仅作简单总结：天然气水合物在细颗粒沉积物中主要以宏观各向异性的方式存在，几何形态上表现为裂隙状、块状和层状等，这些几何形状会因研究尺度的不同而发生相互转变；天然气水合物在粗颗粒沉积物中主要以宏观相对均质的方式存在，几何形态上主要表现为孔隙中心型（pore-filling）和颗粒表面型（grain-coating），其中孔隙中心型又可分为团簇型（patchy）及弥散型（dispersive）等，而颗粒表面型又可分为胶结型（grain-cementing）和接触型（grain-touching）等几种形态。

颗粒表面型水合物是指天然气水合物优先在砂颗粒表面或者已出现的天然气水合物表面生长，对应于过量气法人工制备的含天然气水合物沉积物样品，接近于自然界中天然气水合物储层与其下部自由气体储层交界面处的天然气水合物赋存状态。孔隙中心型水合物是指天然气水合物优先在孔隙中心生长，考虑毛细作用对相平衡条件的影响，天然气水合物又倾向于在大孔隙中生长，对应于溶解气法人工制备的含天然气水合物沉积物样品，如果在较大孔隙周围因奥斯瓦尔德熟化效应聚集而成为团簇型，则更接近于自然界储层孔隙中天然气水合物的微观赋存状态。弥散型水合物是指天然气水合物呈弥散的状态赋存于孔隙中，在水合物饱和度较低时，天然气水合物彼此之间很难有直接接触与联系，导致异常多孔的孔隙空间，随着水合物饱和度的增加，天然气水合物逐渐接触甚至桥接，此类赋存形式的天然气水合物在自然界中鲜有存在，在此仅作为极端情况参考。

　　由于在海砂沉积物孔隙中人工制备具有单一赋存形态的天然气水合物非常困难，为了探讨不同孔隙赋存形态的天然气水合物对含天然气水合物海砂样品的有效孔隙分形参数的影响规律，基于自主研发的"多孔介质中天然气水合物成核生长模拟软件 PMHyGrowth"发展了有效孔隙分形参数提取的数值模拟方法，软件著作权登记号为 2019SR0851778，著作权人为中国地质调查局青岛海洋地质研究所，源代码如附录所示。

　　PMHyGrowth 软件由三个模块组成，分别用来模拟海砂等多孔介质中孔隙中心型、颗粒表面型和弥散型水合物的成核生长过程，能够获取不同天然气水合物含量条件下的有效孔隙直径、水合物饱和度和有效孔隙度等数据，生成的含天然气水合物多孔介质图像还可被用来使用盒维数法测定有效孔隙的孔径分形维数，软件流程如图 5.11 所示，其主要流程介绍如下。

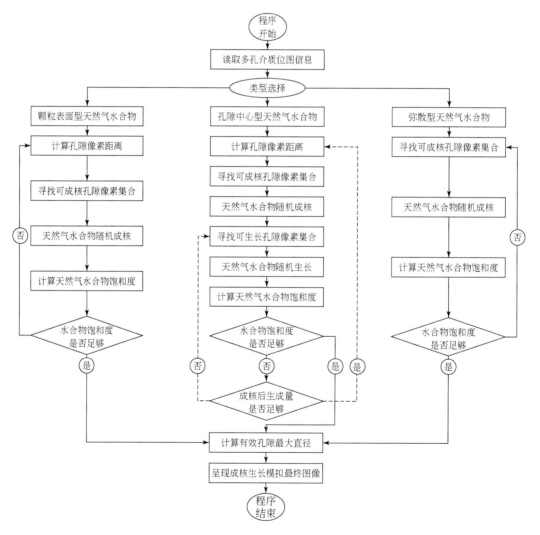

图 5.11　多孔介质中天然气水合物成核生长模拟软件流程图

1. 孔隙中心型水合物成核生长模拟流程

首先采用 MATLAB 软件自带的 imread 函数读取多孔介质位图信息，然后将骨架像素点和孔隙像素点灰度值分别设定为 0 和 255；采用自定义的 hgdist 函数计算每个孔隙像素点的距离，寻找距离最大孔隙像素点的坐标信息作为目标备选集合一；采用 MATLAB 自带的 rand 函数在目标备选集合一中等概率随机选取一个孔隙像素点，随后将其灰度值赋为120，以此表示天然气水合物在最大孔隙中心随机成核；采用自定义的 ConPos 函数搜寻所有与已存在天然气水合物像素点相邻的孔隙像素点位置信息作为目标备选集合二，同样采用 MATLAB 自带的 rand 函数在目标备选集合二中等概率随机选取一个孔隙像素点，随后将其灰度值赋为 120；统计多孔介质中未生长天然气水合物的孔隙像素点总数，进而求得多孔介质中天然气水合物饱和度；如果天然气水合物饱和度未达到预设值，继续采用自定义的 ConPos 函数更新目标备选集合二，并等概率随机生长水合物；待天然气水合物聚集生长了设定量之后，采用自定义的 hgdist 函数更新目标备选集合一，并在其中等概率随机选取一个孔隙像素点生长天然气水合物。如此循环往复，在每生长一个天然气水合物像素点之后计算天然气水合物饱和度，待天然气水合物饱和度达到目标设定值之后，软件停止运行，孔隙中心型水合物成核生长模拟过程结束。

2. 颗粒表面型水合物成核生长模拟流程

首先采用 MATLAB 软件自带的 imread 函数读取多孔介质位图信息，然后将骨架像素点和孔隙像素点灰度值分别设定为 0 和 255；采用自定义的 ConPos 函数搜寻所有与骨架像素点或者天然气水合物像素点相邻的孔隙像素点位置信息作为目标备选集合一，采用MATLAB 自带的 rand 函数在目标备选集合一中等概率随机选取一个孔隙像素点，随后将其灰度值赋为 120，以此表示天然气水合物在骨架颗粒表面成核生长；再用自定义的ConPos 函数更新目标备选集合一，随后在其中等概率随机选取一个孔隙像素点并将其转化为天然气水合物像素点。如此循环往复，在每生长一个天然气水合物像素点之后计算水合物饱和度，待天然气水合物饱和度达到目标设定值之后，软件停止运行，孔隙中心型水合物成核生长模拟过程结束。

3. 弥散型水合物成核生长模拟流程

首先采用 MATLAB 软件自带的 imread 函数读取多孔介质位图信息，然后将骨架像素点和孔隙像素点灰度值分别设定为 0 和 255；采用 MATLAB 自带的 rand 函数在所有孔隙像素点集合中等概率随机选取一个，并将其灰度值赋为 120；随后更新孔隙像素点集合信息，继续采用rand 函数等概率随机生长水合物，以此模拟多孔介质孔隙中弥散型水合物的成核生长过程。在每生长一个天然气水合物像素点之后计算水合物饱和度，待天然气水合物饱和度达到目标设定值之后，软件停止运行，孔隙中心型水合物成核生长模拟过程结束。

4. 自定义函数 hgdist 计算流程

用自定义函数 hgdist 来计算孔隙像素点距多孔介质骨架像素点或者天然气水合物像素点的最短距离，其具体确定方法如图 5.12 所示。图 5.12 中每个方格代表位图的一个像素点，灰色方格代表多孔介质骨架像素点或者天然气水合物像素点，白色方格代表多孔介质中孔隙像素点。对于标注红色的孔隙像素点，以此为中心向外不断膨胀扩展直至碰到标注灰色的固体（骨架或水合物）像素点，比如绿色像素点是红色像素点向外膨胀扩展一个像素点，黄色像素点是红色像素点向外膨胀扩展两个像素点，紫色像素点是红色像素点向外膨胀扩展三个像素点，那么，红色像素点的最短距离就是四个像素点。自定义函数 hgdist 通过循环语句实现位图中所有孔隙像素点的最短距离计算，孔隙像素最短距离的最大值对应有效孔隙直径的最大值，其值为两倍孔隙像素最短距离最大值减去一个像素。

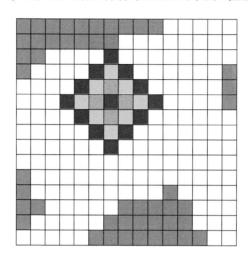

图 5.12　自定义函数 hgdist 计算孔隙像素点距离示意图

5. 自定义函数 ConPos 计算流程

自定义函数 ConPos 用来搜寻所有与已经生长天然气水合物的像素点相邻的孔隙像素点，采用嵌套式多循环语句实现。针对位图中每个孔隙像素点，对其上下左右四个像素点进行判断，如果这相邻的四个像素点中至少存在一个天然气水合物像素点，那么这个孔隙像素点即为搜寻目标像素点，其对应的坐标信息统一存储于一个矩阵供后续随机选择生长天然气水合物使用。特别地，对于位于位图边界上的孔隙像素点，则仅需要判断与其相邻的三个像素点，而对于位于位图角点上的孔隙像素点，则仅需要判断与其相邻的两个像素点。

由该软件模拟产生的孔隙中心型、颗粒表面型和弥散型水合物典型成核生长过程如图 5.13 所示，灰色代表多孔介质骨架颗粒，红色代表天然气水合物，而白色代表有效孔隙，参数 p_n 为成核频度系数，其值越大则天然气水合物分布越集中，样品各相异性越明显。再将图像局部进行放大后与含氙气水合物砂样的 X-CT 扫描图像（Chaouachi et al., 2015）进行细节对比，图 5.14（a）所示为水饱和砂样孔隙中氙气水合物的赋存形态，而图 5.14（b）所示为非饱和砂样孔隙中氙气水合物的赋存形态，图 5.14（c）和图 5.14（d）所示为图 5.13 中孔隙中心型水合物的局部放大情况。可以看出，该软件模拟出的图像很好呈现了天然气水合物随机成核生长过程的典型特征，能够较好地代表真实情况，可为含天然气水合物多孔介质的有效孔隙分形特征研究提供可靠的参考数据。

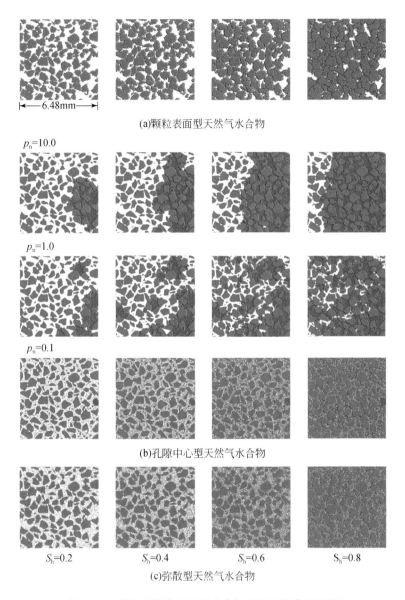

(a)颗粒表面型天然气水合物

(b)孔隙中心型天然气水合物

(c)弥散型天然气水合物

图 5.13　多孔介质内天然气水合物成核生长典型过程

(三) 孔径分形维数演化规律

在含天然气水合物沉积物有效绝对渗透率建模时，通常将天然气水合物归类为孔隙中心型和颗粒表面型两类，并且假设不同大小孔隙中天然气水合物的体积比例均是相同的，即为天然气水合物饱和度，如图 5.15 所示。

基于上述天然气水合物等比例生长的假设，含天然气水合物沉积物有效孔隙的最小孔隙直径与最大孔隙直径的比值不会因为天然气水合物的生成和分解而发生变化。因此，根据式 (5.12) 可以获得以下关系：

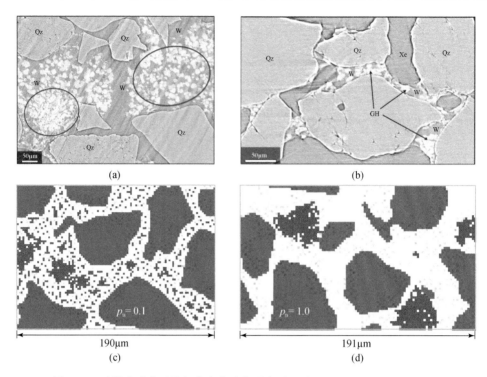

图 5.14　砂样孔隙中天然气水合物赋存形式对比图（Chaouachi et al.，2015）

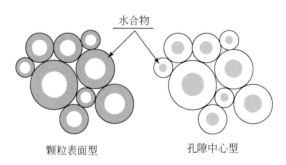

图 5.15　含天然气水合物沉积物有效绝对渗透率建模常用水合物孔隙赋存形态（刘乐乐等，2019）

$$\frac{\ln\Phi_{i}}{2-D_{f,i}}=\ln\left(\frac{\lambda_{\min,i}}{\lambda_{\max,i}}\right)=\ln\left(\frac{\lambda_{\min,h}}{\lambda_{\max,h}}\right)=\frac{\ln\Phi_{h}}{2-D_{f,h}} \tag{5.47}$$

式中，下标 h 为含天然气水合物沉积物的物理量；下标 i 为宿主沉积物（host sediments）的物理量。

　　考虑到含天然气水合物沉积物有效孔隙的孔隙度与其本征孔隙度存在如下关系：

$$\Phi_{h}=\Phi_{i}(1-S_{h}) \tag{5.48}$$

式（5.47）可整理为

$$D_{f,h}=D_{f,i}-\frac{\ln(1-S_{h})}{\ln\Phi_{i}}(2-D_{f,i}) \tag{5.49}$$

　　进一步给出其归一化无量纲形式：

$$D_{f,N}(S_h) = \frac{D_{f,h}}{D_{f,i}} = 1 - \frac{2-D_{f,i}}{D_{f,i}} \frac{\ln(1-S_h)}{\ln\varPhi_i} \tag{5.50}$$

式（5.49）和式（5.50）即为含天然气水合物沉积物有效孔隙的孔径分形维数理论模型，说明在天然气水合物按其饱和度等比例赋存于所有不同大小的孔隙中时，有效孔隙的孔径分形维数受天然气水合物饱和度的影响，但是不受天然气水合物孔隙赋存形式的影响。

甲烷水合物降压分解过程中，含甲烷水合物海砂的有效孔隙孔径分形维数变化情况如图 5.16 所示，其中 5.16（a）、（c）和（e）为 A 号海砂对应的情况，而 5.16（b）、（d）和（f）为 B 号海砂对应的情况。从图 5.16（a）和（b）可以看出，有效孔隙孔径分形维数随着有效孔隙孔隙度的增加而增大，依据式（5.12）对实验数据进行拟合，可以获得降压分解过程中有效孔隙最小直径与最大直径比值 β_2 的大小。对于 A 号海砂，天然气水合物饱和度为 0.320、0.270、0.178、0.118 和 0 时，孔径比值 β_2 的大小分别为 1.79×10^{-3}、1.87×10^{-3}、2.32×10^{-3}、2.66×10^{-3} 和 3.50×10^{-3}；对于 B 号海砂，水合物饱和度为 0.392、0.251、0.174、0.074 和 0 时，孔径比值 β_2 大小分别为 1.79×10^{-3}、2.19×10^{-3}、2.59×10^{-3}、3.28×10^{-3} 和 4.09×10^{-3}。可以看出，甲烷水合物分解过程中含甲烷水合物海砂的有效孔隙最小与最大直径的比值均远远小于 1.0×10^{-2}，即满足分形毛细管束模型适用的判据；有效孔隙的最小与最大直径的比值 β_2 随着甲烷水合物的分解而逐渐增大，说明了甲烷水合物的分解促使有效孔隙的孔径分布范围变窄，即甲烷水合物的存在导致海砂本征孔隙被分割而变得更破碎。

图 5.16（c）和（d）给出了含甲烷水合物海砂的有效孔隙孔径分形维数归一化无量纲大小与甲烷水合物饱和度的关系。可以看出，有效孔隙的归一化无量纲孔径分形维数明显随着水合物饱和度的增加而增大，可以采用以下经验关系式进行较好地描述：

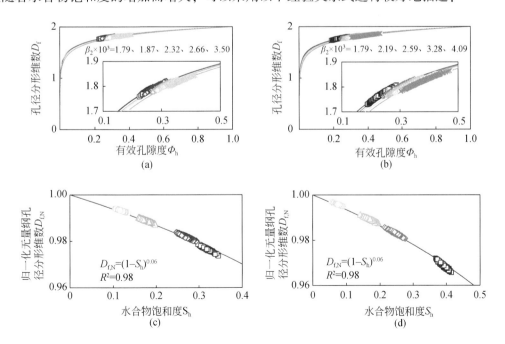

(a)　　　　(b)

(c)　　　　(d)

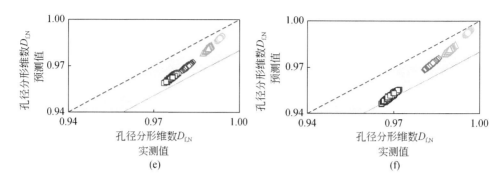

图 5.16　含甲烷水合物海砂样品的有效孔隙孔径分形维数变化情况（Zhang et al.，2020）

$$D_{\mathrm{f,N}}(S_{\mathrm{h}}) = (1-S_{\mathrm{h}})^{\alpha} \tag{5.51}$$

式中，α 为经验指数，取 0.06。

图 5.16（e）和（f）给出了降压分解过程中有效孔隙归一化无量纲孔径分形维数的预测值与实测值对比情况，其中预测采用式（5.50）进行，而实测是基于实验图像采用盒维数法进行，黄色区域表示 0.2% 误差范围。可以看出，基于天然气水合物理想赋存形式假设推导的式（5.50）能够很好地预测真实含甲烷水合物海砂的有效孔隙孔径分形维数在降压分解时的演化情况，这说明了有效孔隙孔径分形维数的变化受天然气水合物孔隙赋存形式的影响甚微，而主要受天然气水合物饱和度的影响。

图 5.17 给出了含氙气水合物氧化铝球堆有效孔隙孔径分形维数在降压分解过程中的变化情况，与图 5.10 中海砂颗粒直径分布存在一定范围不同，此处选用的氧化铝球直径较为均匀，以此探讨含天然气水合物沉积物骨架本身性质对有效孔隙孔径分形维数的影响关系。图 5.17（a）和（b）给出了含有不同氙气水合物饱和度的氧化铝球堆二维灰度图像，其中深灰色代表氧化铝球，黑色代表有效孔隙，白色代表氙气水合物。图 5.17（c）表明有效孔隙孔径分形维数随有效孔隙度的增加而增大，即随水合物饱和度的减小而增大，与图 5.16（a）和图 5.16（b）情况相似，不同水合物饱和度条件下的有效孔隙最小与最大孔隙直径之比值均小于 1.0×10^{-2}，同样满足分形毛细管束模型适用的判据。图 5.17（d）显示有效孔隙的归一化无量纲孔径分形维数随着水合物饱和度的增加而减小，同样可以采用式（5.51）进行较好拟合，经验指数取值 $\alpha = 0.09$。

图 5.18 给出了含天然气水合物砂样有效孔隙归一化无量纲孔径分形维数演化受天然气水合物赋存形态影响情况。其中，图 5.18（a）~（c）分别为颗粒表面型、孔隙中心型和团簇型水合物形态演化的数值模拟情况，红色代表天然气水合物，灰色代表砂颗粒，而白色代表有效孔隙；图 5.18（d）~（f）分别给出了密砂、中砂和松砂中有效孔隙归一化无量纲孔径分形维数演化情况，实线由理论模型式（5.50）绘得，而虚线由式（5.51）所示的经验关系绘得，只是经验指数略有差别，密砂、中砂和松砂样品的经验指数拟合值分别为 0.11、0.10 和 0.09。可以看出，式（5.50）所示理论模型与式（5.51）所示经验关系在不同的天然气水合物赋存形式下的预测结果具有良好的一致性，特别是天然气水合物饱和度小于 0.6 的情况下。这再次证明了含天然气水合物砂样

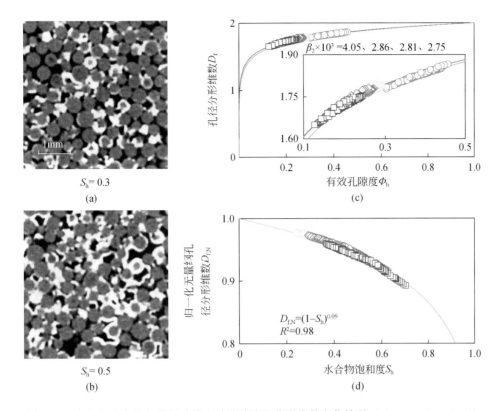

图 5.17　含氙气水合物氧化铝球堆有效孔隙孔径分形维数变化情况（Zhang et al.，2021b）

有效孔隙的孔径分形维数受天然气水合物孔隙赋存形式的影响不大，而主要受天然气水合物饱和度的影响。

综上所述，含天然气水合物沉积物有效孔隙的孔径分形维数随着天然气水合物饱和度的增加而减小，但是受水合物孔隙赋存形态的影响甚微。因此，降压分解时含天然气水合物沉积物的有效孔隙孔径分形维数演化过程在理论上可采用式（5.50）进行描述，在经验上可采用更加直观的式（5.51）进行描述，经验指数取值取 0.1±0.01 即可较好量化表征水合物饱和度对有效孔隙孔径分形维数的影响。

（四）迂曲度分形维数演化规律

多孔介质内流线为假想的概念实际并不存在，因此迂曲度分形维数很难采用直接的实验手段进行测量。从含天然气水合物沉积物有效孔隙分形理论体系的自闭性要求出发，基于式（5.22）和式（5.23），创新提出了有效孔隙迂曲度分形维数的迭代求法，其流程如图 5.19 所示。以含天然气水合物沉积物立方代表单元体为例，每张 X-CT 切片的二维孔径分形维数、无量纲最大孔隙直径和面孔隙度均可从实验图像中提取，然后依据式（5.23）计算出最小与最大孔隙直径的比值，随后在 1.0~1.2 范围内设置迂曲度分形维数初始值，代入式（5.22）计算出正方体研究区域的体孔隙度，将计算值与基于 X-CT 图像提取的体孔隙度实测值相比，如果不相等则重新选取迂曲度分形维数再进行试算，如果两者相等那

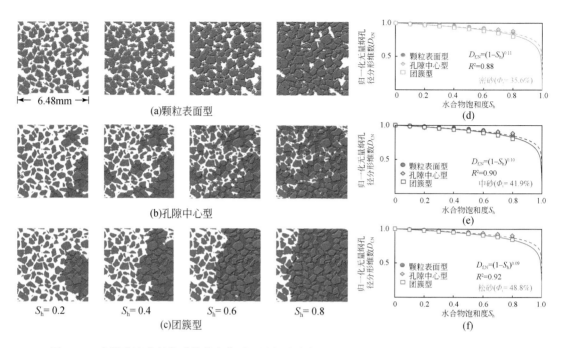

图 5.18　有效孔隙孔径分形维数演化受天然气水合物赋存形态影响情况（Liu et al., 2020b）

么试算结束，所选用的迂曲度分形维数大小即为目标值。上述迭代试算过程实质上体现了含天然气水合物沉积物有效孔隙的面孔隙度、体孔隙度、孔径分形维数和迂曲度分形维数等结构参数之间存在的内在约束关系。

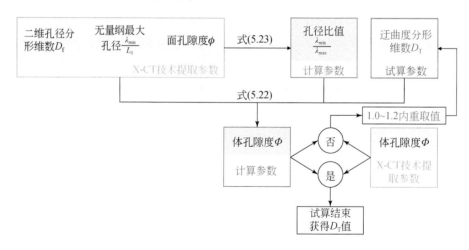

图 5.19　含天然气水合物沉积物的有效孔隙迂曲度分形维数试算流程

图 5.20 给出了含甲烷水合物海砂的有效孔隙迂曲度分形维数在水合物降压分解过程中的变化情况，图中的归一化无量纲迂曲度分形维数定义为含甲烷水合物沉积物的有效孔隙迂曲度分形维数与其本征孔隙迂曲度分形维数的比值。可以看出，含甲烷水合物海砂的

有效孔隙迂曲度分形维数基本不受甲烷水合物饱和度的影响，在水合物降压分解过程中始终保持在本征孔隙迂曲度分形维数左右，可用以下经验关系描述：

$$D_{T,N}(S_h) = 1 + \beta (S_h)^2 \tag{5.52}$$

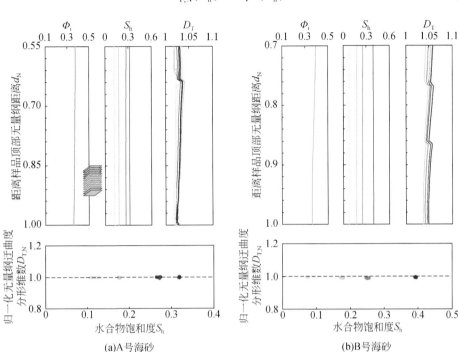

图 5.20　含甲烷水合物海砂的有效孔隙迂曲度分形维数变化情况（Zhang et al.，2020）

式中经验系数 β 的取值对于含甲烷水合物海砂为 0。需要强调的是，含甲烷水合物海砂的有效孔隙迂曲度分形维数随水合物饱和度的变化不明显，但是其水力迂曲度随水合物饱和度的增加而逐渐增大（Zhang et al.，2020），使用时注意区分两个物理量基本概念的区别。

图 5.21 给出了含氙气水合物氧化铝球堆的有效孔隙迂曲度分形维数在水合物降压分解过程中的变化情况。可以看出，含氙气水合物氧化铝球堆的有效孔隙迂曲度分形维数整体上随氙气水合物饱和度的增加而增大，也可用式（5.52）进行拟合，经验系数取 $\beta = 0.4$ 可描述其变化的大体趋势。对比图 5.20 和图 5.21 后可以推测，含天然气水合物沉积物的有效孔隙迂曲度分形维数随水合物饱和度的变化规律受天然气水合物赋存形态和沉积物骨架本身性质的影响。然而，有效孔隙的迂曲度分形维数在天然气水合物降压分解过程中如何变化仍需要更多的实验数据来进一步澄清，如何从理论的角度推导出迂曲度分形维数的解析表达式也值得更深入地思考。

综上所述，含天然气水合物沉积物有效孔隙的迂曲度分形维数整体上随着天然气水合物饱和度的增加而增大，大体趋势可由式（5.52）进行描述，其经验系数的取值受水合物孔隙赋存形态和沉积物骨架本身性质的影响。

（五）　最大孔隙直径演化规律

对于图 5.15 中所示的孔隙中心型和颗粒表面型水合物理想化的分布模式，需要将真

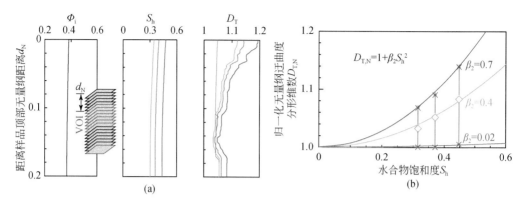

图 5.21　含氙气水合物氧化铝球堆的有效孔隙迂曲度分形维数变化情况（Zhang Z et al.，2021）

实多孔介质中形状不规则的孔隙等效为圆形，用等效之后的圆形直径表征等效之前孔隙的大小，其中最为常用的直径有面积等效圆直径、最大内切圆直径和水力直径三种。等效圆直径要求等效之后的圆与等效之前的孔隙具有相等的面积；最大内切圆直径是指形状不规则孔隙内最大内切圆的直径，最大内切圆的面积一般都小于等效之前孔隙的面积；水力直径定义为过流断面的面积与周长之比的四倍。

再来看图 5.15 中所示的孔隙中心型水合物，白色区域表示的有效孔隙为环形，令 λ_i 表示本征孔隙的孔隙直径，用 λ_h 表示有效孔隙的孔隙直径，如果采用面积等效圆直径表征有效孔隙的大小，那么：

$$\frac{\pi}{4}\lambda_h^2 = \frac{\pi}{4}\lambda_i^2(1-S_h) \tag{5.53}$$

整理之后获得有效孔隙的归一化无量纲直径如下：

$$\lambda_N(S_h) = \frac{\lambda_h}{\lambda_i}\sqrt{1-S_h} \tag{5.54}$$

如果采用最大内切圆的直径表征有效孔隙的大小，那么孔隙中心少量的天然气水合物即可明显减小有效孔隙的直径，即：

$$\begin{cases} \lambda_N(S_h) = \frac{\sqrt{1-S_h}}{2}, 0<S_h\leqslant 1 \\ \lambda_N(S_h) = 1, S_h=0 \end{cases} \tag{5.55}$$

如果采用水力直径表征有效孔隙的大小，那么根据定义有

$$\lambda_h = 4\times\frac{\frac{\pi}{4}\lambda_i^2(1-S_h)}{\pi\lambda_i+\pi(\sqrt{S_h}\lambda_i)} \tag{5.56}$$

整理之后，有

$$\lambda_N(S_h) = 1-\sqrt{S_h} \tag{5.57}$$

对比式（5.54）、式（5.55）和式（5.57）可以看出，采用不同的等效方法获得的含天然气水合物沉积物有效孔隙直径的量化结果也不同。

对于图 5.15 中所示的颗粒表面型水合物，经简单推导可知，有效孔隙的等效面积圆

直径、最大内切圆直径和水力直径均具有式（5.54）的形式，即天然气水合物是赋存于孔隙中心还是附着在颗粒表面等赋存形式的变化，对于有效孔隙的等效面积圆直径是无影响的，但是对于有效孔隙的最大内切圆直径和水力直径的影响是明显的。

图5.22给出了三种不同孔隙赋存类型条件下含天然气水合物砂样的有效孔隙归一化无量纲最大孔隙直径在随水合物饱和度变化而变化的情况，图中所示天然气水合物三种不同孔隙赋存类型的数值模拟图像如图5.18所示，黑色虚线代表以下经验关系：

$$\lambda_{\max,N}(S_h) = 1 - (1-b)\sqrt{S_h} - b\,S_h^{\,c} \qquad (5.58)$$

式中，b 和 c 为与天然气水合物赋存形态有关的经验拟合参数。

可以看出，含天然气水合物砂样的有效孔隙最大孔隙直径均随着水合物饱和度的增加而减小，但是减小的程度或者速率与天然气水合物赋存形式有关，整体上孔隙中心型水合物对应的减小程度最大，团簇型水合物次之，最小的是颗粒表面型水合物。对于图5.22（a）中的颗粒表面型水合物，式（5.54）所示理论模型在水合物饱和度较低时预测效果良好，但在水合物饱和度较高时出现偏差；对于图5.22（b）中的孔隙中心型水合物，式（5.55）所示理论模型在水合物饱和度较高时预测效果良好，但在水合物饱和度较低时预测值偏小；对于图5.22（c）中的团簇型水合物，式（5.57）所示理论模型的预测值偏小。式（5.58）整体上具有更好的拟合效果，对于颗粒表面型水合物，经验参数取值为 $b=0.685$ 和 $c=7.06$；对于孔隙中心型水合物，经验参数取值为 $b=185.7$ 和 $c=0.498$；对于团簇型水合物，经验参数取值为 $b=0.421$ 和 $c=4.86$。此外，海砂的密实状态对含颗粒表面型或者孔隙中心型水合物海砂的有效孔隙最大直径变化情况影响不大，而对含团簇型水

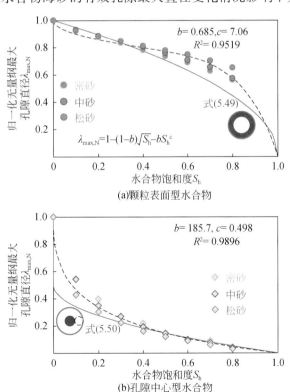

(a)颗粒表面型水合物

(b)孔隙中心型水合物

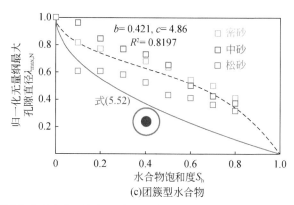

图 5.22　不同孔隙赋存类型条件下含天然气水合物砂样的有效孔隙归一化无量纲
最大孔隙直径变化情况（Liu et al., 2020b）

合物海砂的有效孔隙最大直径变化情况有一定的影响，但是随着天然气水合物饱和度的增加该影响逐渐减弱。

为了探讨沉积物骨架本身性质以及孔隙直径提取方法对含天然气水合物沉积物有效孔隙的最大直径变化过程的影响，采用计算机人为随机生成了 10 种用于模拟粗粒沉积物的多孔介质，如图 5.23（a）所示，其中黑色代表骨架颗粒，白色代表孔隙；多孔介质骨架颗粒的圆度和颗粒直径分布情况如图 5.23（b）所示；多孔介质的本征孔隙度和骨架颗粒中值粒径如图 5.23（c）所示。在这些多孔介质的孔隙内模拟了颗粒表面型天然气水合物与孔隙中心型水合物的成核与生长过程，提取了不同水合物饱和度条件下有效孔隙的面积等效圆直径、最大内切圆直径以及水力直径的最大值，结果如图 5.24 所示。从图 5.24（a）和图 5.24（b）可以看出，面积等效圆直径的最大值在整体趋势上随着水合物饱和度的增加而逐渐减小，该变化过程基本上对天然气水合物的孔隙赋存形态以及沉积物骨架本身的性质不敏感，数据点多数落在式（5.49）和式（5.57）所示两条曲线之间的区域内；从图 5.24（c）和图 5.24（d）可以看出，最大内切圆直径的最大值在整体趋势上随着水合物饱和度的增加而逐渐减小，但是对于颗粒表面型水合物减小慢，可由式（5.54）描述，而对于孔隙中心型水合物减小快，初期介于式（5.55）和式（5.57）所示曲线之间，后期可由式（5.57）描述，其变化过程同样对沉积物骨架本身的性质不敏感；从图 5.24（e）和图 5.24（f）可以看出，水力直径的最大值在整体趋势上随着水合物饱和度的增加而逐渐减小，同样是对于颗粒表面型水合物减小慢，可由式（5.54）描述，而对于孔隙中心型水合物减小快，可由式（5.57）描述，其变化过程受沉积物骨架本身性质的影响不明显；图 5.24（g）给出了采用式（5.58）进行拟合后获得的经验参数取值情况，拟合曲线用黑色虚线表示，较好体现了不同条件下含天然气水合物沉积物有效孔隙的最大直径在天然气水合物饱和度增加过程中的变化情况。采用等效面积圆直径量化表征有效孔隙的大小不能反映天然气水合物赋存形式的影响，而采用最大内切圆直径和水力直径进行量化表征能够很好体现不同赋存形态的天然气水合物对有效孔隙结构的影响差异。

图 5.25 给出了降压分解过程中含甲烷水合物海砂的有效孔隙归一化无量纲最大孔隙直径变化情况，图中采用的有效孔隙直径量化表征方法为最大内切圆直径。可以看出，有

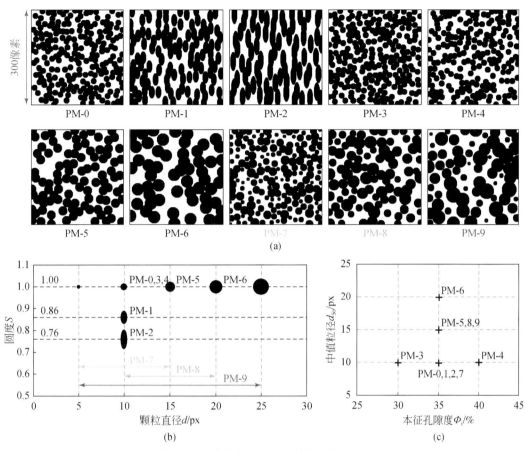

图 5.23　随机生成的 10 种多孔介质图像及其主要参数（Liu et al.，2020a）

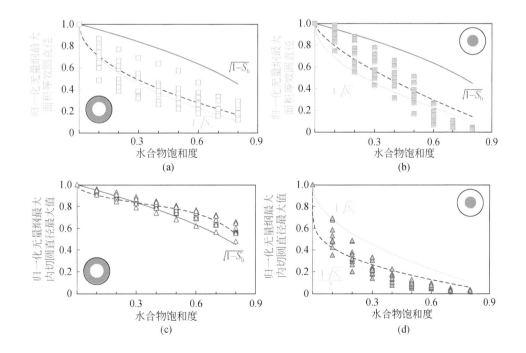

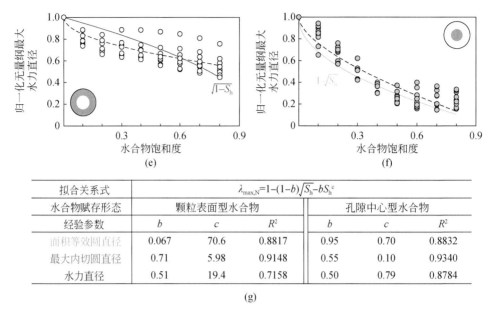

图 5.24　含天然气水合物沉积物有效孔隙面积等效圆直径、最大内切圆直径以及水力直径
最大值变化情况（Liu et al.，2020a）

拟合关系式	$\lambda_{\max,N}=1-(1-b)\sqrt{S_h}-bS_h^c$					
水合物赋存形态	颗粒表面型水合物			孔隙中心型水合物		
经验参数	b	c	R^2	b	c	R^2
面积等效圆直径	0.067	70.6	0.8817	0.95	0.70	0.8832
最大内切圆直径	0.71	5.98	0.9148	0.55	0.10	0.9340
水力直径	0.51	19.4	0.7158	0.50	0.79	0.8784

(g)

效孔隙的最大孔隙直径在整体趋势上随着水合物饱和度的增加而逐渐减小，并且在水合物
饱和度相似的条件下，有效孔隙的归一化无量纲最大直径的取值并不唯一，而是存在明显
的"带宽"，这与图 5.22 和图 5.24 所示的相对集中的分布有着明显的不同。主要是因为
在真实海砂中人工制备出来的甲烷水合物有着非常复杂的赋存形态，而由数值模拟随机生
长出来的天然气水合物具有相对较为单一的赋存形态，赋存形态的差异必然导致有效孔隙
最大直径分布的不同。含天然气水合物海砂的有效孔隙最大直径在天然气水合物生长过程
中的整体趋势可由式（5.58）描述，当 $b=0.90$ 和 $c=1.50$ 时，对应的是变化上限；而当 $b=0.55$ 和 $c=0.10$ 时，对应的是变化下限；对于 A 号海砂，$b=0.36$ 和 $c=1.00$ 时能够较好
反应整体趋势；而对于 B 号海砂，$b=0.14$ 和 $c=1.00$ 时能够较好反应整体趋势。

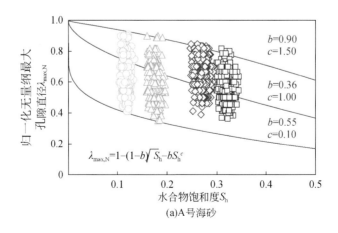

(a)A 号海砂

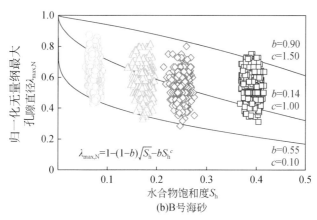

图 5.25　含甲烷水合物海砂的有效孔隙归一化无量纲最大孔隙直径变化情况（Zhang et al., 2020）

综上所述，含天然气水合物沉积物有效孔隙的最大孔隙直径在整体趋势上随着天然气水合物饱和度的增加而减小，其减小程度对于天然气水合物的孔隙赋存形式非常敏感，而受沉积物骨架本身性质的影响不明显。采用面积等效圆直径量化表征孔隙大小不能反映天然气水合物赋存形态对有效孔隙结构的影响差异，而最大内切圆直径和水力直径均能够反映上述影响差异。对于颗粒表面型水合物，有效孔隙的最大内切圆直径和水力直径最大值变化过程可用式（5.54）进行描述；对于孔隙中心型水合物，有效孔隙的最大内切圆直径最大值变化过程建议采用式（5.55）进行描述，而有效孔隙的水力直径最大值变化过程建议采用式（5.57）进行描述；式（5.58）所示经验关系式能够对不同条件下的有效孔隙最大直径变化过程进行描述。

二、储层渗流宏观行为

本小节介绍的含天然气水合物沉积物有效孔隙分形理论的宏观层面内容，它与微观层面内容之间的逻辑关系如图 5.26 所示。可以看出，在宏观层面利用分形毛细管束模型的渗透率计算式（5.18）确定含天然气水合物沉积物的有效绝对渗透率 K_h 及其宿主沉积物的绝对渗透率 K_i，再代入微观层面确定的有效孔隙分形参数与水合物饱和度的解析及经验关系，就可获得含天然气水合物沉积物的归一化有效绝对渗透率 K_N，经过模型验证后即可用于实际工程。可见，含天然气水合物沉积物有效孔隙分形理论构建的渗透率跨尺度建模方法揭示了渗流行为的微观本质，认为天然气水合物通过改变含天然气水合物沉积物有效孔隙的孔径分形维数、迂曲度分形维数和最大孔隙直径等分形结构参数，以达到改变储层渗流行为的效果，找到了储层渗透率演化的微观结构起源。

需要说明的是，此处所述的归一化有效绝对渗透率对应于含天然气水合物沉积物单相流体渗流的情况，即孔隙内只有天然气水合物和孔隙水两相存在（自然界海洋环境中多为此种情况）。对于孔隙内天然气水合物、孔隙水和孔隙气三相共存（天然气水合物开采时为此情况）对应于两相流体渗流的情况，采用类似的方法可以获得孔隙水相对于孔隙气以及孔隙气相对于孔隙水的相对渗透率，它通常与含天然气水合物沉积物的持水特性或者土

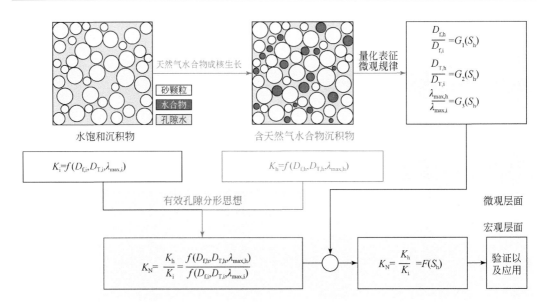

图 5.26　含天然气水合物沉积物有效孔隙分形理论宏观与微观层面内容逻辑关系

水特征曲线有着密切的联系。接下来从含天然气水合物沉积物的孔隙水单相渗流行为、孔隙水与孔隙气两相渗流行为以及持水特性三个方面对宏观层面内容进行介绍。

（一）含天然气水合物沉积物孔隙水单相渗流行为

图 5.27 给出了含天然气水合物沉积物单相流体渗流时归一化有效绝对渗透率的分形模型、平行毛细管模型以及 Kozeny 颗粒模型预测结果与实验数据的对比情况，红色实线代表分形模型预测结果，蓝色短虚线代表 Kozeny 颗粒模型预测结果，黑色长虚线代表平行毛细管模型预测结果，不同颜色的点代表已发表文献中的实验数据。其中图 5.27（a）和图 5.27（b）所示实验数据均采用气过量法制备天然气水合物，生成的天然气水合物孔隙赋存形式以颗粒表面型为主；图 5.27（c）和图 5.27（d）所示实验数据均采用水过量法制备天然气水合物，生成的天然气水合物孔隙赋存形式以孔隙中心型为主。

根据前人文献，平行毛细管模型认为含颗粒表面型水合物沉积物的归一化有效绝对渗透率可由式（5.59a）计算：

$$K_N = (1-S_h)^2 \qquad (5.59a)$$

而含孔隙中心型水合物沉积物的归一化有效绝对渗透率可由式（5.59b）计算：

$$K_N = 1-(S_h)^2 + \frac{2(1-S_h)^2}{\lg S_h} \qquad (5.59b)$$

含颗粒表面型水合物沉积物归一化有效绝对渗透率的 Kozeny 颗粒模型如下：

$$K_N = (1-S_h)^{n+1} \qquad (5.60a)$$

当经验参数 $n=1.5$，且 $0<S_h<0.8$ 时，含孔隙中心型水合物沉积物归一化有效绝对渗透率的 Kozeny 颗粒模型如下：

$$K_N = \frac{(1-S_h)^{n+2}}{(1+\sqrt{S_h})^2} \qquad (5.60b)$$

当 $n = 0.4$，且 $S_h = 0.1$ 时，并且 $n = 1.0$ 当 $S_h = 1.0$ 时，当 S_h 介于 0.1 和 1.0 之间时，n 取线性差值。

图 5.27（a）中分形模型所用含天然气水合物沉积物本征孔隙的孔径分形维数为 1.05，这符合实验采用粒径均匀玻璃珠（孔隙度为 0.42）的孔径分形维数取值范围；图 5.27（b）中分形模型所用含天然气水合物沉积物本征孔隙的孔径分形维数为 1.08，这符合实验采用粒径较均匀石英砂（孔隙度为 0.34）的孔径分形维数取值范围；图 5.27（c）中分形模型所用含天然气水合物沉积物本征孔隙的孔径分形维数为 1.82，这符合实验采用粒径级配良好的天然海砂（孔隙度为 0.39）的孔径分形维数取值范围；图 5.27（d）中分形模型所用含天然气水合物沉积物本征孔隙的孔径分形维数为 1.93，这符合实验采用粒径级配良好的石英砂（孔隙度为 0.46）的孔径分形维数取值范围。上述不同多孔介质材料本征孔隙的孔径分形维数取值范围见文献（Daigle，2016）讨论部分内容。

在分形参数的取值符合其物理意义的前提下，整体上归一化有效绝对渗透率分形模型较平行毛细管模型和 Kozeny 颗粒模型有着更好的预测效果。此外，多孔介质孔隙度相似时其孔径分形维数却有明显的差别，体现了分形参数在量化表征有效孔隙微观结构方面具有的优势，同时还能够描述水合物饱和度相同时因天然气水合物赋存形式的不同而引起的渗透率差别，体现了分形模型对含天然气水合物沉积物的孔隙微观结构与宏观渗流行为的本质关联能力。

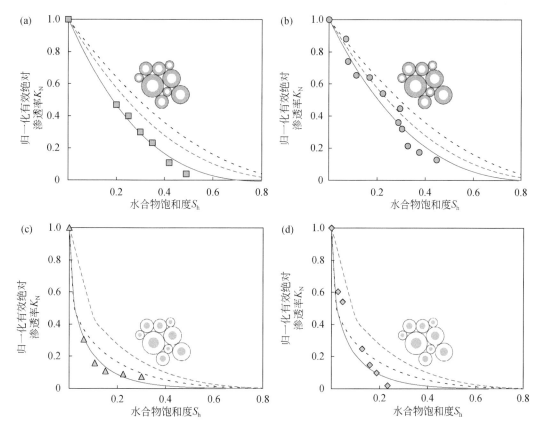

图 5.27　含天然气水合物沉积物归一化有效绝对渗透率模型计算对比情况（刘乐乐等，2019）

日本于 2013 年从其南海海槽 (Nankai Trough) 天然气水合物储层 AT1 钻井中采出天然气。在试采之前，日本针对开采井附近的监测井 AT1-MC 和取心井 AT1-C 开展了测试分析工作，获得了孔隙度、水合物饱和度及有效绝对渗透率等数据 (Fujii et al., 2015)。图 5.28 给出了采用渗透率分形模型对日本南海海槽天然气水合物储层归一化有效绝对渗透率进行预测的情况。图 5.28 中海底以下 275~305m 范围内的储层是发现的两个天然气水合物富集层之一，其水合物饱和度及单相流体渗流有效绝对渗透率的分布情况分别如图 5.28 (a) 和图 5.28 (b) 所示。核磁测井表明，该层段储层本征孔隙度约为 0.55；在海底以下 274m 附近的储层几乎不含天然气水合物，其渗透率约为 10mD；海底以下 304m 附近的储层仅含少量天然气水合物，其渗透率约为 100mD。分别采用上述两个渗透率数值对该层段深浅两部分储层的有效绝对渗透率进行归一化处理，获得的归一化有效绝对渗透率变化曲线如图 5.28 (c) 中黑色曲线所示，其中黄色原点代表相应的分形模型预测值。可见，渗透率分形模型预测结果与现场渗透率测试数据吻合效果良好，由反演确定的储层本征孔隙孔径分形维数为 1.3，该值在前人核磁共振实验测量的海洋沉积物孔径分形维数范围之内 (Wang et al., 2012；Daigle et al., 2014)，体现了渗透率分形模型良好的工程应用效果。

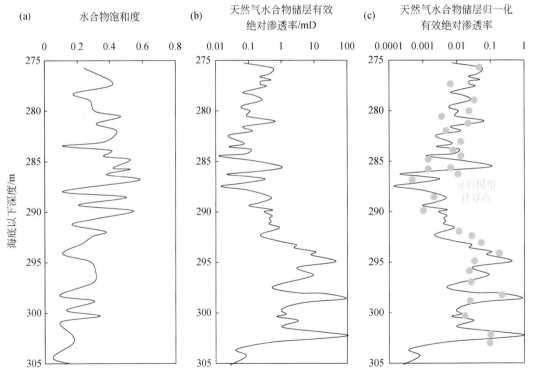

图 5.28　分形模型对日本南海海槽天然气水合物储层归一化有效绝对
渗透率预测效果 (刘乐乐等, 2019)

由分形毛细管束渗透率模型式（5.18）可以得出式（5.61）：

$$K_N = \frac{D_{f,h}}{D_{f,i}} \frac{3+D_{T,i}-D_{f,i}}{3+D_{f,h}-D_{f,h}} \left(\frac{\lambda_{max,h}}{\lambda_{max,i}}\right)^{3+D_{T,i}} \left(\frac{\lambda_{max,h}}{L_0}\right)^{D_{T,h}-D_{T,i}} \tag{5.61}$$

对于含甲烷水合物海砂，其有效孔隙的迂曲度分形维数在天然气水合物分解过程中基本不发生变化，故而式（5.61）可进一步近似为

$$K_N \approx \frac{D_{f,h}}{D_{f,i}} \frac{3+D_{T,i}-D_{f,i}}{3+D_{f,h}-D_{f,h}} \left(\frac{\lambda_{max,h}}{\lambda_{max,i}}\right)^{3+D_{T,i}} \tag{5.62}$$

由于含甲烷水合物海砂本征孔隙迂曲度分形维数取值在 1.05 左右（图 5.20），由式（5.62）可知含甲烷水合物海砂的归一化有效绝对渗透率主要受到有效孔隙最大孔隙直径的演化过程所影响，再将式（5.58）代入后可得

$$K_N = \Pi \left[1-(1-b)\sqrt{S_h} - b\,S_h{}^c \right]^{3+D_{T,i}} \tag{5.63a}$$

式中

$$\Pi = \frac{D_{f,h}}{D_{f,i}} \frac{3+D_{T,i}-D_{f,i}}{3+D_{f,h}-D_{f,h}} \tag{5.63b}$$

考虑到水合物饱和度较小时（比如小于 0.4）Π 接近于 1，含甲烷水合物海砂的归一化有效绝对渗透率最终近似为

$$K_N \approx \left[1-(1-b)\sqrt{S_h} - b\,S_h{}^c \right]^{3+D_{T,i}} \tag{5.64}$$

图 5.29 给出了简化之后的渗透率分形模型式（5.64）预测结果与实验数据的对比情况，分形模型的经验参数 b 和 c 的取值采用本章第一节第（一）部分的含甲烷水合物海砂样品的拟合数据，其与图 5.29 中引用实验采用的石英砂类似。可以看出，文献报道的归一化有效绝对渗透率大小全部介于分形模型给出的上限与下限之间，并且简化之后的渗透率分形模型能够反映含甲烷水合物沉积物有效绝对渗透率下降数据的整体趋势，体现了分形模型抓住物理现象内在本质的能力，简化之后的渗透率分形模型也更易于实际工程使用。作为参考，分形模型预测的有效绝对渗透率下降整体趋势与东京大学有效绝对渗透率模型 $K_N = (1-S_h)^8$ 的预测结果基本一致。

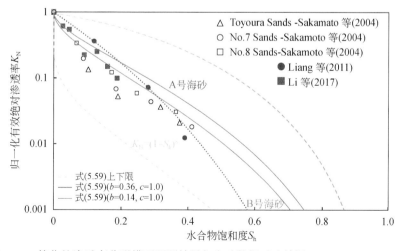

图 5.29　简化的渗透率分形模型预测结果与实验数据对比情况（Zhang et al.，2020）

（二）含天然气水合物沉积物孔隙水与孔隙气两相渗流行为

采用提取有效孔隙分形参数的方法，还可以提取石英砂样品孔隙内水与气两相的分形参数，用于量化表征孔隙水与气的空间分布结构，提取过程如图 5.30 所示。图 5.30（a）给出了被测石英砂样品的三维 X-CT 图像，图 5.30（b）给出了其中一张样品横截面的灰度图像，将其中间区域进行切割后获得正方形的灰度图像，如图 5.30（c）所示，浅灰色代表石英砂颗粒，深灰色代表孔隙水相，黑色代表孔隙气相；然后将正方形灰度图像中［图 5.30（c）］的孔隙、水相和气相进行分割，获得三者分布的"二值化"图像，分别如图 5.30（d）~（f）所示；最后采用盒维数法测定孔隙、水相和气相的分形维数，测定结果分别如图 5.30（g）~（i）所示，盒子尺寸与累计盒子数量在双对数坐标下均呈现出很好的线性关系。三维图像中所有二维切片正方形区域内的孔隙、水相和气相分形维数提取结果如图 5.31 所示。可以看出，孔隙水与气两相的孔径分形维数与其面孔隙度（面积含量比）存在以下关系：

$$D_{\mathrm{f},j} = 2 - \frac{2\ln\phi_j}{\ln\phi_j - 18.6\sqrt{\phi_j}} \tag{5.65}$$

而孔隙水与气两相的孔径分形维数和迂曲度分形维数之和与其体孔隙度（体积含量比）存在以下关系：

$$D_{\mathrm{f},j} + D_{\mathrm{T},j} = 3 - \frac{3\ln\varPhi_j}{\ln\varPhi_j - 28.4\sqrt{\varPhi_j}} \tag{5.66}$$

式中，下标 j 为 w 和 g，分别代表孔隙水相和孔隙气相。面积含量比定义为水相或者气相所占面积与整个样品所占面积的比值，而体积含量比定义为水相或者气相所占体积与整个样品所占体积的比值。

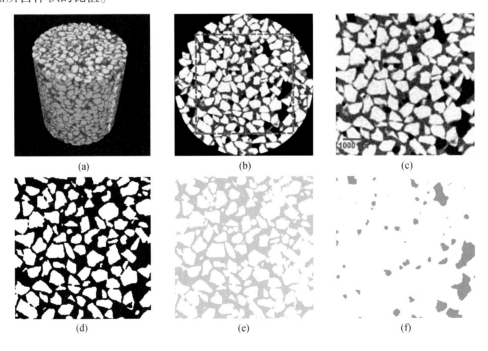

(a)　　　　　　　　　　(b)　　　　　　　　　　(c)

(d)　　　　　　　　　　(e)　　　　　　　　　　(f)

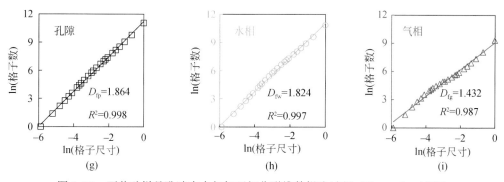

图 5.30　石英砂样品孔隙内水与气两相分形维数提取过程（Liu et al.，2019）

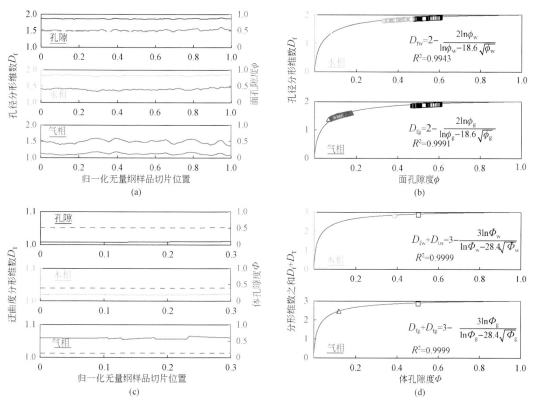

图 5.31　石英砂样品孔隙内水与气两相分形维数分布情况（Liu et al.，2019）

在上述石英砂孔隙水相与气相分布量化表征的基础上，采用含天然气水合物沉积物单相渗流渗透率模型建立类似的思路，将孔隙水相和气相分布空间分别等效为一束迁曲的毛细管束，其孔径分形维数和迁曲度分形维数等参数可从 X-CT 图像中提取，从而计算出石英砂内孔隙水相和孔隙气相的相对渗透率，如图 5.32 所示，其中点线是基于 X-CT 技术提取的模型参数计算获得，实线是基于小图所示理想化的水气两相分布模式（由水相和气相的润湿性决定）确定的模型参数计算获得。可以看出，点线与实线基本上重合，反映了石英砂孔隙中非润湿气相倾向于存在于孔隙中心、而润湿水相倾向于赋存于石英砂颗粒表面

的微观结构信息，这与基本物理事实相符，体现了基于微观结构图像量化表征构建的相对
渗透率分形模型具有良好的适用性。

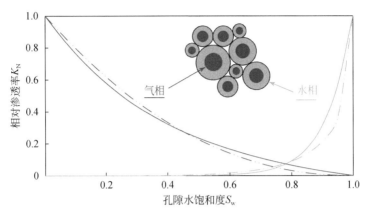

图 5.32　石英砂孔隙水相与孔隙气相两相渗流相对渗透率曲线（Liu et al. , 2019）

在上述构建的石英砂孔隙水与气两相渗流相对渗透率分形模型的基础上，采用式
（5.50）描述天然气水合物生成分解过程中，将含天然气水合物沉积物有效孔隙（即孔隙
水相与气相分布的空间）孔径分形维数的变化情况重新计算后可以获得水合物饱和度变化
情况下的含天然气水合物沉积物孔隙水与气两相渗流的相对渗透率曲线，如图 5.33 所示。
可以看出，在孔隙水饱和度（定义为孔隙水相体积与有效孔隙总体积的比值）相同的条件
下，水合物饱和度逐渐增加将使含天然气水合物石英砂孔隙水相的相对渗透率变大，反而
使孔隙气相的相对渗透率变小，这种竞争渗流的现象与前人基于孔隙网络数值模拟结果的
认识一致（Mahabadi et al., 2016），本质上与有效孔隙尺寸减小导致毛细作用力增大进而
阻碍非湿润相渗流而促进湿润相渗流的微观机制有关。据此可以推断，天然气水合物开采
过程中其储层在孔隙水饱和度相同的条件下，孔隙水相渗流逐渐变得困难，而孔隙气相渗
流逐渐变得容易，这有利于开采产气，开采前产能模拟时建议予以考虑。

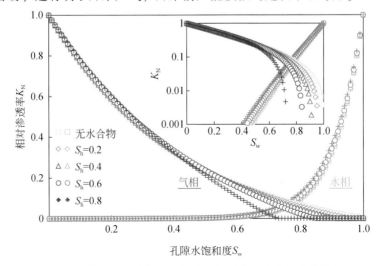

图 5.33　含天然气水合物石英砂孔隙水与气两相渗流相对渗透率曲线演化情况（Liu et al. , 2019）

（三）含天然气水合物沉积物持水特性

岩土等多孔介质材料的持水特性用于描述毛细作用力随着孔隙水饱和度变化而变化的过程，描述该过程的曲线通常被称为持水曲线、土-水特征曲线，又或者保水曲线，曲线形状很大程度上受多孔介质材料内部孔隙结构的控制。研究表明，多孔介质的归一化无量纲毛细作用力可用以下分形模型进行描述：

$$P_{c,N} = \left[\frac{1}{(1-\Phi)S_w + \Phi} \right]^{\frac{1}{2-D_f}} \qquad (5.67)$$

式中，归一化无量纲毛细作用力 $P_{c,N}$ 为毛细作用力与气体突破压力的比值，而气体突破压力 P_{min} 可由式（5.68）计算：

$$P_{min} = \frac{4\sigma\cos\theta}{\lambda_{max}} \qquad (5.68)$$

式中，σ 为界面张力系数；θ 为孔隙水与骨架颗粒的接触角。对于含天然气水合物沉积物，容易得到式（5.69）：

$$P_{min,N} = \frac{1}{\lambda_{max,N}} \qquad (5.69)$$

式中，$P_{min,N}$ 为含天然气水合物沉积物的气体突破压力与其本征沉积物的气体进入压力的比值。

图5.34给出了天然气水合物分解过程中含天然气水合物沉积物毛细作用力及持水曲线的变化情况。可以看出，含天然气水合物沉积物的气体突破压力随着水合物饱和度的增加而增加 [图5.34（a）]，含孔隙中心型水合物沉积物气体突破压力的增加趋势与含颗粒表面型水合物沉积物相比更显著，并且含颗粒表面型水合物沉积物气体突破压力的增加趋势与前人的研究结果一致（Dai and Santamarina，2013）；含天然气水合物沉积物的持水曲线在天然气水合物分解过程中逐渐下降，也就是说含天然气水合物沉积物的毛细作用力在孔隙水饱和度相同的条件下逐渐降低，研究表明这种变化行为对应着孔隙水饱和度相同条件下含天然气水合物沉积物逐渐升高的孔隙气相对渗透率和逐渐降低的孔隙水相对渗透率（Mahabadi et al.，2016），即天然气水合物分解将导致其沉积物中水相渗流变得困难而气相渗流变得容易，这与水与气两相渗流行为演化规律的认识一致。

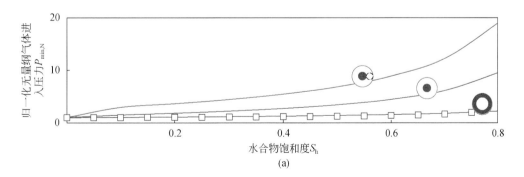

（a）

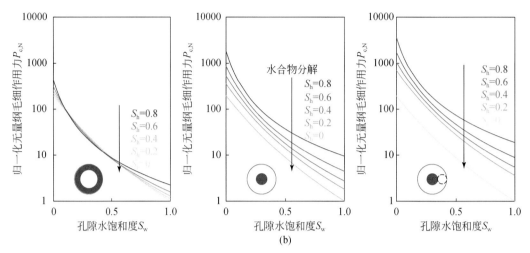

图 5.34　含天然气水合物沉积物毛细作用力及持水曲线演化情况（Liu et al.，2020b）

三、渗流分形理论对 K-C 渗透率方程的启示

科泽尼–卡曼（Kozeny-Carman）方程在多孔介质研究领域有着非常广泛的应用，它将多孔介质的渗透率视为多孔介质孔隙度 Φ、水力迂曲度 τ_h、比表面积 $\dfrac{S_\mathrm{p}}{V_\mathrm{p}}$ 和形状因子 f 的函数（Kozeny，1927，Carman，1937），具体表达式如下：

$$K=\frac{1}{f}\frac{\Phi}{\left(\tau_\mathrm{h}\dfrac{S_\mathrm{p}}{V_\mathrm{p}}\right)^2} \tag{5.70}$$

K-C 方程在含天然气水合物沉积物渗透率研究方面也有着广泛的应用，比如式（5.60a）和式（5.60b）就是在 K-C 方程的基础上假设形状因子不受天然气水合物的影响后推导获得的，并且在推导过程中采用多孔介质的电学迂曲度模型计算其水力迂曲度（Kleinberg et al.，2003），但是两者通常是不能等效的。孔隙网络数值模拟结果（Dai and Seol，2014）表明，含天然气水合物沉积物的水力迂曲度与比表面积的乘积在整体趋势上随着天然气水合物饱和度的增加而线性增加，基于此改进了 K-C 方程并提出了一个便于工程应用的渗透率直观经验关系式，具体形式如下：

$$K_\mathrm{N}=\frac{(1-S_\mathrm{h})^3}{(1+2S_\mathrm{h})^2} \tag{5.71}$$

然而，改进时同样未考虑形状因子受天然气水合物的影响。虽然式（5.71）后来又被修正，考虑了毛细作用力和形状因子变化的影响（Katagiri et al.，2017；Kang et al.，2016），但是形状因子如何随着水合物饱和度的变化而变化，天然气水合物孔隙赋存形式如何影响该变化过程，以及形状因子的变化如何影响 K-C 方程的使用等问题都未得到很好的解决，其原因在于形状因子的受控物理机制仍不够清楚。接下来将借助含天然气水合物沉积物有效孔隙分形理论揭示形状因子的受控机制，进而对 K-C 方程进行更好地修正。

将式（5.70）稍作调整，可以得到形状因子的求解式：

$$f = \frac{1}{K} \frac{\Phi}{\tau_{\mathrm{h}}^2 \left(\dfrac{S_{\mathrm{p}}}{V_{\mathrm{p}}}\right)^2} \tag{5.72}$$

由式（5.12）和式（5.22）可以得到体孔隙度的分形表达式：

$$\Phi = \left(\frac{\pi}{4}\right)^{\frac{D_{\mathrm{T}}-1}{2}} \frac{D_{\mathrm{f}}}{3-D_{\mathrm{T}}-D_{\mathrm{f}}} \left(\frac{2-D_{\mathrm{f}}}{D_{\mathrm{f}}}\right)^{\frac{3-D_{\mathrm{T}}}{2}} \left(\frac{\phi}{1-\phi}\right)^{\frac{3-D_{\mathrm{T}}}{2}} \left(1-\phi^{\frac{3-D_{\mathrm{T}}-D_{\mathrm{f}}}{2-D_{\mathrm{f}}}}\right) \tag{5.73}$$

根据渗流分形理论容易得到比表面积的分形表达式：

$$\frac{S_{\mathrm{p}}}{V_{\mathrm{p}}} = \frac{3-D_{\mathrm{T}}-D_{\mathrm{f}}}{2-D_{\mathrm{T}}-D_{\mathrm{f}}} \frac{4}{\lambda_{\max}} \frac{1-\phi^{\frac{2-D_{\mathrm{T}}-D_{\mathrm{f}}}{2-D_{\mathrm{f}}}}}{1-\phi^{\frac{3-D_{\mathrm{T}}-D_{\mathrm{f}}}{2-D_{\mathrm{f}}}}} \tag{5.74}$$

水力迂曲度的分形表达式如下所示：

$$\tau_{\mathrm{h}} = \left(\frac{\pi}{4}\right)^{\frac{D_{\mathrm{T}}-1}{2}} \frac{D_{\mathrm{f}}}{D_{\mathrm{f}}+D_{\mathrm{T}}-1} \left(\frac{D_{\mathrm{f}}}{2-D_{\mathrm{f}}}\right)^{\frac{D_{\mathrm{T}}-1}{2}} \left(\frac{1-\phi}{\phi}\right)^{\frac{D_{\mathrm{T}}-1}{2}} \left(\phi^{\frac{1-D_{\mathrm{T}}}{2-D_{\mathrm{f}}}} - \phi^{\frac{D_{\mathrm{f}}}{2-D_{\mathrm{f}}}}\right) \tag{5.75}$$

将式（5.18）、式（5.73）、式（5.74）和式（5.75）代入式（5.72）中整理后可以得到式（5.76）：

$$f = 2F_{\mathrm{D}}F_{\phi} \tag{5.76a}$$

$$F_{\mathrm{D}} = \frac{3+D_{\mathrm{T}}-D_{\mathrm{f}}}{3-D_{\mathrm{T}}-D_{\mathrm{f}}} \left(\frac{D_{\mathrm{f}}+D_{\mathrm{T}}-1}{D_{\mathrm{f}}}\right)^2 \left(\frac{2-D_{\mathrm{T}}-D_{\mathrm{f}}}{3-D_{\mathrm{T}}-D_{\mathrm{f}}}\right)^2 \tag{5.76b}$$

$$F_{\phi} = \frac{\left(1-\phi^{\frac{3-D_{\mathrm{T}}-D_{\mathrm{f}}}{2-D_{\mathrm{f}}}}\right)^3}{\left(\phi^{\frac{D_{\mathrm{f}}}{2-D_{\mathrm{f}}}}\right)^2 \left(1-\phi^{\frac{1-D_{\mathrm{T}}-D_{\mathrm{f}}}{2-D_{\mathrm{f}}}}\right)^2 \left(1-\phi^{\frac{2-D_{\mathrm{T}}-D_{\mathrm{f}}}{2-D_{\mathrm{f}}}}\right)^2} \tag{5.76c}$$

可以看出，形状因子本质上是孔隙分形参数的函数。那么，水合物饱和度变化过程中归一化无量纲形状因子具有以下形式：

$$f_{\mathrm{N}} = \frac{(F_{\mathrm{D}}F_{\phi})_h}{(F_{\mathrm{D}}F_{\phi})_i} \tag{5.77}$$

将分形参数与水合物饱和度的理论与经验关系式代入式（5.77）即可以得到水合物饱和度变化过程中的形状因子大小，并且还能够量化天然气水合物赋存形式对形状因子变化过程的影响程度。

图 5.35 给出了形状因子分形模型的验证情况，其中使用的分形参数取值如表 5.1 所示，表中数据除了体孔隙度之外均由反演获得。三种石英砂孔隙的孔径分形维数的取值范围是 1.680 ~ 1.788，与文献中的实验数据相符（Liu et al., 2019）；立方排列圆柱堆孔隙的孔径分形维数取值在 1.407 左右，与文献中的纤维材料孔隙的孔径分形维数大小相似（Wang et al., 2013）；球堆孔隙的孔径分形维数的取值在 1.402 左右，与直径均匀的球堆孔隙的孔径分形维数大小接近（Daigle, 2016）。多孔介质孔隙的迂曲度分形维数取值均在 1.011 左右，与文献中基于 X-CT 数据提取的石英砂孔隙的迂曲度分形维数大小相当一致（Liu et al., 2019；Zhang et al., 2020）。可以看出，提出的形状因子分形模型具有良好的适用性，如图 5.35（a）所示。将表 5.1 中的数据再代入式（5.18）可以计算出多孔介质的渗透率，计算结果与实验或者模拟数据的对比情况如图 5.35（b）所示，可以看出渗透率

分形模型的预测值同样具有良好的效果，进一步证明了反演数据的合理性以及形状因子分形模型的适用性。

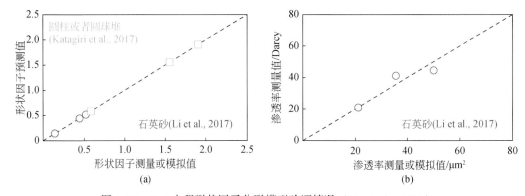

图 5.35　K-C 方程形状因子分形模型验证情况（Liu et al.，2021）

表 5.1　K-C 方程形状因子分形模型验证所用参数列表

多孔介质	Φ_i	$D_{f,i}$	$D_{T,i}$	ϕ_i	参考文献
Ⅰ号石英砂	0.459	1.680	1.016	0.445	（Li et al.，2017）
Ⅱ号石英砂	0.480	1.722	1.010	0.470	
Ⅲ号石英砂	0.472	1.788	1.012	0.455	
立方排列圆柱堆	0.220	1.407	1.010	0.216	（Katagiri et al.，2017）
立方排列球堆	0.470	1.400	1.010	0.466	
随机排列球堆	0.420	1.405	1.010	0.415	

图 5.36 给出了含天然气水合物沉积物本征孔隙的分形参数对 K-C 方程形状因子的影响关系。可以看出，归一化无量纲形状因子在水合物饱和度相同的条件下增大的三种情况包括：本征孔隙的迁曲度分形维数增大；本征孔隙的孔径分形维数增大；本征孔隙的体孔隙度减小。这说明密实的、流线迁曲的和结构复杂的多孔介质具有更大的形状因子。此外，当假设迁曲度分形维数不随水合物饱和度的变化而变化时，也就是式（5.52）中 $\beta=0$ 时，归一化无量纲形状因子随着水合物饱和度的增加而变大，并且所有的值均大于1。与之不同的是，当 $\beta>0.1$ 时，归一化无量纲形状因子会小于1，并且 β 值越大，归一化无量纲形状因子在水合物饱和度相同的条件下越小。显然，经验参数 β 的取值对于形状因子的变化规律非常重要，需要借助实验数据加以确定。

图 5.37 给出了根据文献实验数据拟合确定迁曲度分形维数模型参数 β 的情况，实线表示采用式（5.52）进行拟合的情况，圆圈表示基于实验数据获得的归一化无量纲模型，红色圆圈代表式（5.78）（Plessis and Masliyah，1991）：

$$\tau_N = \frac{1-(1-\Phi_i)^{\frac{2}{3}}}{1-\left[1-\Phi_i(1-S_h)\right]^{\frac{2}{3}}}(1-S_h) \qquad (5.78)$$

而蓝色圆圈代表式（5.79）（Mauret and Renaud，1997）：

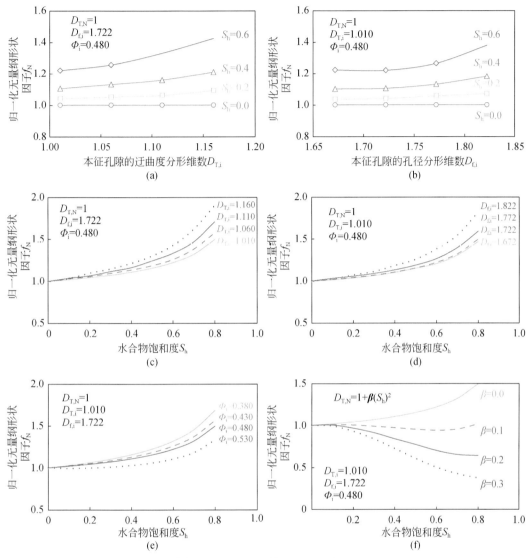

图 5.36　分形参数对 K-C 方程形状因子的影响（Liu et al.，2021）

$$\tau_N = 1 - \frac{0.49\ln(1-S_h)}{1-0.49\ln\Phi_i} \qquad (5.79)$$

对应的模型参数拟合值分别为 $\beta=0.06$ 和 $\beta=0.25$，将用于以下所述比表面积与水力迁曲度等参数乘积变化规律的探讨。

图 5.38 给出了比表面积及其相关乘积随着水合物饱和度的变化而变化的情况以及 K-C 方程修正后的渗透率预测情况。从图 5.38（a）可以看出，比表面积随着水合物饱和度的变化而变化的行为受天然气水合物孔隙赋存形式的影响十分明显，对于孔隙中心型水合物，比表面积随着水合物饱和度的增加整体上呈增大的趋势，而颗粒表面型水合物对应的比表面积随着水合物饱和度的增加而明显减小。图 5.38（b）给出了式（5.71）相关的线

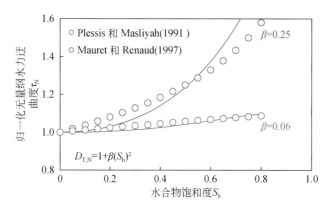

图 5.37　迁曲度分形维数经验关系参数拟合情况（Liu et al., 2021）

性关系 $(S_s\tau_h)_N = 1 + BS_h$ 预测情况，可以看出孔隙中心型水合物对应的比表面积与水力迁曲度的乘积介于预测上限与下限之间，而对于颗粒表面型水合物对应的乘积预测效果不太理想，其中的数据点由以下式子获得

$$(S_S\tau_h)_N = \frac{(\varGamma_D\varGamma_\phi)_N}{(\lambda_{max})_N} \tag{5.80a}$$

式中

$$\varGamma_D = \frac{D_f^{D_T}}{(2-D_f)^{D_T-2}(2-D_T-D_f)(1-D_T-D_f)} \tag{5.80b}$$

$$\varGamma_\phi = \phi^{\frac{D_f}{2-D_f}}\left(\frac{1-\phi}{\phi}\right)^{D_T-2}\left(1-\phi^{\frac{2-D_T-D_f}{2-D_f}}\right)\left(1-\phi^{\frac{1-D_T-D_f}{2-D_f}}\right) \tag{5.80c}$$

图 5.38（c）给出了考虑形状因子在内的归一化无量纲乘积随着天然气水合物饱和度的变化而变化的情况。可以看出，该乘积随水合物饱和度的变化整体上呈线性趋势，但是两者的系数不同，对于孔隙中心型水合物 $f[(\tau_hS_s)^2]_N = 1 + 4S_h$，而对于颗粒表面型水合物 $f[(\tau_hS_s)^2]_N = 1 - S_h$，其中的数据点由式（5.81）获得

$$[f(S_S\tau_h)^2]_N = \frac{(\varPi_D\varPi_\phi)_N}{[(\lambda_{max})_N]^2} \tag{5.81a}$$

式中

$$\varPi_D = \frac{D_f^{2D_T-2}(3+D_T-D_f)}{(2-D_f)^{2D_T-4}(3-D_T-D_f)^3} \tag{5.81b}$$

$$\varPi_\phi = \left(\frac{1-\phi}{\phi}\right)^{2D_T-4}\left(1-\phi^{\frac{3-D_T-D_f}{2-D_f}}\right)^3 \tag{5.81c}$$

图 5.38（d）给出了基于图 5.38（c）所示线性关系修正 K-C 方程之后的预测效果，其中修正之后的 K-C 方程具有以下形式：

$$K_N = \frac{(1-S_h)^3}{1+CS_h} \tag{5.82}$$

基于文献中的渗透率实验数据，对于颗粒表面型水合物，建议 $C = -1$，而对于孔隙中心型水合物，建议 $C = 20$。

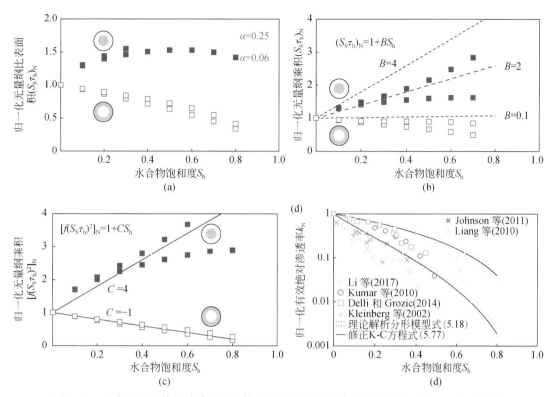

图 5.38　比表面积及其相关乘积变化情况以及 K-C 方程修正预测效果（Liu et al.，2021）

　　综上所述，采用渗流分形理论推导了 K-C 方程形状因子的解析表达式，揭示了形状因子的受控物理机制，预测结果与实验数据对比效果良好；发现了考虑形状因子变化的比表面积与水力迂曲度相关乘积与水合物饱和度存在正相关的线性关系，基于此对 K-C 方程进行了更全面的修正，进一步方便了 K-C 方程的实际工程应用。

第四节　分形理论相结合的关键路径分析方法

　　逾渗理论（percolation theory）和关键路径分析（critical path analysis，CPA）通过孔隙连通性和孔隙直径分布宽度等结构参数确定岩石和土体等多孔介质材料的渗流等输运性质（Berkowitz and Balberg，1993）。逾渗理论认为，多孔介质内某相流体发生渗流的前提条件是其饱和度增大到某个阈值，即所谓的逾渗阈值 S_C，它是一个体积比例。逾渗阈值与多孔介质孔隙的连通性有关，即连通性越好则逾渗阈值越小。关键路径分析认为多孔介质的渗流主要出现在由连通孔隙组成的高渗透通道，并且对渗流有贡献的孔隙体积比例与逾渗阈值相当。逾渗理论和关键路径分析相结合能够预测土体内孔隙气与水两相渗流的相对渗透率，认为相对渗透率是逾渗阈值和孔隙直径分布宽度的函数，研究过程中采用孔隙–固体分形模型对土体结构进行了等效（Hunt，2005）。基于此工作，再考虑下述多孔介质内天然气水合物生长模式假设，能够对水合物饱和度变化过程中含天然气水合物沉积物单相流体渗流的有效绝对渗透率进行预测。

　　图 5.39 给出了多孔介质内天然气水合物生长模式示意图。其中，图 5.39（a）表示的是溶解气与孔隙水生成天然气水合物的情况，即多孔介质孔隙内没有自由态气体而只有溶解态气体。此时的天然气水合物成核将首先出现在尺寸较大的孔隙内，即使在生长后期天然气水合物会出现在尺寸较小的孔隙内，但是由于奥斯瓦尔德熟化效应的作用（Henry et al.，1999），小尺寸的天然气水合物颗粒会逐渐溶解而重新聚集在大尺寸的天然气水合物颗粒周围，促使大尺寸的天然气水合物颗粒更大。在漫长地质时间尺度下，多孔介质内的天然气水合物将总是生长于尺寸最大的孔隙内。图 5.39（b）表示的是自由态气体与孔隙水生成天然气水合物的情况，并且多孔介质骨架颗粒是水湿润相，孔隙水由于毛细作用力而以月牙状存在于骨架颗粒之间。此时的天然气水合物成核将首先出现在孔隙水与气的界面处并向孔隙水所在的侧面发展，但是天然气水合物的生长方向可能会发生反转，即天然气水合物出现裂隙时孔隙水将被"抽"向孔隙气所在的侧面，天然气水合物转而向孔隙中心生长（Jung and Santamarina，2012）。同样由于奥斯瓦尔德熟化效应的作用，小尺寸孔隙内的天然气水合物颗粒将逐渐溶解而重新聚集于大尺寸孔隙内的天然气水合物颗粒周围，最终形成图 5.39（c）所示的状态。综上所述，可以假设多孔介质内天然气水合物的生长过程遵循孔隙尺寸最大的原则。需要说明的是，虽然文献中的一些 X-CT 扫描图像中的确发现了多孔介质内天然气水合物生长过程中奥斯瓦尔德熟化效应的存在（Chen and Espinoza，2018；Chaouachi et al.，2015），但是实验室尺度下的多孔介质内天然气水合物生长并不是严格遵循孔隙最大原则，而是在尺寸不同的孔隙中均会出现天然气水合物，只不过出现天然气水合物的孔隙都具有较大的尺寸，而在地质现场尺度下天然气水合物如何在沉积物内生长仍然不够清楚，需要进一步研究加以澄清。

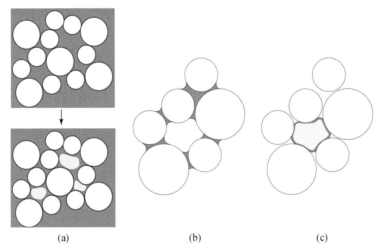

　　　　　（a）　　　　　　　　　（b）　　　　　　　　　（c）

图 5.39　多孔介质孔隙内天然气水合物生长模式示意图（Daigle，2016）

　　关键路径分析认为逾渗阈值 S_c 与关键孔隙尺寸 r_c 存在以下关系：

$$\int_{r_c}^{r_{\max}} f(R)\,\mathrm{d}R = S_c \tag{5.83}$$

式中，$f(R)$ 为孔隙尺寸的概率分布函数。式（5.83）说明，如果孔隙流体从最大孔隙开始占据孔隙的话，那么孔隙流体发生渗流的条件是关键孔隙尺寸 r_c 以上的全部孔隙均已被流体所占据。

根据孔隙-固体分形模型的定义，多孔介质累积孔隙分布函数如下：

$$\int_{r_{\min}}^{r} f(R)\,dR = \frac{\beta_p}{\Phi}\left[\left(\frac{r}{r_{\max}}\right)^{3-D_p} - \left(\frac{r_{\min}}{r_{\max}}\right)^{3-D_p}\right] \tag{5.84}$$

式中，β_p 为分形的尺度因子，定义为孔隙相的体积与孔隙相加上固体相两者总体积的比值。由于迭代相的存在，尺度因子满足 $\Phi \leqslant \beta_p \leqslant 1$ 关系。联立式（5.83）和式（5.84）可以得到：

$$r_c = r_{\max}\left(1 - \frac{\Phi S_c}{\beta_p}\right)^{\frac{1}{3-D_p}} \tag{5.85}$$

多孔介质内湿润相从尺寸最小的孔隙开始占据，那么其饱和度 S_w 和临界孔隙尺寸 $r(S_w)$ 满足式（5.86）：

$$S_w = \frac{\beta_p}{\Phi}\left[\left(\frac{r(S_w)}{r_{\max}}\right)^{3-D_p} - \left(\frac{r_{\min}}{r_{\max}}\right)^{3-D_p}\right] \tag{5.86}$$

由多孔介质孔隙分布的自相似性可知：

$$\int_{r_c(S_w)}^{r(S_w)} f(R)\,dR = \frac{\beta_p}{\Phi}\left[\left(\frac{r(S_w)}{r_{\max}}\right)^{3-D_p} - \left(\frac{r_c(S_w)}{r_{\max}}\right)^{3-D_p}\right] = S_c \tag{5.87}$$

进一步可以得到：

$$r_c(S_w) = \left[r^{3-D_p}(S_w) - \frac{\Phi S_c}{\beta_p}(r_{\max})^{3-D_p}\right]^{\frac{1}{3-D_p}} \tag{5.88}$$

需要注意的是 $r_c(S_w) \leqslant r_c$，而 $r_c(S_w)$ 既可能大于又可能小于 r_c。介于 $r_c(S_w)$ 和 $r(S_w)$ 之间孔隙的体积比例总是等于 S_c，并且当 $S_w = 1$ 时，$r(S_w=1) = r_{\max}$。

多孔介质孔隙内湿润相的水力传导系数 g^h 与孔隙尺寸的三次方成正比，那么湿润相的归一化有效绝对渗透率可由式（5.89）获得：

$$K_N = \frac{g_c^h(S_w)}{g_c^h(S_w=1)} = \frac{r_c^h(S_w)}{r_c^h(S_w=1)} = \left[\frac{\beta_p - \Phi + \Phi(S_w - S_c)}{\beta_p - \Phi S_c}\right]^{\frac{3}{3-D_p}} \tag{5.89}$$

研究表明式（5.89）中临界尺寸的水力传导系数可被逾渗路径上的平均水力传导系数所替换，修正之后获得的式（5.90）：

$$K_N = \left[\frac{\beta_p - \Phi + \Phi(S_w - S_c)}{\beta_p - \Phi S_c}\right]^{\frac{D_p}{3-D_p}} \tag{5.90}$$

令

$$S_x = S_c + \frac{2\left(\frac{\beta_p}{\Phi} - 1\right)}{\frac{D_p}{3-D_p} - 2} \tag{5.91}$$

那么，当 $S_w \leqslant S_x$ 时，归一化有效绝对渗透率可进一步修正为

$$K_N = \left[\frac{\beta_p - \Phi + \Phi(S_w - S_c)}{\beta_p - \Phi S_c}\right]^{\frac{D_p}{3-D_p}} \left(\frac{S_w - S_c}{S_x - S_c}\right)^2 \tag{5.92}$$

　　图 5.40 给出了采用式（5.90）和式（5.92）预测含天然气水合物沉积物归一化有效绝对渗透率的结果与相应的实验测试数据的对比情况，式（5.90）用于 $S_h<1-S_x$ 条件下的归一化有效绝对渗透率计算；而式（5.92）用于 $S_h>1-S_x$ 条件下的归一化有效绝对渗透率计算。预测所用参数如表 5.2 所示，黑色实线表示预测值，红色圆点代表实验测试数据，黑色虚线表示加权平均经验模型作为对比参考，其具体形式为

$$K_N = \alpha(S_h)K_{r\delta}^{pf} + \beta(S_h)K_{r\delta}^{gc} \tag{5.93}$$

式中，$K_{r\delta}^{pf}$ 和 $K_{r\delta}^{gc}$ 分别为由 Kozeny 颗粒模型修正而来的孔隙中心型水合物与颗粒表面型水合物对应的归一化有效绝对渗透模型，分别由式（5.60b）和式（5.60a）计算。可以看出，式（5.90）和式（5.92）对于不同的含天然气水合物沉积物归一化有效绝对渗透率均取得了良好的预测效果，并且表 5.2 所示的模型参数 D_p、S_c 和 β_p 的大小均符合物理意义，体现了归一化有效绝对渗透率分形模型的适用性。

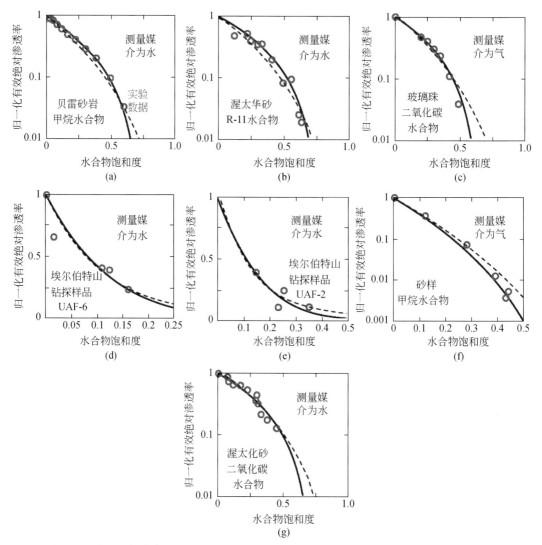

图 5.40　含天然气水合物沉积物归一化有效绝对渗透率实验值与其孔隙-固体分形模型预测值的对比情况（Daigle，2016）

表5.2 式（5.85）和式（5.87）预测所用参数与结果信息表

样品	孔隙度	S_c	D_p	β_p	S_x	R^2	平均绝对误差	数据来源
含甲烷水合物贝雷砂岩	0.19	0.27±0.15	2.30±0.13	0.24±0.03	0.70	0.98	0.030	Yousif et al., 1991
含R11水合物渥太华砂	0.28	0.29±0.03	2.36±0.02	0.45±0.01	1.00	0.82	0.043	Ordonez et al., 2009
含二氧化碳水合物玻璃微珠	0.33	0.35±0.08	2.06±0.11	0.33±0.02	0.37	0.99	0.024	Kumar et al., 2010
现场样UAF-6	0.36	0.30±0.26	2.55±0.16	0.36±0.16	0.30	0.85	0.059	Johnson et al., 2011
现场样UAF-2	0.38	0.30±0.50	2.41±0.48	0.38±0.14	0.30	0.72	0.053	Johnson et al., 2011
含甲烷水合物砂	0.33	0.24±0.35	2.59±0.33	0.35±0.12	0.26	1.00	0.002	Liang et al., 2011
含二氧化碳水合物渥太华砂	0.34	0.27±0.03	2.25±0.01	0.46±0.01	1.00	0.96	0.049	Delli and Grozic, 2014

如果将东京大学归一化有效绝对渗透率模型

$$K_N = (1-S_h)^N \tag{5.94}$$

与式（5.90）相等，那么其经验指数 N 可表示为

$$N = \frac{\frac{D_p}{3-D_p}\lg\left[\frac{\beta_p-\Phi+\Phi(1-S_h-S_c)}{\beta_p-\Phi S_c}\right]}{\lg(1-S_h)} \tag{5.95}$$

可见，经验指数是水合物饱和度的函数，其大小随着水合物饱和度的增加而变大，并且当 S_h 趋近于 $1-S_c$ 时，经验指数的大小趋近于无穷大。当经验指数变大时，含天然气水合物沉积物的归一化有效绝对渗透率因天然气水合物的存在而降低得更加明显，对应于孔隙中心型天然气水合物，这也解释了实验数据中普遍观察到的现象。即渗透率下降曲线在水合物饱和度较低时接近于颗粒表面型水合物对应的渗透率模型，而在水合物饱和度较高时转变为接近孔隙中心型水合物对应的渗透率模型。

参 考 文 献

刘乐乐, 张准, 宁伏龙, 等. 2019. 含水合物沉积物渗透率分形模型. 中国科学: 物理学力学天文学, 49（3）: 034614.

刘乐乐, 刘昌岭, 孟庆国, 等. 2020. 分形理论在天然气水合物研究领域的应用进展. 海洋地质前沿, 36（9）: 11-22.

张永超, 刘昌岭, 刘乐乐, 等. 2021. 水合物生成导致沉积物孔隙结构和渗透率变化的低场核磁共振观测. 海洋地质与第四纪地质, 41（3）: 193-202.

张济忠. 2011. 分形. 北京: 清华大学出版社.

蔡建超, 胡祥云. 2015. 多孔介质分形理论与应用. 北京: 科学出版社.

Berkowitz B, Balberg I. 1993. Percolation theory and its application to groundwater hydrology. Water Resources Research, 29: 775-794.

Carman P C. 1937. Fluid flow through granular beds. AIChE Journal, 15: 150.

Chaouachi M, Falenty A, Sell K, et al. 2015. Microstructural evolution of gas hydrates in sedimentary matrices observed with synchrotron X-ray computed tomographic microscopy. Geochemistry, Geophysics, Geosystems, 16: 1711-1722.

Chen X Y, Espinoza D N. 2018. Ostwald ripening changes the pore habit and spatial variability of clathrate hydrate. Fuel, 214: 614-622.

Dai S, Santamarina J C. 2013. Water retention curve for hydrate-bearing sediments. Geophysical Research Letters, 40: 1-5.

Dai S, Seol Y. 2014. Water permeability in hydrate-bearing sediments: A pore-scale study. Geophysical Research Letters, 41: 4176-4184.

Daigle H. 2016. Relative permeability to water or gas in the presence of hydrates in porous media from critical path analysis. Journal of Petroleum Science and Engineering, 146: 526-535.

Daigle H, Johnson A, Thomas B. 2014. Determining fractal dimension from nuclear magnetic resonance data in rocks with internal magnetic field gradients. Geophysics, 79: D425-D431.

Delli M L, Grozic J L H. 2014. Experimental determination of permeability of porous media in the presence of gas hydrates. Journal of Petroleum Science and Engineering, 120: 1-9.

Falconer K. 2005. Fractal Geometry: Mathematical Foundations and Applications. New Jersey: Wiley.

Fujii T, Suzuki K, Takayama T, et al. 2015. Geological setting and characterization of a methane hydrate reservoir distributed at the first offshore production test site on the Daini-Atsumi Knoll in the eastern Nankai Trough, Japan. Marine and Petroleum Geology, 66: 310-322.

Henry P, Thomas M, Clennell M B. 1999. Formation of natural gas hydrates in marine sediments: 2. thermodynamic calculations of stability conditions in porous sediments. Journal of Geophysical Research: Solid Earth, 104: 23005-23022.

Hunt A G. 2005. Continuum percolation theory for saturation dependence of air permeability. Vadose Zone Journal, 4: 134-138.

Johnson A, Patil S, Dandekar A. 2011. Experimental investigation of gas-water relative permeability for gas-hydrate-bearing sediments from the Mount Elbert Gas Hydrate Stratigraphic Test Well, Alaska North Slope. Marine and Petroleum Geology, 28: 419-426.

Jung J W, Santamarina J C. 2012. Hydrate formation and growth in pores. Journal of Crystal Growth, 345: 61-68.

Kang D H, Yun T S, Kim K Y, et al. 2016. Effect of hydrate nucleation mechanisms and capillarity on permeability reduction in granular media. Geophysical Research Letters, 43: 2016GL070511.

Katagiri J, Konno Y, Yoneda J, et al. 2017. Pore-scale modeling of flow in particle packs containing grain-coating and pore-filling hydrates: verification of a Kozeny-Carman-based permeability reduction model. Journal of Natural Gas Science and Engineering, 45: 537-551.

Kleinberg R L, Flaum C, Griffin D D, et al. 2003. Deep sea NMR: methane hydrate growth habit in porous media and its relationship to hydraulic permeability, deposit accumulation, and submarine slope stability. Journal of Geophysical Research: Solid Earth, 108: 2508.

Kozeny J. 1927. Ueber kapillare Leitung des Wassers im Boden. Sitzungsber Akad. Wiss., 136: 271-306.

Kumar A, Maini B, Bishnoi P R, et al. 2010. Experimental determination of permeability in the presence of hydrates and its effect on the dissociation characteristics of gas hydrates in porous media. Journal of Petroleum Science and Engineering, 70: 114-122.

Li G, Li X-S, Li C. 2017. Measurement of permeability and verification of kozeny-carman equation using statistic method. Energy Procedia, 142: 4104-4109.

Liang H, Song Y, Chen Y, et al. 2011. The Measurement of permeability of porous media with methane hydrate. Petroleum Science and Technology, 29: 79-87.

Liang M, Fu C, Xiao B, et al. 2019. A fractal study for the effective electrolyte diffusion through charged porous media. International Journal of Heat and Mass Transfer, 137: 365-371.

Liu L, Dai S, Ning F, et al. 2019. Fractal characteristics of unsaturated sands implications to relative permeability in hydrate-bearing sediments. Journal of Natural Gas Science and Engineering, 66: 11-17.

Liu L, Wu N, Liu C, et al. 2020a. Maximum sizes of fluids occupied pores within hydrate-bearing porous media composed of different host particles. Geofluids, 2020: 8880286.

Liu L, Zhang Z, Li C, et al. 2020b. Hydrate growth in quartzitic sands and implication of pore fractal characteristics to hydraulic, mechanical, and electrical properties of hydrate-bearing sediments. Journal of Natural Gas Science and Engineering, 75: 103109.

Liu L, Sun Q, Wu N, et al. 2021. Fractal analyses of the shape factor in Kozeny-Carman equation for hydraulic permeability in hydrate-bearing sediments. Fractals, 29 (7): 2150217.

Mahabadi N, Dai S, Seol Y, et al. 2016. The water retention curve and relative permeability for gas production from hydrate-bearing sediments: pore-network model simulation. Geochemistry, Geophysics, Geosystems, 17: 3099-3110.

Mandelbrot B B. 1967. How long is the coast of Britain? . Statistical self-similarity and fractional dimension. Science, 156: 636-638.

Mandelbrot B B. 1977. Fractals: Form, Chance and Dimension. New York: W. H. Freeman and Company.

Mandelbrot B B. 1982. The Fractal Geometry of Nature. New York: W. H. Freeman and Company.

Mauret E, Renaud M. 1997. Transport phenomena in multi-particle systems—I. limits of applicability of capillary model in high voidage beds- application to fixed beds of fibers and fluidized beds of spheres. Chemical Engineering Science, 52: 1807-1817.

Ordonez C, Grozic J, Chen W. 2009. Permeability of Ottawa sand specimens containing R-11 gas hydrates. Proceedings of GeoHalifax 2009, Halifax, Canada.

Perrier E, Bird N, Rieu M. 1999. Generalizing the fractal model of soil structure: the pore – solid fractal approach. Geoderma, 88: 137-164.

Plessis J P, Masliyah J H. 1991. Flow through isotropic granular porous media. Transport in Porous Media, 6: 207-221.

Sreenivasan K R. 1991. Fractals and multifractals in fluid turbulence. Annual Review of Fluid Mechanics, 23: 539-604.

Wang H, Liu Y, Song Y, et al. 2012. Fractal analysis and its impact factors on pore structure of artificial cores based on the images obtained using magnetic resonance imaging. Journal of Applied Geophysics, 86: 70-81.

Wang J, Xi Z, Tang H, et al. 2013. Fractal dimension for porous metal materials of FeCrAl fiber. Transactions of Nonferrous Metals Society of China, 23: 1046-1051.

Xia Y, Cai J, Wei W, et al. 2018. A new method for calculating fractal dimensions of porous media based on pore size distribution. Fractals, 26: 1850006.

Yousif M, Abass H, Selim M, et al. 1991. Experimental and theoretical investigation of methane-gas-hydrate dissociation in porous media. SPE reservoir Engineering, 6: 69-76.

Yu B, Li J. 2001. Some fractal characters of porous media. Fractals, 9: 365-372.

Yu B, Cheng P. 2002. A fractal permeability model for bi-dispersed porous media. International Journal of Heat and Mass Transfer, 45: 2983-2993.

Yu B M, Li J-H. 2004. A geometry model for tortuosity of flow path in porous media. Chinese Physics Letters, 21: 1569.

Zhang Y, Liu L, Wang D, et al. 2021. Application of low-field nuclear magnetic resonance (lfnmr) in characterizing the dissociation of gas hydrate in a porous media. Energy & Fuels, 35 (3): 2174-2182.

Zhang Z, Li C, Ning F, et al. 2020. Pore fractal characteristics of hydrate-bearing sands and implications to the saturated water permeability. Journal of Geophysical Research: Solid Earth, 125: e2019JB018721.

Zhang Z, Liu L, Li C, et al. 2021. Fractal analyses on saturation exponent in Archie´s law for electrical properties of hydrate-bearing porous media. Journal of Petroleum Science and Engineering, 196: 107642.

Zhao Y, Zhu G, Dong Y, et al. 2017. Comparison of low-field NMR and microfocus X-ray computed tomography in fractal characterization of pores in artificial cores. Fuel, 210: 217-226.

第六章 海洋天然气水合物储层渗流原位测量与分析

由于实验室内人工制备的含天然气水合物沉积物样品难以完全"复制"自然界中海洋天然气水合物储层的内部结构，实验室内测量的渗透率等渗流参数与真实储层的渗流参数存在差异。因此，海洋天然气水合物储层渗流原位测量与分析对于室内实验研究成果的工程应用至关重要，对于深入认识天然气水合物开采储层渗流机理也非常关键。

本章从试井技术、核磁共振测井技术和保压岩心测量技术三个方面介绍储层渗透率的原位测量方法，基于典型的原位测量实例归纳总结现有渗流特征分析结果与基本认识。

第一节 海洋天然气水合物储层试井技术

一、试井概述

试井（well testing）是一种以渗流力学为基础，以各种测试仪器为手段，对井进行生产动态测试来研究和确定测试井的生产能力、物性参数、生产动态，判断井附近的边界情况，以及井之间连通关系的方法，是认识储层和井特性、确定储层参数不可缺少的重要手段。与岩心分析、测井和地震等储层资料获取静态手段不同，试井是储层动态条件下测试方法，由此获得的储层参数能够较好地表征储层开采条件下的特征；此外，许多测试手段只能反映测试井及其附近较小范围的特征，而只有试井可以反映测试井及其周围较大范围内的储层特征。例如，试井测试获得的渗透率是测试所影响的较大范围内地层的渗透率（刘能强，2008）。

基于不同的分类原则，试井类型可以有多种划分方法。按照开展的方式分类，试井可以分为产能试井（deliverability testing）和不稳定性试井（transient testing）两大类。产能试井［包括稳定试井和（修正）等时试井］是改变若干次井的工作制度（产量或者油嘴），测量在不同工作站制度下的稳定产量及与之对应的井底压力，从而确定产能方程和合理工作制度。不稳定试井则是改变井的产量，从而在储层中形成一个压力扰动或变化，并测量由此引起的井底压力随时间的不稳定变化过程，该压力变化受井的特征、产量以及储层参数、渗流等因素影响。利用测试得到的压力动态特征，结合储层的其他基本资料，可以利用渗流力学的基本原理分析得到井的完井效率、井周围污染情况（表皮系数）、储层参数（渗透率）等（刘能强，2008）。按照参与井数量可以分为单井试井和多井试井，多井试井通常是改变一口井的产量，监测周围一口或多口井的压力，多井试井主要用于井间连通性的描述或者某一方向渗透率的估算（韩永新等，2016）。

储层原位渗透率的测量主要是使用不稳定试井技术。按照测试中的关井和开井状态划分，不稳定试井又可以分为压力降落试井和压力恢复试井。在压力降落试井前，测试井处于关闭状态，测试时，井以某一恒定的产量进行生产（理想状态），监测井底压力随时间的下降。在压力恢复试井前，测试井以一定的产量生产一段时间，储层中形成了一个稳定的压降漏斗，然后关井，监测井底压力的恢复过程。在实际中，压力降落测试时，井很难以恒定产量生产，而且由于井底流量的波动，采集的井底压力数据往往误差较大，很难进行分析。所以，现场较多采用压力恢复试井测试（韩永新等，2016）。

试井包括资料采集和解释两个部分，资料采集即是进行现场测试，利用井中测试工具采集尽可能多的可靠数据；资料解释即试井解释，是基于试井解释的基本原理，通过分析采集的数据，得到尽可能多且可靠的储层和井的信息。资料采集和试井解释两个部分密切相关，采集到合格的资料是试井解释的前提，而试井解释则是测试和资料采集的目的。

除上述常规的不稳定试井方法外，还有一些特殊的测试方法，如钻杆测试（drill stem test，DST）和电缆地层测试（wireline formation test，WFT）。DST 是在钻井过程中进行的测试，以钻杆作为油管，在其下部连接一套专用的井下工具下到储层中，使用封隔器使得储层流体只能进入钻杆中，利用钻杆建立一套临时的生产系统。利用井下的工具进行开关井，实现压力降落和压力恢复测试。在 DST 测试时，通常会有储层的流体流到地面。

WFT 则是利用电缆将工具下入井底，并从地层采出较少的流体样品，同时记录采出阶段及随后关井阶段的压力响应。WFT 既可以应用于裸眼井，也可应用于套管井。应用于裸眼井时，用一个小探针穿透泥饼使得储层流体流入测试容器中；应用于套管井时，可用工具钻穿套管和固井水泥环，使井筒与地层沟通，采集流体样品和压力数据后再封堵钻开部分。WFT 可以在储层垂向上测试多个点的渗透率，而且还可以采集不同深度的样品（韩永新等，2016）。与 DST 不同的是，WFT 的流体样品不会流到地面。由于 WFT 从地层中取样量少，探测深度相当有限。

常规的压力恢复和压力降落等不稳定试井方法通常都是在井正常开采过程中进行测试，而现阶段的天然气水合物还处于试验性开采阶段，最长开采时间仅有 60 天左右，因此，常规的不稳定试井方法不适合目前天然气水合物储层渗透率的测试。WFT 是目前可以应用于天然气水合物储层测试的方法。WFT 的测试工具有许多，斯伦贝谢的模块式地层动态测试器（modular formation dynamics tester，MDT）是应用较为广泛的一种。MDT 除了可以取样和压力测试外，还可以增加其他模块实现诸如流体取样、流体光谱分析等功能，如图 6.1 所示。2002 年 Mallik 的天然气水合物试采（Dallimore and Collett，2005）、2007 年 Alaska 北坡的天然气水合物试采（Anderson et al.，2011）和印度 NGHP02 的天然气水合物钻探（Kumar et al.，2019）中均利用 MDT 进行了地层测试，获得了压力响应数据，并利用试井方法计算得到了渗透率。

二、试井解释原理及矿场应用

试井解释的目的是通过测量对系统的输入 I（产量变化）和输出 O（压力响应）从而对一个未知的系统 S 进行描述的过程，如图 6.2 所示。求解 S = O/I 的本质是一个反问题，而反问题的解没有唯一性，对于给定的输入，不同的模型可以产生相同的输出。试井的两

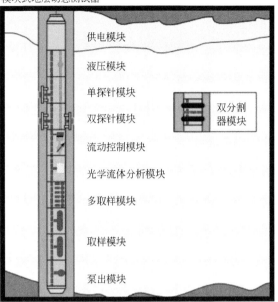

图 6.1　MDT 测试工具

个核心问题是识别未知储层的模型和求解模型的参数（韩永新等，2016）。

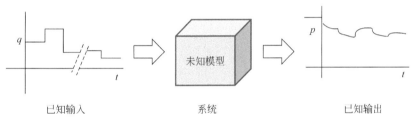

图 6.2　试井解释反问题示意图

　　试井解释的理论基础是渗流力学。经过简化，储层中的渗流可以看作是单相弱可压缩的流体在水平等厚各向同性均匀弹性多孔介质中的渗流，其压力满足以下偏微分方程（刘能强，2008）：

$$\frac{\partial^2 P}{\partial r^2}+\frac{1}{r}\frac{\partial P}{\partial r}=\frac{\Phi\mu C_t}{K}\frac{\partial P}{\partial t} \qquad (6.1)$$

式中，P 为压力；μ 为流体黏度；Φ 为储层孔隙度；C_t 为综合压缩系数；K 为渗透率。

　　假定储层中有一个井，在初始时刻开井，并以恒定的产量 q 生产，开井前整个储层的压力都保持原始地层压力 P_i，则对上述微分方程可以列出如下的初始条件和边界条件：

$$P(t=0)=P_i$$

$$P(r\rightarrow\infty)=P_i \qquad (6.2)$$

$$\left(r\frac{\partial P}{\partial r}\right)_{r=r_w}=\frac{q\mu B}{2\pi Kh}$$

式中，r_w 为井筒半径；B 为流体体积系数；h 为储层厚度。

在上述初始条件和边界条件下，式（6.1）有以下的解析解：

$$P(r,t) = P_i - \frac{q\mu B}{4\pi Kh}\left[-\mathrm{Ei}\left(-\frac{\Phi\mu C_t r^2}{4Kt}\right)\right] \tag{6.3}$$

式中，Ei 为指数积分函数（exponential integral function），其具有以下近似的性质：

$$\mathrm{Ei}(-x) \approx \ln x + 0.5772 \approx \ln(1.781x)，当 x < 0.01 \tag{6.4}$$

最终可得恒定产量一口井的井底压力 P_{wf} 响应为

$$P_{wf}(t) = P_i - \frac{qB\mu}{4\pi Kh}\left[\ln t + \ln\left(\frac{K}{\Phi\mu C_t r_w^2}\right) + 0.80907 + 2S\right] \tag{6.5}$$

式中，S 为表皮系数，其表示井底由于污染或者增产措施引起的井底无量纲附加压降（孔祥言，2020）。

基于上述的井底压力的基本解，可以使用三类试井解释方法解释储层参数，分别是直线段方法、典型曲线方法和模拟/历史拟合方法。

1. 直线段分析方法

在恒定产量条件下，一口井压力降落的井底压力响应解析解式（6.5）表明，$P_{wf}(t)$ 与 $\ln t$ 的曲线在无限作用径向流阶段将呈现直线，如图 6.3 所示，由于井筒储集效应和表皮效应的影响，早期曲线将偏离直线。

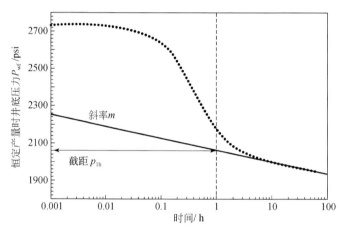

图 6.3　压力降落测试的半对数分析（韩永新等，2016）

$1\mathrm{psi} = 6.89476 \times 10^3 \mathrm{Pa}$

直线段的斜率 m 为

$$m = -\frac{qB\mu}{4\pi Kh} \tag{6.6}$$

因此，通过测试获得井底压力时间的数据后，绘制图 6.3 的半对数曲线，求取直线段的斜率后，可以利用式（6.6）计算储层的渗透率。

2. 典型曲线分析方法

式（6.5）可以改写为无量纲的形式：

$$P_{wD} = \frac{1}{2}\left[\ln t_D + 0.809 + 2S\right] \tag{6.7}$$

其中：

$$P_{wD} = \frac{4\pi Kh}{qB\mu}(P_i - P_{wf}), t_D = \frac{K}{\Phi\mu C_t r_w^2}t \tag{6.8}$$

对式（6.7）进行对数压力求导可得

$$\frac{\mathrm{d}P_{wD}}{\mathrm{dln}t_D} = \frac{1}{2} \tag{6.9}$$

　　所以，在无限作用径向流段，压力导数是一条值为 0.5 的水平线。在典型曲线方法中，绘制实测/理论压力（压差）及压力（压差）导数随时间的双对数图，然后将实测数据曲线与典型曲线进行拟合，如图 6.4 所示。在典型曲线（理论曲线）上选取一个点读取其 P_D 值，再读取该点对应的实测曲线上的 $\Delta P = P_i - P_{wf}$ 值，则可以根据压力拟合值计算渗透率（韩永新等，2016）：

$$K = \frac{qB\mu}{4\pi h}\left(\frac{P_D}{\Delta P}\right)_{MP} \tag{6.10}$$

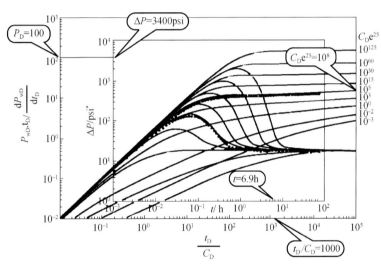

图 6.4　典型曲线拟合分析（韩永新等，2016）

* $1\mathrm{psi} = 6.89476 \times 10^3 \mathrm{Pa}$

3. 模拟/历史拟合方法

　　直线段分析和典型曲线分析过程中，通过一定的处理获得了典型的特征曲线，如直线段、水平线（0.5 线）等，这些典型特征在模型的识别和曲线拟合中发挥了重要的作用，这也是试井解释的灵魂。除了上述两种方法外，还有一种方法是直接利用模型计算储层的压力响应，模型的参数为已知的参数和其他未知的假定参数，通过反复调整未知参数的值，直到模型压力和实测压力响应匹配为止，如图 6.5 所示。模拟/历史拟合综合考虑了多种因素，可以最大限度将所有数据用于整体分析中，但历史拟合也十分耗时。在实际分析过程中，通常是先用直线段分析和典型曲线分析方法获得模型参数，然后以该参数作为初始结果，应用模拟和历史拟合方法对参数进行检验或者进一步校正（韩永新等，2016）。

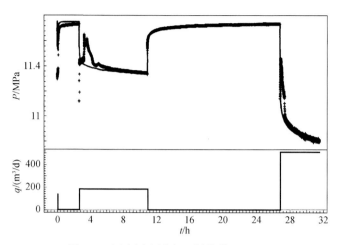

图 6.5　压力历史拟合（刘能强，2008）

2002 年 Mallik 的天然气水合物试采、2007 年阿拉斯加北坡的天然气水合物试采和印度 NGHP02 的天然气水合物钻探中利用 MDT 进行了压力降落和压力恢复测试，并利用试井解释方法计算获得了储层的原位渗透率。以 2007 年阿拉斯加的 MDT 测试为例，说明试井方法在水合物储层原位渗透率测试中的应用。

测试时，将 MDT 工具下入指定的层位中，上下封隔器座封后，泵将中间抽空，使得储层中的流体进入，测量流体进入的量以及由此引起的压力降落。压力降落一定时间后，将地层封堵，不让流体进入，并监测压力的恢复情况。通常这个过程会反复进行多次。在天然气水合物储层中，需要考虑的一个重要的因素是在抽取流体并降压过程中，压力是否会降到天然气水合物的相平衡压力以下引起水合物的分解。图 6.6 是阿拉斯加北坡天然气

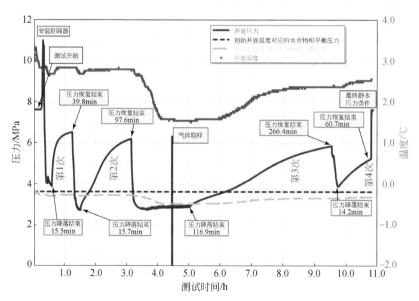

图 6.6　阿拉斯加北坡天然气水合物 C2 层位的 MDT 井底压力测试曲线

水合物 C2 层位的 MDT 井底压力测试曲线。本次测试一共进行了 4 次压力降落和压力恢复，其中第 2 次和第 3 次的压力降落使得井底压力降低到了天然气水合物相平衡压力以下（Anderson et al.，2011）。

采用典型曲线的分析方法对第 1 次的压力恢复数据进行了分析，其双对数曲线如图 6.7（a）所示，从其中径向流压力导数水平线的位置计算获得的储层渗透率为 0.5mD，而第二段和第三段的压力降落由于压力降低到了水合物相平衡压力以下，其双对数曲线出现了明显的异常，如图 6.7（b）所示，导致无法分析获得渗透率。

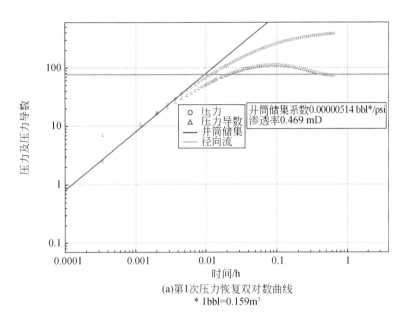

(a)第1次压力恢复双对数曲线
* 1bbl=0.159m³

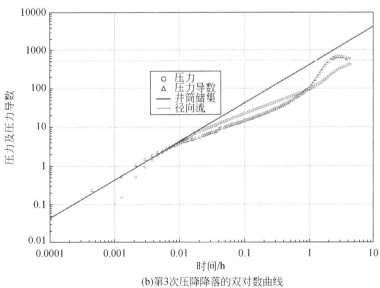

(b)第3次压降降落的双对数曲线

图 6.7　C2 层位测试的典型曲线分析

除利用典型曲线分析外，还利用模拟/历史拟合的方法进行了分析。分别利用 CMG-STARS、STOMP-HYDRATE、TOUGH+HYDRATE、MH21-HYDRES 和 HydrateResSim 五个数值模拟软件建立了如图 6.8 所示的模型，基于数值模拟对 MDT 测试的数据进行了历史拟合，如图 6.9 所示，拟合得到的渗透率为 0.12~0.17mD，该结果与基于典型曲线分析的结果基本一致。

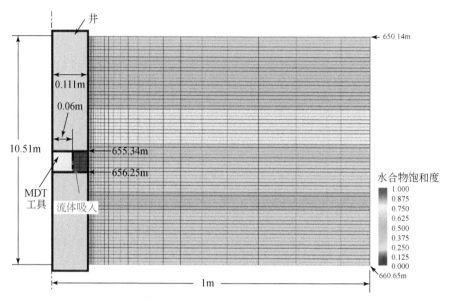

图 6.8　C2 层位测试的数值模型

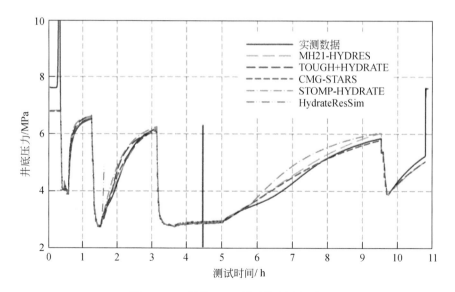

图 6.9　C2 层位 MDT 测试的历史拟合

三、试井技术在天然气水合物储层渗透率测试中的思考和建议

天然气水合物开采目前仍处于试验阶段，现场基于试井技术的渗透率测试全部依赖于MDT工具的电缆地层测试。然而，受降压能力的限制，MDT测试时的影响范围较小，其所反映的渗透率仅是井筒周围非常小范围内的值，而在钻井过程中，井周围往往存在污染，其渗透率可能远低于远井地带的渗透率。从阿拉斯加北坡C2层位的MDT测试结果来看，无论是典型曲线计算的结果，还是历史拟合的结果，其得到的渗透率与无天然气水合物样品的室内测试结果（1D）之间的差别比较大（Winters et al., 2011）。一方面原因是MDT原位测试的渗透率是天然气水合物存在条件下的渗透率，而天然气水合物的存在会降低储层的渗透率，导致两者结果差别较大。另一方面不能忽视的原因是MDT测试得到的是井筒附近可能被钻井污染的地层的渗透率，该渗透率可能无法反映储层的实际情况。

此外，在MDT测试中，压力降落/压力恢复测试只是其中的一个目的，另外一个重要的目的是取样，而从天然气水合物储层中取样时通常希望能够获取天然气水合物分解以后的水和气体的样品。因此，MDT测试的压力降落过程会将压力降落至天然气水合物相平衡压力以下，以便获取分解后的流体样品。然而，天然气水合物的分解导致压力响应特征出现了明显的异常，该异常对试井曲线特征造成了严重的破坏，使得无法运用现有的试井解释方法对其进行分析和解释。

因此，基于上述分析，在天然气水合物储层渗透率的试井测试技术方面提出如下的建议。

（1）改进现有的测试程序。如在MDT测试中，为了避免天然气水合物分解对压力的影响，建议在测试过程中，先至少保证开始1～2次压力降落的最低压力值位于相平衡压力之上，从而获得2～4组的不受天然气水合物分解影响的高质量压力响应数据。在获得了高质量的压力数据后，再进行较大幅度的压力降落，并采集天然气水合物分解后的流体样品。

（2）提出新的测试方法。MDT测试的持续时间短，探测的范围较小，测试结果可能无法反映储层真实的情况，而加大流体的抽取量从而扩大探测范围后，又势必造成储层压力降低幅度过大，使得天然气水合物发生分解。因此，建议使用注入压降的测试方法进行测试。注入压降的测试方法是向储层中注入一定的流体，使得井筒压力升高，停止注入后，井底压力逐渐回落。通过主动注入流体的方式给储层一个激扰，通过压力响应来计算储层渗透率。与MDT测试中流体抽取量存在限制不同，注入过程中储层压力是升高的，不会由于压力的问题而导致天然气水合物发生分解，而且注入流体的量可以远高于MDT测试时抽取的流体量，其探测范围可以比MDT测试更大。

（3）建立天然气水合物储层的试井解释理论和模型。天然气水合物进入商业开发后，其储层的测试不可避免地需要考虑天然气水合物相变的影响。现有的试井解释模型均是基于常规油气的渗流理论建立的，没有考虑天然气水合物的相变。在有天然气水合物分解或生成的原位测试中，无法使用典型曲线对结果进行分析［图6.7（b）］。因此，一方面需要发展天然气水合物储层的渗流理论，揭示天然气水合物相变对渗流的影响规律；另一方

面需要基于天然气水合物储层的渗流理论，发展新的试井解释方法，如建立天然气水合物相变的新典型特征曲线；此外，由于天然气水合物的开采与温度密切相关，储层的热物性参数对开采的设计（注热等）非常重要，建议发展温度试井解释的理论和方法。

第二节　核磁共振测井技术

一、核磁共振测井技术发展历程

核磁共振作为一种物理现象是由美国斯坦福大学的 Bloch 教授（Bloch，1946）和美国哈佛大学 Edward Purcell 教授于 1946 年独立观察到的，两人因此分享了 1952 年的诺贝尔物理学奖，随后又有多位科学家因为他们对核磁共振的贡献而在物理学、化学、生物学与医学等领域获得了诺贝尔奖。Brown 和 Fatt 于 1956 年研究发现，岩石孔隙中"受限"流体与自由状态条件下的"非受限"流体相比，其核磁共振弛豫时间明显减小（Brown and Fatt，1956）。1960 年，Brown 和 Gamson 研制出利用地磁场测量地层流体信息的核磁共振测井仪器（Brown and Gamson，1960）。然而地磁场核磁测井技术受到诸多限制，如井眼中无法被消除的钻井液信号致使地层信号被淹没，以及"死时间"太长使小孔隙的信号无法观测等，最终导致该类型的核磁共振测井仪器未得到推广应用。随后 Jasper Jackson 团队提出了一种新的核磁共振测井技术突破了地磁场的限制（Jackson et al.，1980；Burnettt and Jackson，1980；Cooper and Jackson，1980），奠定了核磁共振测井技术大规模商业化应用的基础。该技术把一个永久磁体放到井眼之中，而在井眼之外的地层中建立一个远高于地磁场的静磁场，建立的静磁场需要在一定区域内能够保持均匀，克服泥浆信号的影响，从而实现对地层信号的有效观测。然而均匀静磁场范围有限，导致观测区域太小，并且观测信号的信噪比较低，距离真正实现商业化仍存在一定的距离。1985 年，NUMAR 公司提出了一种新的磁体天线结构，使核磁共振测井技术的信噪比问题得到根本性解决。1988 年，一种以人工梯度磁场和自旋回波激励采集方法为基础的新一代核磁共振测井仪（magnetic resonance imaging logging，MRIL）问世，如图 6.10 所示，使核磁共振测井技术满足实用化要求。迄今 NUMAR 公司已经推出了 MRIL-B、MRIL-C、MRIL-C/TP、MRIL-Prime 和 MRIL-XL 等多种型号核磁共振测井仪。除此之外，斯伦贝谢（Schlumberger）公司研制出了 CMR 系列型号电缆核磁共振测井仪，Baker Atlas 公司推出了 MREx 核磁共振测井仪，可避免井径及井内流体对测量结果的影响（赛芳，2016）。

核磁共振测井技术发展历程中标志性事件及相关人物如表 6.1 所示。发展到今天，核磁共振测井仪的探头设计逐渐向梯度磁场方向发展，探测方式逐渐向偏心型发展。这是因为梯度磁场能够有效采集被测流体的扩散效应信息，而偏心型探测方式有利于实现核磁共振探头的高效发射与接收。特别是，近年来随着水平井、丛式井和多分支井等复杂井的普及，仪器测量精度和信息量的增多，以及安全性和稳定性要求的提高，随钻核磁共振测井技术（NMR-LWD）发展迅猛，在包括天然气水合物等多个领域取得较好应用效果（Collett et al.，2006）。该技术将电缆核磁共振测井的优势带入实时钻井作业中来，可在钻

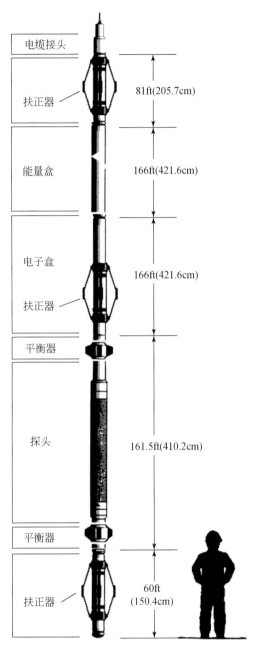

图 6.10　MRIL 核磁共振测井仪尺寸结构示意图（Kleinberg and Jackson, 2001）

井过程中获取孔隙度、渗透率、束缚水饱和度以及孔径分布等参数，同时还有优化井眼轨迹的效用，代表了地质导向和地层评价技术的重大进步。目前，具有代表性的随钻核磁共振测井仪型号有哈里伯顿（Halliburton）公司研制的 MRIL-WDTM 型、斯伦贝谢（Schlumberger）公司研发的 LWDNMR 型以及贝克阿特拉斯（Baker Atlas）公司研制的 Mag Track 型等。

表 6.1　**核磁共振测井技术发展历程中标志性事件及相关人物**（Kleinberg and Jackson，2001）

时间	标志性事件	相关人物或其他备注
1946 年	发现核磁共振现象	Bloch，斯坦福大学；Purcell，哈佛大学
1948 年	地层核磁共振测井仪专利	Russell Varian
1950 年	获得诺贝尔物理学奖	Bloch，斯坦福大学；Purcell，哈佛大学
1953 年	自旋回波	Hahn，伊利诺伊大学
1954 年	自旋回波脉冲序列；永磁型核磁振测井仪专利	Carr 和 Purcell；Harold Schwede，斯伦贝谢公司
1956 年	多孔介质内流体核磁共振弛豫时间缩短	主要是 Brown 和 Fatt
1960 年	首台地层核磁共振测井仪	雪佛龙公司及合作者
20 世纪 60 年代	受限扩散对核磁共振纵向弛豫时间影响规律以及纵向弛豫时间与渗透率的关系研究	大学、研究所及公司等机构
20 世纪 60 年代	核磁共振测井服务，但是服务效果较差	主要是油公司
1978 年	改进的新型核磁共振测井仪	斯伦贝谢公司
1978 年	发明 "inside-out" 脉冲核磁共振测井技术	Jackson，洛斯阿拉莫斯国家实验室
1980 年	实验室内证实了 "inside-out" 脉冲核磁共振测井技术	
1983 年	现场证实了 "inside-out" 脉冲核磁共振测井技术	在休斯敦 API 测试现场进行
1984 年	医学核磁共振技术商业化；永磁型脉冲核磁共振技术开始研发	NUMAR 公司；斯伦贝谢公司
1985 年	获得 "inside-out" 脉冲核磁共振测井技术专利转让权	NUMAR 公司
1989 年	NUMAR 核磁共振测井仪首次现场测试	在 Conoco 测试孔内进行，位于美国俄克拉何马州庞卡市
1990 年	核磁共振测井技术实现商业化	NUMAR 公司
1992 年	脉冲核磁共振测井仪现场测试	斯伦贝谢公司
1993 年	核磁共振测井合作协议签订	NUMAR 公司与西方阿特拉斯公司
1994 年	双频率核磁共振测井仪面市	NUMAR 公司
1995 年	CMR 型号核磁共振测井仪实现商业化；中国从西方阿特拉斯公司购买两套核磁共振测井仪	斯伦贝谢公司
1996 年	核磁共振测井合作协议签订	NUMAR 公司与哈里伯顿公司
1997 年	哈里伯顿公司并购 NUMAR 公司	
20 世纪 90 年代	受限扩散对核磁共振横向弛豫时间影响规律研究	
2000 年	随钻核磁共振测井仪原型机	

二、核磁共振测井原理及应用简介

　　核磁共振原理示意图如图 6.11 所示。在外加静磁场的作用下，磁矩不为零的原子核沿着外加静磁场的方向产生一个宏观磁化矢量。在垂直于外加静磁场方向上施加一个交变磁场，当交变磁场的频率与原子核进动频率相同时，原子核会吸收交变磁场的能量，宏观磁化矢量产生一定角度的偏转。当交变磁场被快速切断时，发生偏转的宏观磁化矢量将向其交变磁场施加前的初始位置恢复，过程中释放能量。此过程中存在两种机制：一种是偏转宏观磁化矢量在垂直于外加静磁场方向上的分量以时间常数 T_2 按指数形式衰减致零；另一种是偏转宏观磁化矢量在外加静磁场方向上的分量以时间常数 T_1 按指数形式恢复为交变磁场施加前的初始值（Kleinberg et al.，1994；Korb，2011）。其中，符号 T_1 表示纵向弛豫时间，而符号 T_2 表示横向弛豫时间。宏观磁化矢量的大小、纵向弛豫时间和横向弛豫时间就是核磁共振测井要测量和研究的对象。关于核磁共振原理详细介绍见本书第二章有关内容。

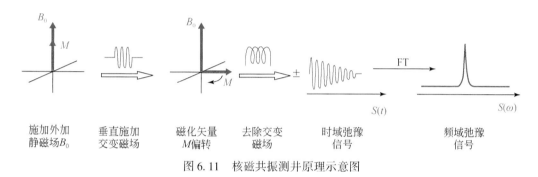

图 6.11　核磁共振测井原理示意图

　　核磁共振测井是一种适用于裸眼井的测井技术，它将地磁场视为氢核的"外加静磁场"，通过测井仪器对地层施加一个很强的极化磁场，相当于氢核的"交变磁场"，氢核极化后撤去极化场，则氢核的宏观磁化矢量便绕地磁场发生自由进动，接收线圈便就可测到一个感应电动势，从而可以获得纵向和横向弛豫时间数据。为了获得更好的测量效果，常人为施加高强度静磁场代替地磁场。

　　自然界中的氢核在储层内有固体骨架和孔隙流体两种存在环境，在这两种环境中氢核的核磁共振特性有很大不同，通过选择适当的测量参数，可以获得来自孔隙流体而与固体骨架无关的信号。在给定强度的静磁场和恒温条件下，宏观磁化矢量的大小与单位体积储层内核自旋数成正比，即与储层孔隙流体中的含氢量成正比，可以直接标定为储层孔隙度。此外，核磁共振横向弛豫时间对孔隙尺寸具有良好的指示作用（Kleinberg et al.，1994）。尺寸较小的孔隙对应较短的横向弛豫时间，而尺寸较大的孔隙则对应较长的横向弛豫时间。当储层孔隙内为单相流体时，横向弛豫时间可以直接转化为储层孔隙尺寸的大小，即通过横向弛豫时间谱线可以得到孔隙直径分布曲线。由于不同流体具备不同的核磁共振特性，比如储层孔隙水和孔隙气的纵向弛豫时间差别很大，两者的扩散系数也存在很大的差别，核磁共振测井技术还可以识别孔隙流体的类型。

　　近年来，核磁共振测井技术在天然气水合物领域的应用越来越多。核磁共振测井技术对储层孔隙内的可动水、毛细管束缚水和泥质束缚水敏感，但是对天然气水合物中的水不敏感（Kleinberg et al.，2003a）。因此，核磁共振测井技术可以直接测量储层孔隙度以及不同尺寸孔隙对应的孔隙度，与其他测井技术相结合还可以确定储层内天然气水合物的含量

（Kleinberg et al., 2003b；Saumya et al., 2019）。

　　基于核磁共振测井技术获得的储层内可动水和束缚水相关的测量信号，适当转化即可获得孔隙直径分布情况（Mohnke and Hughes, 2014；Liu et al., 2021），再结合实验分析确定的不同状态水截止值，可以计算确定可动水和束缚水的体积。在此基础上，通过 SDR（Schlumberger-Doll research）模型（Kenyon et al., 1995；Kleinberg et al., 2003a）或 Timur-Coates 模型（Stambaugh, 2000）可以计算储层的渗透率。

三、基于核磁共振测井技术的渗透率计算模型

1. SDR 模型

该模型又称核磁共振横向弛豫时间平均模型，其计算的渗透率 K 具有以下形式（Kenyon, 1992；Kleinberg et al., 2003a）：

$$K = C\Phi^4 \left(T_{2LM} \right)^2 \tag{6.11}$$

式中，Φ 为储层孔隙度；T_{2LM} 为核磁共振横向弛豫时间的对数平均值，它按照式（6.12）进行计算：

$$T_{2LM} = 10^{\left[\frac{1}{\Phi} \sum_i m(T_{2i}) \lg(T_{2i}) \right]} \tag{6.12}$$

式中，$m(T_{2i})$ 为横向弛豫时间为 T_{2i} 孔隙水的"含量"，求和之后即为所有孔隙水占据孔隙的孔隙度，被称为核磁共振孔隙度，用符号 Φ_{NMR} 表示。式（6.11）中符号 C 为经验常数，其取值与沉积物固体颗粒表面的矿物学性质有关，正比于核磁共振横向弛豫率的平方（Kleinberg et al., 2003a）。

2. Timur-Coates 模型

该模型又称可动流体模型，具有以下形式（Coates et al., 1998）：

$$K = C\Phi^4 \left(\frac{FEI}{BVI} \right)^2 \tag{6.13}$$

式中，FEI 为可动水饱和度；BVI 为束缚水饱和度，两者可以根据可动水与束缚水的截止值在核磁共振时间谱上确定。

3. 模型对比分析

由于核磁共振测井技术获得的信号主要反应储层内孔隙水的含量及其分布状态，如果储层孔隙内仅存在水和天然气水合物，由两种模型计算获得的渗透率为有效绝对渗透率，它与不含天然气水合物储层的绝对渗透率之比为归一化有效绝对渗透率；如果储层孔隙内不仅存在水合物和天然气水合物，还存在一定体积的气体，那么两种模型计算获得的渗透率为孔隙水的有效渗透率，它与有效绝对渗透率之比为孔隙水的相对渗透率。

　　两种模型均认为储层渗透率是其孔隙度四次方的函数，同时还包含一个核磁共振测量时间数据有关的参数。在 SDR 模型中的参数与横向弛豫时间的对数平均值 T_{2LM} 有关，而在 Timur-Coates 模型中的参数与不同状态水的横向弛豫时间截止值 $T_{2cutoff}$ 存在联系，如图 6.12 所示。对于水饱和的储层，两种模型均能够给出较好的计算结果；而对于储层内出现碳氢化合物（如烃类气体）的情况，SDR 模型将不适用，主要是因为此时的核磁共振横向弛

豫时间不再能够准确反应孔隙尺寸。除此之外，两种模型均假设孔隙度与孔隙尺寸、喉道尺寸以及孔隙连通性之间存在良好的相关性。这种假设对于常规的砂岩和页岩储层通常是成立的，但是对于碳酸盐岩以及其他种类的岩石则不一定成立。因此，两种模型在实际使用时均需要根据研究区域岩心或现场渗透率测试数据进行校正。

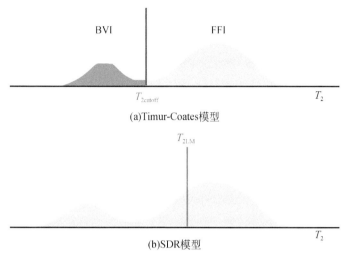

图 6.12 核磁共振测井渗透率模型相关横向弛豫时间参数

第三节 保压岩心测量技术

一、保压岩心转移技术

由于天然气水合物对温度和压力条件异常敏感，在对保压取心技术获得的真实样品进行保压测量之前，最为关键的是将真实岩心从保压取心装置转移至保压测量装置中，并且转移过程中必须保证天然气水合物的相态稳定，进而确保测量的渗透率等物性参数具有代表性。这种在确保天然气水合物相态稳定的前提下进行真实岩心转移的技术即为保压岩心转移技术，相应的转移系统通常由高压操纵器、球阀和切刀组成，如图 6.13 所示。其中，高压操纵器配有定位伺服装置，能够在高压环境下推拉真实岩心至设定位置。

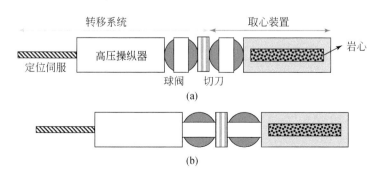

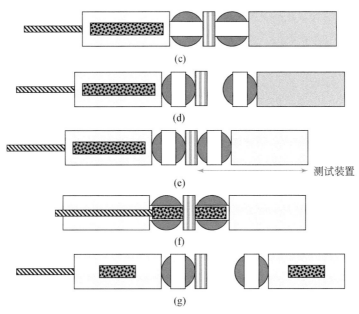

图 6.13　天然气水合物储层保压岩心转移系统结构及其操作流程图

保压岩心转移具体的操作步骤如下：

（1）首先增加高压操纵器内部压力，使其与取心装置内部压力相同，然后连接转移系统与取心装置，如图 6.13（a）所示；

（2）打开两个球阀，使转移系统与取心装置的内部压力达到平衡，如图 6.13（b）所示；

（3）采用定位伺服装置将取心装置中的岩心拉入转移系统的高压操纵器内，如图 6.13（c）所示；

（4）关闭两个球阀，断开转移系统与取心装置，完成真实岩心由取心装置向转移系统的转移，如图 6.13（d）所示；

（5）安装保压测试装置与转移系统连接，如图 6.13（e）所示；

（6）打开阀门，首先使转移系统与测试装置的内部压力达到平衡，然后采用定位伺服装置将储层岩心推至需求位置，用切刀切断岩心，如图 6.13（f）所示；

（7）随后将岩心推送至测试装置，拉回切割剩余的岩心到转移系统，关闭球阀后断开转移系统和测试装置，完成真实岩心从转移系统向测试系统的转移，如图 6.13（g）所示。

二、保压岩心测量系统

迄今，国际上已发展了三套天然气水合物储层岩心保压测试系统，即英国的 PCATS（Pressure Core Analysis and Transfer System）、美国的 PCCTs（Pressure Core Characterization Tools）以及日本的 PNATs（Pressure-core Nondestructive Analysis Tools）。其中，PCATS 由英国 Geoteck 有限责任公司牵头研发（Schultheiss et al., 2017），从 2005 年美国墨西哥湾天

然气水合物钻探项目开始，参加了全球所有的天然气水合物钻探项目，积累了大量的经验，其结构和功能不断得到改进与优化。PCCTs 由美国佐治亚理工学院（Georgia Institute of Technology）牵头研发（Dai et al.，2017），基于 2005 年美国墨西哥湾天然气水合物钻探项目使用的 IPTC（Instrumented Pressure Testing Chamber）装置发展而来（Yun et al.，2006），随后在韩国郁陵盆地天然气水合物钻探（UBGH1）项目（Lee et al.，2009）使用过程中，其结构和功能得以不断完善，较 PCATS 具有结构简单和操作简便等特点。PNATs 在吸收了前两者的特点之后，于 2012 年由日本产业技术综合研究所（National Institute of Advanced Industrial Science and Technology，AIST）研发而来，在日本和印度天然气水合物钻探项目中得到了应用（Yoneda et al.，2015，2019b）。现对上述三套保压测试系统的结构特点进行介绍如下。

1. 英国 PCATS

该系统能够无损测量天然气水合物储层岩心的伽马密度和纵波声速，获得储层岩心 X 射线计算机断层成像，这些测量是在一个铝制高压反应釜内完成。其中，伽马密度和纵波声速的空间分辨率是厘米级别，用于初步测量，而 X-CT 图像的空间分辨率可达 100μm，用于精细测量。在上述测量数据的基础上，经过分析后确定岩心切割方案和其他试验计划，比如三轴剪切试验、共振柱试验、渗透率测量试验以及降压分解试验等。该系统结构功能的详细介绍见文献（Schultheiss et al.，2011），其操作流程介绍见文献（Schultheiss et al.，2006，2010）。

渗透率测量试验是在与 PCATS 三轴剪切装置相连接的 K0 渗透仪上进行的，其能够在三轴应力条件下测量天然气水合物储层岩心的固结行为和渗透率特征，可测岩心的长度范围为 25~80mm（Schultheiss et al.，2017）。在试验过程中，被测储层岩心始终被柔性胶套包裹，围压和孔隙压力可动态跟踪控制以施加特定的有效围压，进而获得特定应力水平下的岩心渗透率数据。该装置在岩心转移时为水平放置，而在渗透率测量时为竖直放置，通过反压调节阀在样品顶端和底端维持一个相对稳定的压差，测量单位时间内流过样品的水量，采用达西定律计算确定样品的渗透率。

为了便于天然气水合物储层岩心测试在实验室内的使用，英国 Geotek 有限责任公司和美国得克萨斯大学（University of Texas）近年来合作研发了小型 PCATS。该系统的目的在于保压转移、切割被运输至实验室的天然气水合物储层岩心，以满足不同实验室内试验测试的需求。小型 PCATS 配套了环形旋转刀具和往复锯齿刀具，分别用于切割塑料内衬和储层岩心，较以往刀具提高了储层岩心几何形状的塑造能力，这对于 PCATS 三轴剪切装置及其配套 K0 渗透仪的使用有很大的帮助。

2. 美国 PCCTs

该系统主要由保压转移模块（manipulator）、切割取样模块（sub-sampling）、有效应力模块（effective stress chamber，ESC）、直接剪切模块（direct shear chamber，DSC）、可控制降压模块（controlled depressurization chamber，CDC）以及微生物反应模块（microbial reaction chamber，BIO）组成，主要用来测量天然气水合物储层岩心刚度、强度、水力渗透系数、电导率和热导率等参数以及应力应变行为、天然气水合物分解产气情况和微生物活性等（Dai et al., 2017）。

　　有效应力模块能够维持天然气水合物相态稳定的温度和压力条件，还能够还原储层岩心的原位应力条件（Santamarina et al., 2012）。试验过程中，天然气水合物储层岩心由可变形夹套包裹，侧向由液体施加围压，轴向通过活塞施加应力，布置于轴向活塞盖和岩心底座的探头可用来测量声波速度、热导率和电导率等。其中，横波速度测量采用弯曲元探头（bender elements），纵波速度测量采用压电晶体探头（piezocrystals），热导率测量采用应变片（strain gauge），电导率测量采用电子探针（electrical needle probe）。采用这种应力施加方式的另外一种好处是能够有效避免渗透率测量过程中的侧壁流动干扰，使测量结果更可靠，同时还为真实应力条件下天然气水合物分解导致储层岩心变形测量提供了方便。该模块的结构示意图如图 6.14（a）所示。

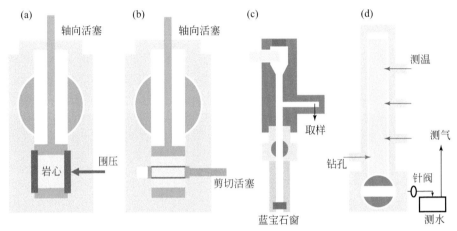

图 6.14　美国 PCCTs 主要模块结构示意图

　　直接剪切模块采用"双面"直接剪切的模式有效避免天然气水合物储层岩心保压切割形状不规则导致的应力集中问题以及过切割（岩心尺寸比预期值小）现象引起的岩心样品倾斜问题，保证了力学性质测量效果（Santamarina et al., 2012）。所谓的"双面"直接剪切模式是指在试验过程中，将岩心样品中间三分之一部分推出剪切，在其上下形成两个剪切面，最大的剪切位移达到 15mm，能够满足峰值强度和残余强度的测量需求，强度和体积变形试验结果可用于模型验证、生产设计和稳定分析等。该模块的结构示意图如图 6.14（b）所示。

　　可控制降压模块内置有一个钻孔机构钻透塑料内衬以减小岩心的纵向膨胀，还安装有一个压力传感器和温度探头监测反应釜内气体的压力和温度情况。除此之外，沿储层岩心轴向布置了三个自钻式温度探头用来测量天然气水合物分解过程中岩心内部的温度。采用一个针式阀门来控制降压的幅度，与容积 2L 的液体容器和容积 55L 的气体容器连接，用来测量分解产水和产气情况。该模块的结构示意图如图 6.14（c）所示。

　　微生物反应模块用于评价深水沉积物中未受降压干扰的生物活性，试验全程均可透过蓝宝石窗口进行观测，可从一个天然气水合物储层岩心中保压取出大量样品进行试验，被取样品沉积在装有培养液的生物反应容器中以便相关生物测量。该模块的结构示意图如图

6.14（d）所示。

美国 PCCTs 具有结构简约而功能齐全的显著特点，采用便携式模块化设计理念，方便现场应用且适用性强。

3. 日本 PNATs

该系统主要用于测量天然气水合物储层岩心的渗透率、水合物饱和度、微观结构图像、波速响应和力学性质参数（Nagao et al., 2015），主要由高压反应釜、切割工具、存储反应釜、保压转移模块以及 TACTT（Transparent Acrylic Cell Triaxial Testing）系统（Yoneda et al., 2015）组成。其中，高压反应釜由英国 Geotek 有限责任公司生产（与 PCATS 采用的用于存储储层岩心的高压反应釜相同），TACTT 系统为核心部分。储层岩心的微观图像可通过设计的微型 X-CT 扫描模块获得，其所用样品可以直接取自英国 Geotek 有限责任公司高压反应釜。

TACTT 系统结构与外观如图 6.15 所示，整体放置于控温精度为 ±0.1℃ 的步入式恒温室内，温度控制范围在 1~20℃。该系统的高压反应釜采用透明材质，便于观察储层岩心剪切破坏后的形态；反应釜侧壁厚度达到 111mm，高度为 200mm，工作压力上限为 16MPa。反应釜适用的储层岩心直径为 50mm，最大高度为 110mm。配置三台活塞式注液泵用于加载围压并测量剪切过程中的岩心体积变形。岩心轴向应力加载上限为 200kN，轴向剪切速率可控在 0.001~10mm/min。配备有多台摄像机记录剪切过程中储层岩心几何形态变化的高清图像。三轴剪切试验流程与英国 PCATS 三轴剪切试验流程类似，更多结构细节以及储层岩心保压转移流程等信息见文献（Yoneda et al., 2013）。

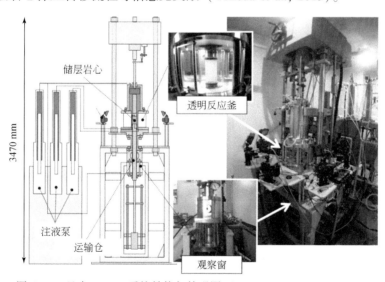

图 6.15 日本 TACTT 系统结构与外观图（Yoneda et al., 2013, 2015）

对比分析可知，三套天然气水合物储层岩心保压测试系统 PCATS、PCCTs 和 PNATs 均能够测量岩心的密度、声波速度和渗透率参数，都可以进行降压分解模拟试验。不同的是，PCATS 和 PNATs 可获得岩心 X-CT 图像，而 PCCTs 可测量岩心生物活性、电导率和热导率；PCATS 和 PNATs 均采用三轴剪切的方式评估岩心的大变形力学性质，而 PCCTs 采用直接剪切的方式；除声波测量方式之外，PCATS 还可以通过共振柱试验的方式评估岩心的小变形力学性状。

三、国内现状与挑战建议

与保压取心系统（李世伦等，2006；Chen et al.，2019；Ren et al.，2020）相比，国内天然气水合物储层岩心保压转移测试系统的研发起步更晚，但是近年来取得了一定的进展。中国地质调查局广州海洋地质调查局提出了天然气水合物保压岩心保压转移设计的思路（肖波等，2013），指出该系统应该由天然气水合物样品保压转移系统、天然气水合物保压样品在线探测及岩心分析系统组成。前者主要由保压取样器对接子系统、样品保压转移系统内外压力自适应平衡子系统、样品抓取子系统、样品切割分段分装子系统、底气底水采集子系统组成；后者包括保压样品在线探测子系统和岩心分析子系统。最终目的在于获得岩心可视化图像和孔隙度、饱和度、渗透率等测试数据。近年来，该机构与浙江大学合作对天然气水合物保压岩心保压转移装置的卡爪机构（温明明等，2016）和压力维持系统（陈家旺等，2017；耿雪樵等，2017）进行了设计并形成了实物。除此之外，近年来中石化胜利石油工程有限公司钻井工艺研究院也对天然气水合物储层岩心保压转移系统进行了研制，经 2017 年南海天然气水合物储层保压岩心保压转移现场测试，实现了 12MPa 高压下的岩心保压转移，转移之后的储层岩心在冷藏两天有余之后，仍然能够分解产生可燃的气体（裴学良等，2018）。

综上所述，国内的天然气水合物储层保压转移测试系统研发仍然处于非常初级的阶段，目前研发的重点在于储层岩心保压转移关键技术的攻关与实现，而针对后续的保压测试系统研发关注较少，特别是针对渗透率等重要参数测试的第三方保压测试装置研发更是未见报道，这导致我国南海天然气水合物储层岩心保压测试数据非常匮乏，限制了相关技术科学问题的解决与工程基础研究的发展。因此，开展天然气水合物储层岩心保压测试系统的国产化研发工作具有非常迫切的需求，国产化研发时面临以下几个方面的挑战。

1）转移测试安全风险防控

天然气水合物需要在一定的温度和压力条件下才能保持相态稳定。如果在保压转移与测试过程中不能保证足够低的温度，会引起天然气水合物的分解，不仅不能得到满足要求的天然气水合物储层岩心，影响测试效果，还极有可能出现分解气体聚集造成异常高压的现象，造成转移测试人员的安全风险。

2）转移测试系统微小型化

由于长期保压储存会对天然气水合物储层岩心的物性造成影响，因而在海洋平台或者钻探船上的保压转移与测试显得非常重要。然而，我国南海现有海洋平台和钻探船上可供储层岩心保压转移与测试的空间都十分有限，需要将测试系统小型化和紧凑化。

3）岩心原位应力水平恢复

天然气水合物储层岩心的强度、变形和渗透率等工程地质参数受到储层原位应力水平的决定性影响，而储层岩心的应力在取心和保压转移过程中通常是被释放过的。因此，在进行保压测试之前，需要对储层岩心的应力水平进行恢复，这一方面需要通过简单易行的方式对岩心施加原位有效应力，另外一个更为重要的方面是，通过切实可行的技术测量被取岩心在储层原位的应力水平，使保压测试时岩心有效应力施加能做到有的放矢。而我国南海北部陆坡区松散的泥质粉砂储层特征，无疑对储层原位应力测试造成了更大的困难。

4）岩心微观孔隙结构测试

岩心微观孔隙结构，特别是天然气水合物孔隙尺度的分布性状，很大程度上决定了天然气水合物储层岩心的工程地质参数的大小。我国南海北部海域天然气水合物储层以泥质粉砂和粉砂质黏土为主，同时还有可能蕴藏着有孔虫生物壳体，孔隙结构尺寸跨度大且孔隙结构现象丰富，这对天然气水合物储层岩心微观孔隙结构的测试提出了挑战。

5）岩心多种物性联合测试

天然气水合物储层岩心的取出成本昂贵，并且数量非常有限，特别是我国南海北部天然气水合物赋存区的保压岩心鲜有报道。这就需要从有限数量的保压岩心中尽可能获取更丰富的测试数据，即需要发展现场的多种物性联合测试技术，在有限的空间、有限的时间，以及有限的岩心前提下，做到测试结果的多手段相互印证。

针对上述挑战，提出以下建议供相关人员参考：针对转移测试安全风险防控的挑战，建议开展高效节能的岩心保压转移测试温度主动控制机构研发；针对转移测试系统微小型化的挑战，建议开展有限空间内岩心保压转移测试系统的统筹研究，优化测试流程，集成测试功能；针对岩心原位应力水平恢复的挑战，建议开展未固结储层原位应力测试技术装备研发以及岩心原位应力恢复技术研究；针对岩心微观孔隙结构测试和岩心多种物性联合测试的挑战，建议开展多尺度相互融合和多手段相互印证的联用测试技术装备研发。

第四节　渗流原位测量实例与结果分析

本节主要针对中国南海北部海域、日本南海海槽海域、印度大陆边缘海域和美国墨西哥湾等国际上研究程度较高的典型海域和美国阿拉斯加冻土带，就其开展的天然气水合物储层渗流原位测量数据进行梳理，主要的有效绝对渗透率数据如图 6.16 所示，以下对具有代表性的原位测量实例进行概述，为我国海洋天然气水合物勘探开发提供参考。

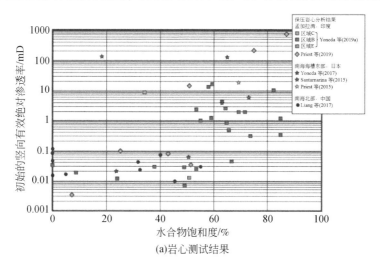

(a)岩心测试结果

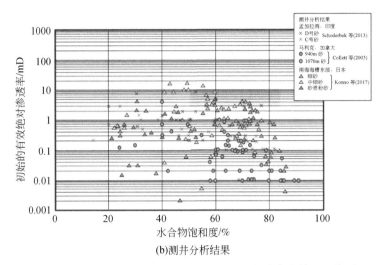

图 6.16　世界典型海域与阿拉斯加冻土带天然气水合物储层原位测量
有效绝对渗透率数据（Boswell et al.，2019）

一、中国南海北部海域

　　2017 年 5~7 月，中国地质调查局在中国南海北部珠江口盆地白云凹陷北坡神狐海域成功实施了首次天然气水合物试采，连续 60 天稳定产气，累计产气量最终达到 309046m³，平均日产气量为 5151m³，产气主要成分为甲烷，最终整体浓度超过 99.5%（Li et al.，2018）。试采井位上覆水深为 1266m，根据测井数据确定天然气水合物储层及其下部的含气层位于海床以下 201~278m 深度范围。其中海床以下 201~236m 深度范围内的天然气水合物储层处于水饱和状态，其有效孔隙度为 35%，天然气水合物饱和度平均值为 34%，有效绝对渗透率平均值为 2.9mD；海床以下 236~251m 深度范围内的天然气水合物储层处于非饱和状态，其有效孔隙度为 33%，天然气水合物饱和度平均值为 31%，有效绝对渗透率平均值为 1.5mD；海床以下 251~278m 深度范围内的储层同样处于非饱和状态，但是孔隙内没有天然气水合物，储层有效孔隙度为 32%，气体饱和度平均值为 7.8%，有效绝对渗透率平均值为 7.4mD（Li et al.，2018）。

　　2019 年 10 月~2020 年 4 月，中国地质调查局在中国南海北部珠江口盆地白云凹陷北坡神狐海域成功实施了第二轮天然气水合物试采，连续 30 天稳定产气，累计产气量最终达到 861400m³，平均日产气量为 28700m³，产气效率较首次试采得到了显著提升（Ye et al.，2020）。试采井位上覆水深为 1225m，根据测井数据确定天然气水合物储层及其下部的含气层位于海床以下 207.8~297m 深度范围。其中海床以下 207.8~253.4m 深度范围内的天然气水合物储层处于水饱和状态，其有效孔隙度为 37.3%，天然气水合物饱和度平均值为 31%，有效绝对渗透率平均值为 2.38mD；海床以下 253.4~278m 深度范围内的天然气水合物储层处于非饱和状态，其有效孔隙度为 34.6%，天然气水合物饱和度平均值为 11.7%，有效绝对渗透率平均值为 6.63mD；海床以下 278~297m 深度范围内的储层同样处于非饱和状态，但是孔隙内没有天然气水合物，储层有效孔隙度为34.7%，气体饱和度平均值为7.3%，有效绝对渗透率平均值为6.8mD（Ye et al.，2020）。

中国南海北部海域首次天然气水合物试采使用竖直井，而第二轮天然气水合物试采使用水平井，井位均选择了W11-17天然气水合物矿体。其中SHSC-4J1钻井位于首次天然气水合物试采竖直井旁，主要目的在于通过实施随钻测井完成目标储层的精细刻画。基于核磁共振测井数据获得的天然气水合物储层有效绝对渗透率数据以及基于电法测井数据获得的天然气水合物饱和度数据如图6.17所示，其中有效绝对渗透率采用式（6.11）所示SDR模型获得，经验参数C的取值为$400D^2/s^2$（Kang et al.，2020）。可以看出，随着海床下储层深度的增加，储层的有效绝对渗透率因上覆压力的增加而逐渐减小，从海床附近的~0.3mD减小到海床下300m深度处的~0.03mD；其中海床下$200\sim250$m深度范围内储层的有效绝对渗透率降低程度明显大于整体趋势，这主要是由于天然气水合物或者天然气占据孔隙空间导水占据孔隙空间缩小引起的；天然气水合物储层的有效绝对渗透率为$0.002\sim0.1$mD，最佳估算值可取0.015mD。基于核磁共振测井数据由SDR模型计算获得的储层有效绝对渗透率大小对于经验参数C的取值很敏感，如图6.18所示。可以看出，当经验参数C的取值为$400D^2/s^2$时，基于核磁测井确定的渗透率与保压岩心测试获得的渗透率符合较好。

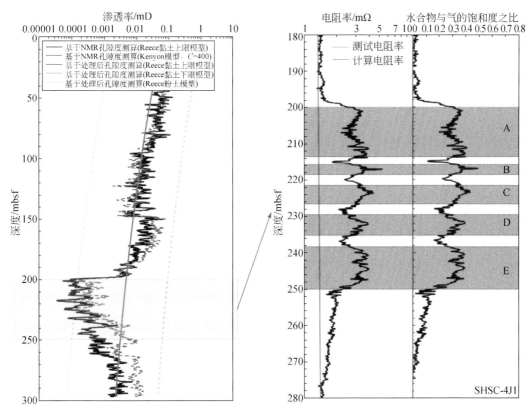

图6.17　基于SHSC-4J1测井数据获得的中国南海北部海域储层有效绝对渗透率与天然气水合物饱和度及气体饱和度数据（Kang et al.，2020）

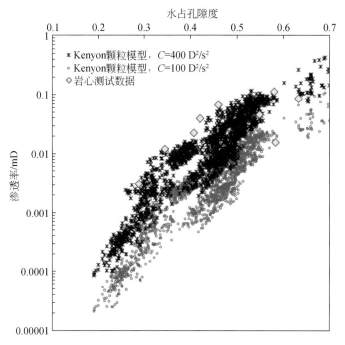

图 6.18　不同经验参数取值条件下天然气水合物储层核磁测井渗透率与保压
岩心测试渗透率对比情况（Kang et al., 2020）

二、日本南海海槽海域

2013 年，日本在其南海海槽 Daini-Atsumi Knoll 海域采用降压法实施了世界上首次海洋天然气水合物试采，持续产气 6 天，累计产气 119500m³，平均日产气量约 20000m³，由于严重的出砂问题和恶劣的天气条件而被迫中止（Yamamoto et al., 2014）。此次试采钻了一口开采井（AT1）、一口监测井（AT1-MC）和一口取心井（AT1-C）（Fujii et al., 2015）。2017 年，日本在 2013 年首次海域天然气水合物试采井位以南 75m 处钻了两口开采井（AT1-P2 和 AT1-P3）、两口监测井（AT1-MT2 和 AT1-MT3）和一口调查井（AT1-UD），采用降压法实施了两井次的第二轮试采，其中 AT1-P2 开采井持续产气 24 天，累计产气约 223000m³，AT1-P3 开采井持续产气 12 天，累计产气约 41000m³（Yamamoto et al., 2019）。

基于首次海洋天然气水合物试采 AT1-MC 监测井数据，采用试井技术和核磁共振测井技术获得的天然气水合物储层有效绝对渗透率等数据的分布情况如图 6.19 所示（Fujii et al., 2015）。可以看出，采用 Timur-Coates 模型和 SDR 模型计算所得的有效绝对渗透率虽然存在一定差异，但是两者在整体趋势上具有较好的一致性；天然气水合物饱和度为 60% ~ 80% 时（海床下 276 ~ 290m）对应的有效绝对渗透率处在 0.1mD 的量级。此外，由试井技术获得的天然气水合物储层有效绝对渗透率基本上明显大于由核磁共振测井技术获得的有效绝对渗透率，如海床下 276 ~ 290m 天然气水合物储层的有效绝对渗透率处在

10mD 的量级，明显大于上述 0.1mD 的量级。此次试采期间，数值模拟确定的有效绝对渗透率为 3～10mD（Yamamoto，2015），这与试井技术获得的结果具有较好的一致性。此次试采 AT1-C 取心井的保压岩心测量结果表明，孔隙度和水合物饱和度分别为 51% 和 24% 的岩心（AT1-C-8P）有效绝对渗透率为 200mD，而孔隙度和水合物饱和度分别为 42% 和 70% 的岩心（AT1-C-13P）有效绝对渗透率为 47mD（Konno et al.，2015）。这种不同技术方法获得的有效绝对渗透率数值差异可能是由测量尺度大小、测量渗流方向和试井技术结果失真等原因造成（Dai et al.，2017）。

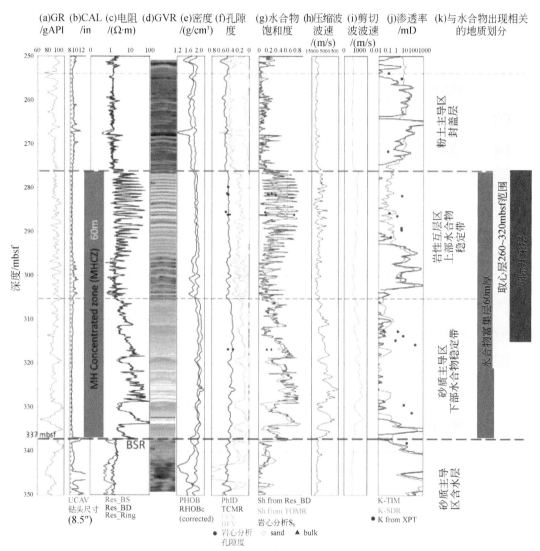

图 6.19　日本首次海洋天然气水合物试采 AT1-MC 监测井有效绝对渗透率及天然气水合物饱和度等数据分布情况（Fujii et al.，2015）

在开展上述两轮三井次试采之前，日本在 Daini-Atsumi Knoll 海域东北方向的 MITI 海域，日本于 20 世纪末和 21 世纪初进行了大量的调查工作，其中由核磁共振测井技术获得的天然气水合物储层有效绝对渗透率分布情况如图 6.20 所示（Uchida and Tsuji，2004），同样采用了 SDR 模型和 Timur-Coates 模型。可见，在位于海床下 255~268m 的天然气水合物储层（区域 A）的有效绝对渗透率为 0.01~10mD，对应的天然气水合物饱和度为90%；在位于海床下 204~212m 的天然气水合物储层（区域 C）的有效绝对渗透率为 1~10mD，对应的天然气水合物饱和度为 70%。

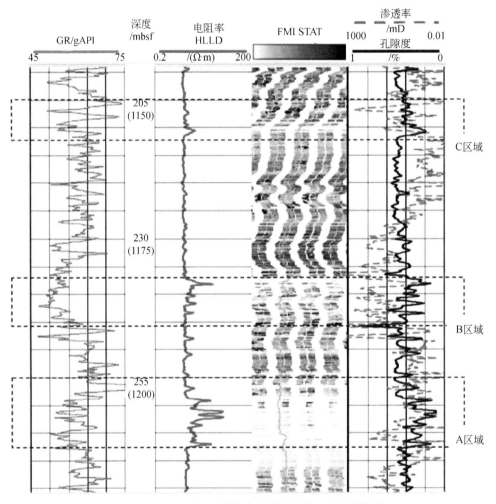

图 6.20　日本南海海槽 MITI 海域核磁共振测井技术计算有效渗透率分布情况（Uchida and Tsuji，2004）

三、印度大陆边缘海域

在印度国家天然气水合物研究计划（India National Gas Hydrate Program，NGHP）的支持下，印度联合美国和日本等国家先后于 2006 年和 2015 年在印度大陆边缘海域开展了两个调查航次（NGHP01 和 NGHP02），在 Krishna-Godavari 盆地、Kerala-Konkan 盆地、Mahanadi 盆地和 Andaman 岛近海区域发现了丰富的天然水合物资源（Collett et al.，2014，

Collett et al.，2019）。

印度 NGHP02 航次中，在 Krishna-Godavari 盆地 B 号区块的 NGHP-02-23-C 井进行了 MDT 测试以获得天然气水合物储层的有效绝对渗透率，原计划将压力降低到天然气水合物相平衡压力以下进行测试并取样，然而 MDT 最大的抽取能力也无法将压力降低到相平衡压力以下，其测试结果如图 6.21 所示（Kumar et al.，2019）。测试区域中点位于海床下 271 m 深度，井位上覆海水深度为 2582 m。可以看出，测试进行了第一次压力降落后进行了关井压力恢复，随后又开井进行了第二次压力降落。试井解释采用第一次压力降落测试数据进行，双对数拟合曲线如图 6.22 所示（Kumar et al.，2019）。可以看出，测试中出现了径向流的水平段，基于此段解释得到在储层厚度为 1.8 m 情况下的天然气水合物储层有效绝对渗透率为 0.1 mD。

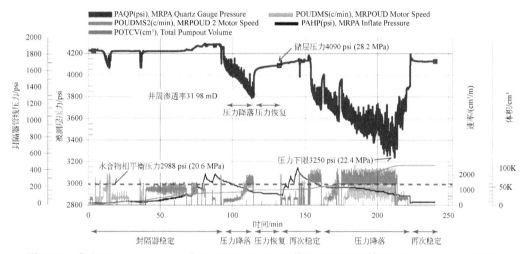

图 6.21 印度 Krishna-Godavari 盆地 NGHP-02-23-C 井的 MDT 测试结果（Kumar et al.，2019）

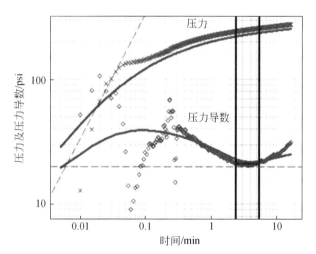

图 6.22 印度 Krishna-Godavari 盆地 NGHP-02-23-C 井 MDT 测试数据双对数曲线
拟合情况（Kumar et al.，2019）
蓝色实线-模型预测线；红色虚线-参考线

　　印度 NGHP02 航次在 Krishna-Godavari 盆地 B 号区块进行了保压取心与渗透率测试，渗透率测试在日本 TACTT 系统上进行，测试结果如图 6.23 所示（Yoneda et al.，2019a）。可以看出，该区块天然气水合物储层岩心的竖直向有效绝对渗透率为 0.01~20mD，并且渗透率随着天然气水合物饱和度的增加而增加，这与天然气水合物的存在弱化其储层渗透性的认识矛盾。这主要是因为岩心沉积物的中值粒径不同，沉积物粒径与天然气水合物饱和度对有效绝对渗透率具有双重的控制作用。即含有较高饱和度的天然气水合物粗颗粒储层岩心，其有效绝对渗透率也可能大于含低饱和度天然气水合物细颗粒储层岩心的有效绝对渗透率，如图 6.24 所示。

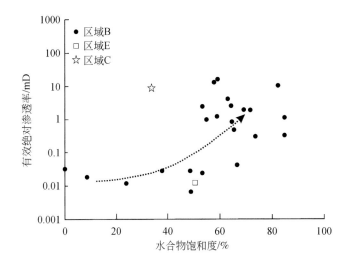

图 6.23　印度 Krishna-Godavari 盆地 NGHP02 航次天然气水合物储层岩心有效绝对渗透率测试结果与
天然气水合物饱和度关系（Yoneda et al.，2019a）

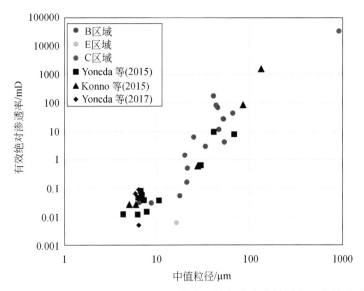

图 6.24　印度 Krishna-Godavari 盆地 NGHP02 航次天然气水合物储层岩心有效绝对渗透率测
试结果与沉积物中值粒径关系（Yoneda et al.，2019a）

四、美国墨西哥湾海域

从 2005 年开始，美国能源部与雪佛龙等石油公司联合，在墨西哥湾北部海域实施了两个阶段的联合工业计划项目（GOMJIP），其中第一阶段 GOMJIP Leg1 将天然气水合物视为油气开发过程中的一种风险，指出严格控制钻井液温度是避免天然气水合物风险的有效手段（Ruppel et al., 2008）；第二阶段 GOMJIP Leg2 将天然气水合物视为一种能源资源，寻找到墨西哥湾北部海域深水砂质储层中丰富的天然气水合物，估算了天然气水合物的资源量（Collett et al., 2012），圈定了包括 Green Canyon Block 955（GC 955）在内的资源有利区块（Boswell et al., 2012），掌握了天然气水合物储层岩性、孔隙度和天然气水合物饱和度等信息，但是保压取心样品的缺失限制了研究工作的进一步开展。随后，美国能源部联合得克萨斯大学奥斯汀分校于 2017 年在 GC 955 进行了 UT-GOM2-1 天然气水合物储层保压取心航次（Flemings et al., 2020），获得了丰富的岩心测试分析数据，重塑之后的泥质粉砂样品在恢复到原位应力条件下时具有非常低的渗透率，仅为 3.84×10^{-4} mD（Fang et al., 2020）。

位于美国墨西哥湾北部海域 Keathley Canyon Lease Block 151（KC151）随钻测井曲线如图 6.25 所示（Daigle and Dugan, 2009）。在核磁共振测井弛豫时间谱图的基础上，采用 SDR 模型并结合室内实验结果（Dugan, 2008）约束模型参数，计算获得的天然气水合物储层有效绝对渗透率分布曲线如图 6.26 所示（Daigle and Dugan, 2009）。可以看出，天然气水合物储层的有效绝对渗透率基本上为 0.01~0.1mD，并且随着深度的增加在整体趋势上逐渐减小。

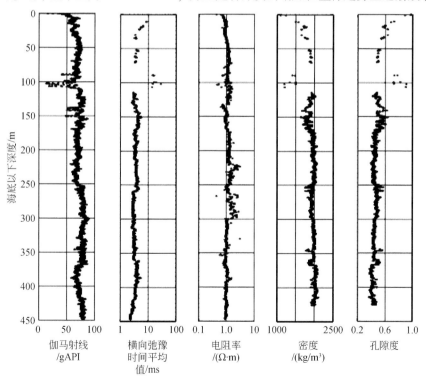

图 6.25　美国墨西哥湾北部海域 KC151-2 随钻测井曲线（Daigle and Dugan, 2009）

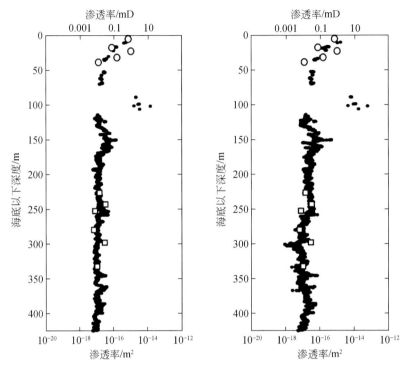

图 6.26　计算获得的美国墨西哥湾北部海域 KC151-2 井位天然气水合物储层有效绝对
渗透率分布曲线（Daigle and Dugan, 2009）

实心点-计算值；空心点-实测值

五、美国阿拉斯加冻土带

美国阿拉斯加北坡冻土带位于美国阿拉斯加州布鲁克斯山脉以北至波弗特海沿岸近海区，是北极外围最重要的油气盆地之一，钻井显示该地区主要发育石炭系以来海相-非海相碎屑岩、海相碳酸盐岩地层，且蕴藏着丰富的天然气水合物资源（Winters et al., 2011）。

美国能源部、BP 勘探公司和美国地质调查局在美国阿拉斯加北坡冻土带开展了长期的天然气水合物资源调查研究工作，发现 Mount Elbert 站位具有最厚的天然气水合物储层与最好的天然气水合物资源潜力（Collett et al., 2009）。2007 年在该地区进行的连续取心深度达到了 760 m，随后扩大井眼并对该井深度增加到 915 m，然后进行了包括偶极声波测井、核磁共振测井、电阻率扫描测井、井眼成像测井及地球化学测井等。其中，天然气水合物储层 MDT 试井获得的井底压力曲线如图 6.6 所示（Anderson et al., 2011）。以此压力曲线为拟合对象，利用数值模拟器进行了独立分析，发现基于短期测试中减压初始阶段获得了天然气水合物储层的初始有效绝对渗透率约为 0.2mD，数值接近天然气水合物分解区内的平均有效渗透率大小，明显小于不含天然气水合物的常规岩土材料渗透率 0.5 ~ 2D（Winters et al., 2011），说明了天然气水合物饱和度增加将导致储层渗透率的显著降低。

美国阿拉斯加北坡冻土带 Mount Elbert 区域的天然气水合物系列测井曲线如图 6.27 所

示（Winters et al., 2011），图中的渗透率主要是基于核磁共振测井数据采用 SDR 模型和
Timur-Coates 模型计算获得。可以看出，处于浅部的天然气水合物储层有效绝对渗透率为
0.1～10mD，对应的天然气水合物饱和度约为 60%；而较深的天然气水合物储层有效绝对
渗透率为 0.1～1mD，对应的天然气水合物饱和度较浅层的略高；天然气水合物储层的有
效绝对渗透率明显低于周围不含天然气水合物地层的有效绝对渗透率。

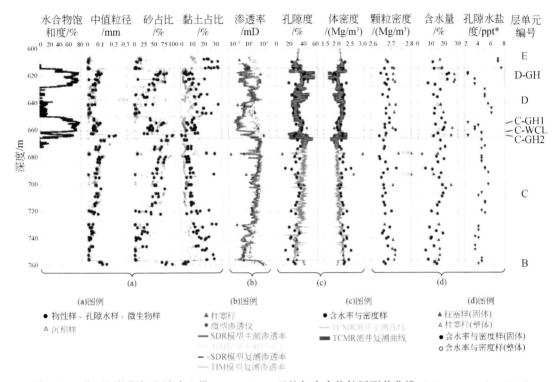

图 6.27　美国阿拉斯加北坡冻土带 Mount Elbert 天然气水合物储层测井曲线（Winters et al., 2011）

* 1ppt = 1ng/L

参 考 文 献

孔祥言. 2020. 高等渗流力学, 合肥：中国科学技术大学出版社.

刘能强. 2008. 实用现代试井解释方法. 北京：石油工业出版社.

李世伦, 程毅, 秦华伟, 等. 2006. 重力活塞式天然气水合物保真取样器的研制. 浙江大学学报（工学
　版）, 40（5）：888-892.

肖波, 盛堰, 刘方兰. 2013. 天然气水合物样品保压转移及处理技术系统设计. 海洋地质前沿, 29（10）：
　65-68.

陈家旺, 张永雷, 孙瑜霞, 等. 2017. 天然气水合物保压转移装置的压力维持系统. 海洋技术学报, 36
　（2）：23-27.

耿雪樵, 孙瑜霞, 张永雷, 等. 2017. 天然气水合物保压转移的压力特性. 中国资源综合利用, 35（4）：
　123-125.

韩永新, 孙贺东, 邓兴梁, 等. 2016. 实用试井解释方法, 北京：石油工业出版社.

温明明, 刘俊波, 耿雪樵, 等. 2016. 天然气水合物样品转移装置卡爪机构设计. 江苏船舶, 33（1）：

32-34.

裴学良, 任红, 吴仲华, 等. 2018. 天然气水合物岩心带压转移装置研制与现场试验. 石油钻探技术, 46 (3): 49-52.

赛芳. 2016. 核磁共振测井技术发展及现状调研. 石化技术, 23 (6): 84-85.

Anderson B, Hancock S, Wilson S, et al. 2011. Formation pressure testing at the Mount Elbert Gas Hydrate Stratigraphic Test Well, Alaska North Slope: operational summary, history matching, and interpretations. Marine and Petroleum Geology, 28: 478-492.

Bloch F. 1946. Nuclear induction. Physical Review, 70: 460-474.

Boswell R, Collett T S, Frye M, et al. 2012. Subsurface gas hydrates in the northern Gulf of Mexico. Marine and Petroleum Geology, 34: 4-30.

Boswell R, Yoneda J, Waite W F. 2019. India National Gas Hydrate Program Expedition 02 summary of scientific results: evaluation of natural gas- hydrate- bearing pressure cores. Marine and Petroleum Geology, 108: 143-153.

Brown R J S, Fatt I. 1956. Measurements of fractional wettability of oil fields' rocks by the nuclear magnetic relaxation method//Fall Meeting of the Petroleum Branch of AIME. 195610. 2118/743- g.

Brown R J S, Gamson B W. 1960. Nuclear magnetism logging. Transactions of the AIME, 219: 201-209.

Burnettt L J, Jackson J A. 1980. Remote (inside- out) NMR. II. Sensitivity of NMR detection for external samples. Journal of Magnetic Resonance (1969), 41: 406-410.

Chen J, Gao Q, Liu H, et al. 2019. Development of a pressure- retained transfer system of seafloor natural gas hydrate. Environmental Geotechnics, 10: 1-10.

Coates G R, Galford J, Mardon D, et al. 1997. A new characterization of bulk- volume irreducible using magnetic resonance. Log Analyst, 39 (1): 51-63.

Coates G R, Galford J, Mardon D, et al. 1998. A new characterization of bulk- volume irreducible using magnetic resonance. The Log Analyst, 39 (1): 51-63.

Collett T, Lewis R, Dallimore S. 2005. JAPEX/JNOC/GSC et al Mallik 5L- 38 gas hydrate production research well downhole well-log and core montages. Geol Surv Can Bull, 585: 23.

Collett T S, Lee M W, Zyrianova M V, et al. 2012. Gulf of Mexico Gas Hydrate Joint Industry Project Leg II logging-while- drilling data acquisition and analysis. Marine and Petroleum Geology, 34: 41-61.

Collett T S, Boswell R, Cochran J R, et al. 2014. Geologic implications of gas hydrates in the offshore of India: results of the National Gas Hydrate Program Expedition 01. Marine and Petroleum Geology, 58: 3-28.

Collett T S, Boswell R, Waite W F, et al. 2019. India National Gas Hydrate Program Expedition 02 summary of scientific results: gas hydrate systems along the eastern continental margin of India. Marine and Petroleum Geology, 108: 39-142.

Collett T, Lee M, Goldberg D, et al. 2006. Data report: nuclear magnetic resonacne logging while drilling, ODP Leg 204 //Trehu A M, Bohrmann G, Torres T M, et al., Proceedings of the Ocean Drilling Program, Scientific Resuts: 22.

Collett T, Johnson A, Knapp C, et al. 2009. Natural gas hydrates—energy resource potential and associated geologic hazards. American Association of Petroleum Geologists.

Cooper R K, Jackson J A. 1980. Remote (inside- out) NMR. I. Remote production of region of homogeneous magnetic field. Journal of Magnetic Resonance (1969), 41: 400-405.

Dai S, Boswell R, Waite. W F, et al. 2017. What has been learned from pressure cores. 9th International Conference on Gas Hydrate, Denver, Colorado, USA.

Daigle H, Dugan B. 2009. Extending NMR data for permeability estimation in fine-grained sediments. Marine and Petroleum Geology, 26: 1419-1427.

Dallimore S R, Collett T S. 2005. Summary and implications of the Mallik 2002 Gas Hydrate Production Research Well Program. Vancouver, Canada: Natural Resources Canada, Geological Survey of Canada.

Dugan B. 2008. Fluid flow in the Keathley Canyon 151 Mini-Basin, northern Gulf of Mexico. Marine and Petroleum Geology, 25: 919-923.

Fang Y, Flemings P B, Daigle H, et al. 2020. Petrophysical properties of the Green Canyon Block 955 hydrate reservoir inferred from reconstituted sediments: Implications for hydrate formation and production. AAPG bulletin, 104: 1997-2028.

Flemings P B, Phillips S C, Boswell R, et al. 2020. Pressure coring a Gulf of Mexico deep-water turbidite gas hydrate reservoir: Initial results from The University of Texas—Gulf of Mexico 2-1 (UT-GOM2-1) Hydrate Pressure Coring Expedition. AAPG bulletin, 104: 1847-1876.

Fujii T, Suzuki K, Takayama T, et al. 2015. Geological setting and characterization of a methane hydrate reservoir distributed at the first offshore production test site on the Daini-Atsumi Knoll in the eastern Nankai Trough, Japan. Marine and Petroleum Geology, 66: 310-322.

Jackson J A, Burnett L J, Harmon J F. 1980. Remote (inside-out) NMR. III. Detection of nuclear magnetic resonance in a remotely produced region of homogeneous magnetic field. Journal of Magnetic Resonance (1969), 41: 411-421.

Kang D J, Lu J A, Zhang Z, et al. 2020. Fine-grained gas hydrate reservoir properties estimated from well logs and lab measurements at the Shenhu gas hydrate production test site, the northern slope of the South China sea. Marine and Petroleum Geology, 122: 104676.

Kenyon B, Kleinberg R, Steraley C, et al. 1995. Nuclear magnetic resonance imaging-technology for the 21st century. Oilfield review, 7: 19-33.

Kenyon W E. 1992. Nuclear magnetic resonance as a petrophysical measurement. Nuclear Geophysics, 6: 153-171.

Kleinberg R L, Jackson J A. 2001. An introduction to the history of NMR well logging. Concepts in Magnetic Resonance, 13: 340-342.

Kleinberg R L, Kenyon W E, Mitra P P. 1994. Mechanism of NMR Relaxation of Fluids in Rock. Journal of Magnetic Resonance, Series A, 108: 206-214.

Kleinberg R L, Flaum C, Griffin D D, et al. 2003a. Deep sea NMR: methane hydrate growth habit in porous media and its relationship to hydraulic permeability, deposit accumulation, and submarine slope stability. Journal of Geophysical Research: Solid Earth, 108: 2508.

Kleinberg R L, Flaum C, Straley C, et al. 2003b. Seafloor nuclear magnetic resonance assay of methane hydrate in sediment and rock. Journal of Geophysical Research: Solid Earth, 108: 2137.

Konno Y, Yoneda J, Egawa K, et al. 2015. Permeability of sediment cores from methane hydrate deposit in the Eastern Nankai Trough. Marine and Petroleum Geology, 66: 487-495.

Konno Y, Fujii T, Sato A, et al. 2017. Findings of the world's first offshore methane hydrate production test off the coast of Japan: toward future commercial production. Energy Fuels, 31 (3): 2607-2616.

Korb J P. 2011. Nuclear magnetic relaxation of liquids in porous media. New Journal of Physics, 13: 035016.

Kumar P, Collett T S, Yadav U S, et al. 2019. Formation pressure and fluid flow measurements in marine gas hydrate reservoirs, NGHP-02 expedition, offshore India. Marine and Petroleum Geology, 108: 609-618.

Lee J Y, Schultheiss P J, Druce M, et al. 2009. Pressure core sub sampling for GH production tests at in situ effective stress. Fire in the Ice Newsletter, 9: 16-17.

Li J F, Ye J L, Qin X W, et al. 2018. The first offshore natural gas hydrate production test in South China Sea. China Geology, 1: 5-16.

Liang J, Wei J, Bigalke N, et al. 2017. Laboratory quantification of geomechanical properties of hydrate-bearing sediments in the Shenhu Area of the South China Sea at in-situ conditions. 9th International Conference on Gas Hydrates, Denver, Colorado, USA.

Liu L L, Zhang Z, Liu C L, et al. 2021. Nuclear magnetic resonance transverse surface relaxivity in quartzitic sands containing gas hydrate. Energy & Fuels, 35: 6144-6152.

Mohnke O, Hughes B. 2014. Jointly deriving NMR surface relaxivity and pore size distributions by NMR relaxation experiments on partially desaturated rocks. Water Resour Res, 50: 5309-5321.

Nagao J, Yoneda J, Konno Y, et al. 2015. Development of the Pressure-core Nondestructive Analysis Tools (PNATs) for Methane Hydrate Sedimentary Cores. EGU General Assembly Conference Abstracts: 8345.

Priest J, Druce M, Roberts J, et al. 2015. PCATS Triaxial: a new geotechnical apparatus for characterizing pressure cores from the Nankai Trough, Japan. Marine and Petroleum Geology, 6: 60-470.

Priest J, Hayley J, Smith W, et al. 2019. PCATS triaxial testing: geomechanical properties of sediments from pressure cores recovered from the bay of bengal during expedition NGHP-02. Mar Petrol Geol, 108: 424-438.

Ren J, Chen W, Gao Q, et al. 2020. The research on a driving device for natural gas hydrate pressure core. Energies, 13 (1): 221.

Ruppel C, Boswell R, Jones E. 2008. Scientific results from Gulf of Mexico gas hydrates joint industry project leg 1 drilling: introduction and overview. Marine and Petroleum Geology, 25: 819-829.

Santamarina J C, Dai S, Jang J, et al. 2012. Pressure core characterization tools for hydrate-bearing sediments. scientific Drilling, 14: 44-48.

Santamarina J C, Dai S, Terzariol M, et al. 2015. Hydro-bio-geomechanical properties of hydrate bearing sediments from Nankai Trough. Marine and Petroleum Geology, 6: 34-450.

Saumya S, Narasimhan B, Singh J, et al. 2019. Acquisition of Logging-While-Drilling (LWD) multipole acoustic log data during the India National Gas Hydrate Program (NGHP) Expedition 02. Marine and Petroleum Geology, 108: 562-569.

Schoderbek D, Farrell H, Hester K, et al. 2013. Conoco Phillips Gas Hydrate Production Test. https://doi.org/10.2172/1123878.

Schultheiss P J, Francis T J G, Holland M, et al. 2006. Pressure coring, logging and subsampling with the HYACINTH system. New Techniques in Sediment Core Analysis, 267: 151-163.

Schultheiss P J, Aumann J T, Humphrey G D. 2010. Pressure coring and pressure core analysis developments for the upcoming Gulf of Mexico joint industry project coring expedition, offshore technology conference. Offshore Technology Conference, Houston, Texas, USA: 9.

Schultheiss P, Holland M, Roberts J, et al. 2011. PCATS: pressure core analysis and transfer system. 7th International Conference on Gas Hydrates, Edinburgh, UK.

Schultheiss P, Holland M, Roberts J, et al. 2017. Advances in wireline pressure coring, coring handling, and core analysis related to gas hydrate drilling investigations. 9th International Conference on Gas Hydrate, Denver, Colorado, USA.

Stambaugh B J. 2000. NMR tools afford new logging choices. Oil Gas Journal, 98: 45-52.

Uchida T, Tsuji T. 2004. Petrophysical properties of natural gas hydrates-bearing sands and their sedimentology in the Nankai Trough. Resource Geology, 54: 79-87.

Winters W, Walker M, Hunter R, et al. 2011. Physical properties of sediment from the Mount Elbert Gas Hydrate Stratigraphic Test Well, Alaska North Slope. Marine and Petroleum Geology, 28: 361-380.

Yamamoto K. 2015. Overview and introduction: pressure core-sampling and analyses in the 2012–2013 MH21 offshore test of gas production from methane hydrates in the eastern Nankai Trough. Marine and Petroleum Geology, 66, Part 2: 296-309.

Yamamoto K, Terao Y, Fujii T, et al. 2014. Operational overview of the first offshore production test of methane hydrates in the Eastern nankai Trough. Offshore Technology Conference, Houston, Texas, USA: OTC-25243-MS.

Yamamoto K, Wang X X, Tamaki M, et al. 2019. The second offshore production of methane hydrate in the Nankai Trough and gas production behavior from a heterogeneous methane hydrate reservoir. RSC Advances, 9: 25987-26013.

Ye J L, Qin X W, Xie W W, et al. 2020. The second natural gas hydrate production test in the South China Sea. China Geology, 3: 197-209.

Yoneda J, Masui A, Tenma N, et al. 2013. Triaxial testing system for pressure core analysis using image processing technique. Review of Scientific Instruments, 84: 114503.

Yoneda J, Masui A, Konno Y, et al. 2015. Mechanical behavior of hydrate-bearing pressure-core sediments visualized under triaxial compression. Marine and Petroleum Geology, 66: 451-459.

Yoneda J, Masui A, Konno Y, et al. 2017. Pressure-core-based reservoir characterization for geomechanics: insights from gas hydrate drilling during 2012-2013 at the eastern Nankai Trough. Marine and Petroleum Geology, 86: 1-16.

Yoneda J, Oshima M, Kida M, et al. 2019a. Permeability variation and anisotropy of gas hydrate-bearing pressure-core sediments recovered from the Krishna-Godavari Basin, offshore India. Marine and Petroleum Geology, 108: 524-536.

Yoneda J, Oshima M, Kida M, et al. 2019b. Pressure core based onshore laboratory analysis on mechanical properties of hydrate-bearing sediments recovered during India's National Gas Hydrate Program Expedition (NGHP) 02. Marine and Petroleum Geology, 108: 482-501.

Yun T, Narsilio G, Santamarina J, et al. 2006. Instrumented pressure testing chamber for characterizing sediment cores recovered at in situ hydrostatic pressure. Marine Geology, 229: 285-293.

附录　多孔介质中天然气水合物成核生长模拟软件 PMHyGrowth 源代码

一、孔隙中心型水合物成核生长模拟

```
tic;
image=imread('D:\slice850.jpg');        % 读取目标图像
A=rgb2gray(image);            % 转换成 8 位 256 级位图并存储于矩阵 A
[m,n]=size(A);          % 计算矩阵 A 大小
Gra=120;          % 天然气水合物像素点对应灰度值
Cha=1.0;          % 天然气水合物最大孔径成核频率参数,其数值越大频率越低
% 位图初始化
for im=1:m
    for in=1:n
      if A(im,in)>200
            A(im,in)=255;       % 孔隙像素点对应灰度值
        else
            A(im,in)=0;        % 骨架像素点对应灰度值
        end
    end
end
P=HGDIST(A,Gra);        % 计算所有孔隙像素点的最短距离
max_a=max(P);        % 计算所有孔隙像素点的最短距离的最大值
Sh=0;         % 计算天然气水合物饱和度初始值
% 初始数据存储
Result(1,2)=max_a(3);
Result(1,1)=Sh;
% 计算初始孔隙度
pi=0;
for im=1:m
    for in=1:n
        if A(im,in)==255
            pi=pi+1;
        end
    end
end
po_i=pi/m/n;
```

```
ii=2;
while Sh < 0.81
    P=HGDIST(A,Gra);
    max_a=max(P);
    [mp,np]=size(P);
    kk=1;
    PM=[];
    for jj=1:mp
        if P(jj,3)==max_a(3)        % 寻找最短距离最大值的孔隙像素点位置
            PM(kk,1)=P(jj,1);
            PM(kk,2)=P(jj,2);
            PM(kk,3)=P(jj,3);
            kk=kk+1;
        end
end
[CM,CN]=size(PM);
% 设置随机函数 seed 值以达到真实随机过程
    rand('state',sum(100*clock)*rand(1));
% 在最短距离最大值孔隙像素点集合中等概率随机选取一个像素点
SS=ceil(CM*rand(1));
% 将选中的孔隙像素点灰度值设置为天然气水合物像素点对应的灰度值
    A(PM(SS,1),PM(SS,2))=Gra;
    TraC=Cha* max_a(3)* max_a(3);        % 最大孔隙中心成核间隔频率设置
if TraC < 1.0
    TraC=1;
end
for i=1:TraC
        % 搜寻所有与天然气水合物像素点相邻的孔隙像素点
        CHOOSE=ConPos(A,Gra);
        [CHM,CHN]=size(CHOOSE);
        % 设置随机函数 seed 值以达到真实随机过程
        rand('state',sum(100*clock)*rand(1));
        % 在所有与天然气水合物像素点相邻的孔隙像素点中等概率随机选取一个像素点
        SCH=ceil(CHM*rand(1));
        % 被选中孔隙像素点生长天然气水合物
        A(CHOOSE(SCH,1),CHOOSE(SCH,2))=Gra;
        % 计算天然气水合物饱和度
        pj=0;
        for jm=1:m
            for jn=1:n
                if A(jm,jn)==255
                    pj=pj+1;
```

```
                    end
                end
            end
            po_h=pj/m/n;
            Sh=(po_i-po_h)/po_i;
            % 输出天然气水合物饱和度和最大有效孔隙直径计算结果
            if abs(Sh-0.1* (ii-1)) < 0.00005
                P=HGDIST(A,Gra);
                max_a=max(P);

                Result(ii,1)=Sh;
                Result(ii,2)=max_a(3);
                ii=ii+1;
            end
    end
end
toc;      % 输出计算耗时
```

二、颗粒表面型水合物成核生长模拟

```
tic;
image=imread('D:\slice850.jpg');
A=rgb2gray(image);
[m,n]=size(A);
Gra=120;
for im=1:m
    for in=1:n
        if A(im,in)>200
            A(im,in)=255;
        else
            A(im,in)=0;
        end
    end
end
P=HGDIST(A,Gra);
MAX=max(P);
Sh=0;
Result(1,2)=MAX(3);
Result(1,1)=Sh;
pi=0;
for im=1:m
    for in=1:n
```

```
            if A(im,in)==255
                  pi=pi+1;
            end
        end
    end
    po_i=pi/m/n;
    ii=2;
    while Sh<0.81
        j=1;
        CHOOSE=[];
        for im=2:m-1
            for in=2:n-1
                if A(im,in)==255
                    if(A(im-1,in)<150)||(A(im+1,in)<150)||(A(im,in-1)<150)||
(A(im,in+1)<150)
                        CHOOSE(j,1)=im;
                        CHOOSE(j,2)=in;
                        j=j+1;
                    end
                end
            end
        end
        im=1;
        for in=2:n-1
            if A(im,in)==255
                if (A(im+1,in)<150) || (A(im,in-1)<150) || (A(im,in+1)<150)
                    CHOOSE(j,1)=im;
                    CHOOSE(j,2)=in;
                    j=j+1;
                end
            end
        end
        im=m;
        for in=2:n-1
            if A(im,in)==255
                if (A(im-1,in)<150) || (A(im,in-1)<150) || (A(im,in+1)<150)
                    CHOOSE(j,1)=im;
                    CHOOSE(j,2)=in;
                    j=j+1;
                end
            end
        end
    end
```

```
in=1;
for im=2:m-1
    if A(im,in)==255
        if (A(im+1,in)<150) || (A(im-1,in)<150) || (A(im,in+1)<150)
            CHOOSE(j,1)=im;
            CHOOSE(j,2)=in;
            j=j+1;
        end
    end
end
in=n;
for im=2:m-1
    if A(im,in)==255
        if (A(im+1,in)<150) || (A(im-1,in)<150) || (A(im,in-1)<150)
            CHOOSE(j,1)=im;
            CHOOSE(j,2)=in;
            j=j+1;
        end
    end
end
if A(1,1)==255
    if (A(2,1)<150) || (A(1,2)<150)
        CHOOSE(j,1)=1;
        CHOOSE(j,2)=1;
        j=j+1;
    end
end
if A(1,n)==255
    if (A(2,n)<150) || (A(1,n-1)<150)
        CHOOSE(j,1)=1;
        CHOOSE(j,2)=1;
        j=j+1;
    end
end
if A(m,1)==255
    if (A(m-1,1)<150) || (A(m,2)<150)
        CHOOSE(j,1)=1;
        CHOOSE(j,2)=1;
        j=j+1;
    end
end
if A(m,n)==255
```

```
            if (A(m-1,n)<150) || (A(m,n-1)<150)
                    CHOOSE(j,1)=1;
                    CHOOSE(j,2)=1;
                end
        end
        [CM,CN]=size(CHOOSE);
        rand('state',sum(100*clock)*rand(1));
        SIGN=ceil(CM*rand(1));
        A(CHOOSE(SIGN,1),CHOOSE(SIGN,2))=Gra;
        pj=0;
        for jm=1:m
            for jn=1:n
                if A(jm,jn)==255
                        pj=pj+1;
                end
            end
        end
        po_h=pj/m/n;
        Sh=(po_i-po_h)/po_i;
        if abs(Sh-0.1*(ii-1)) < 0.00005
            P=HGDIST(A,Gra);
            MAX=max(P);

            Result(ii,1)=Sh;
            Result(ii,2)=MAX(3);
            ii=ii+1;
        end
    end
end
toc;
```

三、弥散型水合物成核生长模拟

```
tic;
image=imread('D:\slice850.jpg');
A=rgb2gray(image);
[m,n]=size(A);
Gra=120;
for im=1:m
    for in=1:n
        if A(im,in)>200
            A(im,in)=255;
        else
```

```
                        A(im,in)=0;
              end
         end
end
P=HGDIST(A,Gra);
max_a=max(P);
Sh=0;
Result(1,2)=max_a(3);
Result(1,1)=Sh;
pi=0;
for im=1:m
     for in=1:n
          if A(im,in)==255
              pi=pi+1;
          end
     end
end
po_i=pi/m/n;
j=1;
for im=1:m
     for in=1:n
          if A(im,in)==255
              CHOOSE(j,1)=im;
              CHOOSE(j,2)=in;
              j=j+1;
          end
     end
end
ii=2;
while Sh<0.81;
    [CM,CN]=size(CHOOSE);
    rand('state',sum(100*clock)*rand(1));
    SIGN=ceil(CM*rand(1));
    A(CHOOSE(SIGN,1),CHOOSE(SIGN,2))=Gra;
    CHOOSE(SIGN,:)=[];
    pj=0;
    for jm=1:m
         for jn=1:n
            if A(jm,jn)==255
                pj=pj+1;
         end
      end
```

```
    end
    po_h=pj/m/n;
    Sh=(po_i-po_h)/po_i;
    if abs(Sh-0.1*(ii-1))<0.00005
        P=HGDIST(A,Gra);
        max_a=max(P);
        Result(ii,1)=Sh;
        Result(ii,2)=max_a(3);
        ii=ii+1;
    end
  end

  toc;
```

四、自定义函数 HGDIST 源代码

```
function P=HGDIST(A,Gra)
ii=0;
P=[];
[m,n]=size(A);
for im=1:m
    for in=1:n
        if A(im,in)==255
            di=0;
            ii=ii+1;
            sign=1;
            while sign == 1
                di=di+1;
                for mk=-di:di
                    for nk=-di:di
                        if abs(mk)+abs(nk)==di & im+mk>0 & im+mk<=m & in+nk>0 & in+nk<n
                            if A(im+mk,in+nk)==0 | A(im+mk,in+nk)==Gra
                                sign=0;
                            end
                        end
                    end
                end
            end
            P(ii,1)=im;
            P(ii,2)=in;
            P(ii,3)=di;
```

```
            end
        end
    end
```

五、自定义函数 ConPos 源代码

```
function CHOOSE=ConPos(A,Gra)
j=1;
CHOOSE=[];
[m,n]=size(A);
for im=2:m-1     % Middle part
    for in=2:n-1
        if A(im,in) == 255
            if (A(im-1,in)==Gra) || (A(im+1,in)==Gra) || (A(im,in-1)==Gra) ||
(A(im,in+1)==Gra)
                CHOOSE(j,1)=im;
                CHOOSE(j,2)=in;
                j=j+1;
            end
        end
    end
end

im=1;
for in=2:n-1
    if A(im,in)==255
        if (A(im+1,in)==Gra) || (A(im,in-1)==Gra) || (A(im,in+1)==Gra)
            CHOOSE(j,1)=im;
            CHOOSE(j,2)=in;
            j=j+1;
        end
    end
end
im=m;
for in=2:n-1
    if A(im,in)==255
        if (A(im-1,in)==Gra) || (A(im,in-1)==Gra) || (A(im,in+1)==Gra)
            CHOOSE(j,1)=im;
            CHOOSE(j,2)=in;
            j=j+1;
        end
    end
```

```
end
in=1;
for im=2:m-1
    if A(im,in)==255
        if (A(im+1,in)==Gra) || (A(im-1,in)==Gra) || (A(im,in+1)==Gra)
            CHOOSE(j,1)=im;
            CHOOSE(j,2)=in;
            j=j+1;
        end
    end
end
in=n;
for im=2:m-1
    if Λ(im,in)==255
        if (A(im+1,in)==Gra) || (A(im-1,in)==Gra) || (A(im,in-1)==Gra)
            CHOOSE(j,1)=im;
            CHOOSE(j,2)=in;
            j=j+1;
        end
    end
end
if A(1,1)==255
    if (A(2,1)==Gra) || (A(1,2)==Gra)
        CHOOSE(j,1)=1;
        CHOOSE(j,2)=1;
        j=j+1;
    end
end
if A(1,n)==255
    if (A(2,n)==Gra) || (A(1,n-1)==Gra)
        CHOOSE(j,1)=1;
        CHOOSE(j,2)=1;
        j=j+1;
    end
end
if A(m,1)==255
    if (A(m-1,1)==Gra) || (A(m,2)==Gra)
        CHOOSE(j,1)=1;
        CHOOSE(j,2)=1;
        j=j+1;
    end
end
```

```
if A(m,n)==255
    if (A(m-1,n)==Gra) || (A(m,n-1)==Gra)
        CHOOSE(j,1)=1;
        CHOOSE(j,2)=1;
    end
end
```